工业和信息化

精品系列教材

站点工程
勘察与设计

微课版

何国荣 陈培培 / 主编

陈佳莹 章永东 叶剑锋 / 副主编

Survey and Design of Base Station Engineering

人民邮电出版社

北京

图书在版编目（CIP）数据

站点工程勘察与设计 ： 微课版 / 何国荣，陈培培主编. -- 北京 ： 人民邮电出版社，2023.6
工业和信息化精品系列教材
ISBN 978-7-115-61419-3

Ⅰ. ①站… Ⅱ. ①何… ②陈… Ⅲ. ①第五代移动通信系统－教材 Ⅳ. ①TN929.538

中国国家版本馆CIP数据核字(2023)第048506号

内容提要

本书采取模块化结构介绍站点工程相关技术，内容包括5G网络架构、站点整体结构和室分系统结构、站点工程流程、5G站点覆盖和容量规划、工程参数规划和邻区规划、勘察工具使用方法、站点勘察步骤、室外覆盖系统和室内分布系统设计方法、站点工程量统计方法、站点工程概预算编制方法等。

本书各模块独立成篇又彼此关联。模块结合原理和工程现场照片，图文并茂、深入浅出地介绍理论知识；同时结合虚拟仿真软件实施任务，循序渐进地介绍站点相关岗位技能，强化知识的应用，激发读者学习兴趣，帮助读者步入通信工程之门。

本书可作为高职专、本科院校和中职院校通信类相关专业学习站点工程的教材，也可作为从业人员了解站点工程的学习资料。

◆ 主　　编　何国荣　陈培培
副 主 编　陈佳莹　章永东　叶剑锋
责任编辑　鹿　征
责任印制　王　郁　焦志炜

◆ 人民邮电出版社出版发行　　北京市丰台区成寿寺路11号
邮编　100164　　电子邮件　315@ptpress.com.cn
网址　https://www.ptpress.com.cn
北京市艺辉印刷有限公司印刷

◆ 开本：787×1092　1/16
印张：15　　2024年6月第1版
字数：382千字　　2024年6月北京第1次印刷

定价：59.80元

读者服务热线：(010)81055256　印装质量热线：(010)81055316
反盗版热线：(010)81055315
广告经营许可证：京东市监广登字20170147号

前　　言

随着5G标准的冻结，5G网络作为新一轮科技和产业革命的基础建设，在我国得以快速部署。5G网络将融合物联网、大数据、云计算、人工智能等新兴技术，为千行百业赋能，拓展经济发展空间和维度。移动通信网络的迅速迭代和发展导致通信行业人才缺口巨大，尤其缺乏站点工程方面的人才。

本书响应党的二十大提出的科教兴国、人才强国战略政策，以立德树人为目标，面向高职专、本科院校和中职院校通信类专业师生或通信行业在职人员，主要聚焦于5G背景下室外和室分站点的规划、勘察测试、施工图设计和预算等工程知识和岗位能力训练，培养德智体美劳全面发展的社会主义建设者和接班人。本书注重专业技能和素养拓展的结合，以我国移动通信发展过程中的优秀人物为典型示范和精神引领，希望读者见贤思齐，感受和学习我国通信人的职业担当及家国情怀，增强民族自豪感和自信心。

本书以培养读者岗位技能为核心，结合虚拟仿真软件编写内容，共包含6个教学模块，系统地介绍站点工程的相关知识和原理，场景覆盖室外和室分站点，内容包括规划、勘察、设计、概预算等过程。本书注重对站点工程基础知识的讲解，在内容编排上力求循序渐进、通俗易懂，通过大量原理图片和工程照片，图文并茂、深入浅出地讲解5G站点工程规范、原理和实施步骤。本书同时注重对读者站点工程应用能力的培养，每个教学模块最后通过实施虚拟仿真软件项目，介绍如何完成室外和室分站点的工程整体建设和验证。

本书的6个教学模块之间既具关联性又彼此独立，内容侧重于5G网络的无线接入，对于核心和承载网部分只做功能和原理的简单描述。模块1主要介绍5G网络及其架构、站点设备和线缆、室分系统结构和器件以及站点工程流程，培养读者5G站点工程设备布放和连线等职业能力；模块2主要介绍5G覆盖、容量、参数和邻区规划，着重培养读者无线侧网络规划和分析的职业能力；模块3介绍站点选址和勘察等相关知识，着重培养读者勘察工具使用、站点选址和勘察的职业能力；模块4介绍室外站点的机房、设备和塔桅规划与设计知识，通过虚拟仿真软件项目培养读者工程图纸设计与布局的职业能力；模块5介绍室内分布系统规划、设计与泄漏控制等知识，培养读者室分系统的设计和制图的职业能力；模块6介绍工程图纸识读、工程量统计、定额使用等原理和知识，培养读者站点工程概预算表格编制的职业能力。

6个教学模块的总建议学时为48～68学时，不同学校可根据学生的基础情况增减学时。其中“模块2　网络规划”部分对中、高职学生而言原理性较强，可以适当简化或作为选修内容。具体教学单元的实施，建议如下。

教学模块	建议学时	备注
模块1　5G站点工程基础	10～12学时	一般了解
模块2　网络规划	6～10学时	教学难点
模块3　5G站点工程勘察	8～12学时	教学重点

续表

教学模块	建议学时	备注
模块 4　5G 室外覆盖系统设计	6～8 学时	教学重点
模块 5　5G 室内分布系统设计	8～12 学时	教学重点
模块 6　站点工程概预算	10～14 学时	教学难点
合计	48～68 学时	

本书由何国荣、陈培培担任主编，陈佳莹、章永东、叶剑锋担任副主编，何国荣编写了模块 1 和模块 6，陈培培编写了模块 2，陈佳莹编写了模块 3，章永东编写了模块 4，叶剑锋编写了模块 5。

本书为新型一体化教材，在传统教材的基础上提供丰富的数字化教学资源，通过植入二维码的方式，将每个知识点的相关教学视频穿插在书中，帮助读者在线自主学习。本书还提供配套的 PPT 电子课件、测试题，读者可在人邮教育社区（www.ryjiaoyu.com）注册、登录后下载。

在本书的编写过程中，编者得到了深圳信息职业技术学院以及深圳市艾优威科技有限公司的领导、同事和朋友的帮助与支持，在此对他们的辛勤付出表示衷心的感谢！

由于编者水平有限，且移动通信协议版本更新较快，R17 版本已于 2022 年 6 月冻结，5G 协议未来还会有 R18、R19 和 R20 版本。书中难免存在不足之处，敬请读者批评指正。

编者

2023 年 12 月

目　录

模块 1

5G 站点工程基础……………………1

【学习目标】……………………1

【模块概述】……………………1

【思维导图】……………………2

【知识准备】……………………2

1.1　5G 概述……………………3

1.1.1　移动通信网络介绍……………………3

1.1.2　5G 网络架构……………………6

1.1.3　5G 发展愿景……………………10

1.2　站点整体概述……………………12

1.2.1　站点整体结构……………………13

1.2.2　通信机房……………………13

1.2.3　通信塔桅……………………16

1.2.4　电源及防护系统……………………19

1.2.5　传输系统……………………28

1.2.6　基站主设备及天馈系统……………………32

1.2.7　常用线缆……………………34

1.3　室内分布概述……………………38

1.3.1　室分系统……………………38

1.3.2　室分系统结构……………………39

1.3.3　室分系统常用器件……………………42

1.3.4　数字化室分系统……………………49

1.3.5　室分未来发展趋势……………………50

1.4　站点工程流程……………………52

1.4.1　立项阶段……………………52

1.4.2　实施阶段……………………53

1.4.3　验收投产阶段……………………55

【项目实施】……………………57

1.5　5G 站点基础建设……………………57

1.5.1　任务准备……………………58

1.5.2　任务实施……………………58

【模块小结】……………………62

【课后习题】……………………62

【拓展训练】……………………62

模块 2

网络规划……………………63

【学习目标】……………………63

【模块概述】……………………63

【思维导图】……………………64

【知识准备】……………………65

2.1　链路预算……………………65

2.1.1　链路预算介绍……………………65

2.1.2　上行链路预算……………………66

2.1.3　下行链路预算……………………67

2.2　5G 网络传播模型……………………69

2.2.1　UMa 模型……………………69

2.2.2　UMi 模型……………………71

2.2.3　RMa 模型……………………71

2.2.4　SUI 模型……………………72

2.2.5　射线跟踪模型……………………73

2.3　蜂窝小区组网架构……………………75

2.3.1　蜂窝小区原理……………………75

2.3.2　5G 蜂窝网络架构……………………75

2.4　5G 峰值速率计算与容量性能……76

2.4.1　5G 峰值速率计算……………………76

2.4.2　5G 站点容量性能……………………80

2.5 5G基础参数规划 …… 86
2.5.1 CGI规划 …… 86
2.5.2 TAC规划 …… 87
2.5.3 PCI规划 …… 87
2.5.4 PRACH规划 …… 88
2.5.5 频点带宽规划 …… 91
2.5.6 多载波相关规划 …… 93
2.6 邻区规划 …… 93
2.6.1 邻区规划介绍 …… 93
2.6.2 同频邻区规划 …… 94
2.6.3 异频邻区规划 …… 95
2.6.4 异系统邻区规划 …… 95
【项目实施】 …… 96
2.7 5G网络规划 …… 96
2.7.1 任务准备 …… 96
2.7.2 任务实施 …… 96
【模块小结】 …… 98
【课后习题】 …… 99
【拓展训练】 …… 99

模块3

5G站点工程勘察 …… 100
【学习目标】 …… 100
【模块概述】 …… 100
【思维导图】 …… 101
【知识准备】 …… 101
3.1 站点选址 …… 101
3.1.1 站点选址原则 …… 102
3.1.2 机房建设要求 …… 103
3.1.3 塔桅建设要求 …… 109
3.2 勘察工具使用 …… 111
3.2.1 手持GPS …… 112
3.2.2 指南针 …… 112
3.2.3 其他常用工具 …… 113
3.2.4 勘察注意事项 …… 114
3.3 勘察记录表 …… 114
3.3.1 勘察记录表介绍 …… 114
3.3.2 信息记录 …… 114
3.3.3 拍照记录 …… 116
【项目实施】 …… 118
3.4 站点选址与勘察 …… 118
3.4.1 任务准备 …… 118
3.4.2 任务实施 …… 119
【模块小结】 …… 121
【课后习题】 …… 121
【拓展训练】 …… 121

模块4

5G室外覆盖系统设计 …… 122
【学习目标】 …… 122
【模块概述】 …… 122
【思维导图】 …… 123
【知识准备】 …… 123
4.1 机房设计 …… 123
4.1.1 机房整体设计 …… 124
4.1.2 柜位与馈线窗设计 …… 126
4.1.3 走线架设计 …… 128
4.1.4 电源引入设计 …… 130
4.1.5 传输引入设计 …… 131
4.2 机房内设备布放设计 …… 132
4.2.1 机房设备整体规划 …… 133
4.2.2 电源及防护设备设计 …… 136
4.2.3 传输设备设计 …… 137
4.2.4 基站主设备设计 …… 138
4.2.5 配套设备设计 …… 138
4.2.6 设备布放综合设计 …… 138
4.3 塔桅及天馈设计 …… 139
4.3.1 塔桅设计 …… 139

4.3.2 天馈设计 ……140
【项目实施】……140
4.4 5G 室外覆盖系统设计……140
4.4.1 任务准备 ……141
4.4.2 任务实施 ……141
【模块小结】……143
【课后习题】……143
【拓展训练】……143

模块 5

5G 室内分布系统设计 …… 144
【学习目标】……144
【模块概述】……144
【思维导图】……145
【知识准备】……145
5.1 室分设计基础……145
5.1.1 室分设计原则 ……146
5.1.2 室分设计流程 ……147
5.2 室内信号传播模型……148
5.2.1 室内无线环境 ……148
5.2.2 室内传播经验模型 ……149
5.2.3 室内传播模型校正 ……151
5.3 室分系统方案分析设计……152
5.3.1 室内容量分析 ……153
5.3.2 室内覆盖分析 ……154
5.3.3 天线设计 ……155
5.3.4 信源规划设计 ……156
5.3.5 室分电源与防护设计 ……157
5.3.6 室分系统整体规划设计 ……158
5.3.7 室分器材选择 ……160
5.3.8 室分切换区域设计 ……160
5.3.9 泄漏控制 ……162
【项目实施】……162
5.4 5G 室内分布系统设计……162
5.4.1 任务准备 ……163
5.4.2 任务实施 ……163
【模块小结】……164
【课后习题】……164
【拓展训练】……165

模块 6

站点工程概预算 ……166
【学习目标】……166
【模块概述】……166
【思维导图】……167
【知识准备】……167
6.1 站点工程概预算概述……168
6.1.1 认识概预算 ……168
6.1.2 概预算文件 ……168
6.1.3 概预算编制基本过程 ……171
6.2 站点工程图纸识读……172
6.2.1 站点工程图纸介绍 ……172
6.2.2 站点工程图纸及规范 ……174
6.2.3 图纸识读的技巧与方法 ……181
6.3 站点工程量统计……184
6.3.1 工程类型划分 ……184
6.3.2 设备及材料统计 ……184
6.3.3 工程量计算 ……186
6.3.4 建筑安装工程费解析 ……199
6.3.5 工程建设其他费用解析 ……206
6.4 定额使用……208
6.4.1 定额介绍 ……209
6.4.2 定额目录 ……211
6.4.3 定额查询与套用 ……215
6.4.4 定额换算 ……216
6.4.5 定额规范 ……217

6.5　概预算表格编制 …………………… 218
6.5.1　概预算编制介绍 ……………………218
6.5.2　通信工程概预算编制注意事项 ……………………219
6.5.3　概预算编制方法 ……………………220
【项目实施】 …………………………… 229
6.6　5G 站点工程概预算 ……………… 229
6.6.1　任务准备 ……………………229
6.6.2　任务实施 ……………………229
【模块小结】 …………………………… 231
【课后习题】 …………………………… 231
【拓展训练】 …………………………… 232

模块1 5G站点工程基础

01

【学习目标】

1. 知识目标

- 学习 5G 三大应用场景及关键性能指标
- 学习 5G 系统架构与部署方案
- 学习 5G 站点各类设备及其具体功能
- 学习 5G 站点工程流程及内容

2. 技能目标

- 掌握 5G 三大场景和不同场景下的关键性能指标
- 掌握 5G 系统与接入网架构、掌握典型部署方案与演进
- 掌握 5G 室内室外站点结构、各种设备及其差异
- 掌握 5G 站点工程流程及工作内容

3. 素质目标

- 培养爱国爱岗、自信自尊的品质
- 培养争做先锋、积极主动的精神
- 培养脚踏实地、认真细致的作风

【模块概述】

5G 是近年来最热门的话题之一，5G 站点建设也是国家“新基建”的重要部分。截至 2023 年年底，国内建成并开通的 5G 基站数量达到 337.7 万个，移动物联网终端用户超过 23.1 亿。本模块以实际工作流程为主线，聚焦 5G 站点工程流程与各类设备线缆相关内容。

5G 系统架构是什么？5G 站点长什么样？5G 站点是怎么建成的？本模块我们将通过学习 5G 演进过程、网络架构、站点结构、站点设备和工程流程来了解如何回答上述问题，并在学习了设备类型、线缆类型、端口类型、工程流程等基础知识后，了解如何完成一个基站的设备安装与线缆连接任务。

【思维导图】

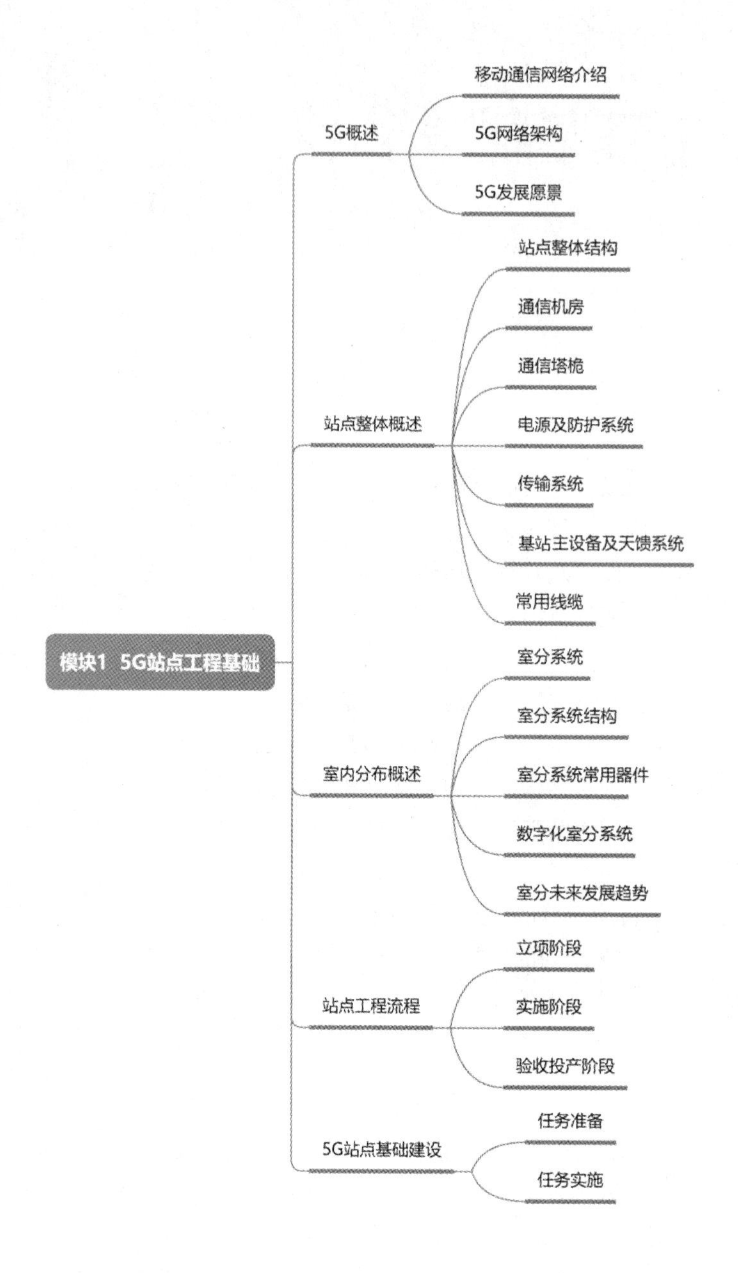

【知识准备】

从 20 世纪 80 年代末原邮电部部长杨泰芳在第六届全运会召开前夕拨通移动电话开始，中国移动通信在 30 余年的发展历史中，经历了 1G 空白、2G 跟随、3G 突破、4G 并跑、5G 领先的辉煌历程，其间涌现了许多优秀企业和杰出人物。

1998 年 1 月，李世鹤代表邮电部电信科学技术研究院（2018 年与武汉邮电科学研究院有限公司重组为中国信息通信科技集团有限公司）在香山会议提出了以 SCDMA（同步码分多址）为基础构建 3G 标准框架的设想。2006 年中国联合欧洲国家完成 TD-LTE（时分双工-长期演进）标准的可行性研究，并于 2009 年将之推动成为 4G 国际标准候选技术。大唐电信成为全球 LTE 标准核心专利前十企业，中国也成为 LTE 核心专利排名第二的国家（美国第一）。从 3G TD-SCDMA（时分双工-同步码分多址）到 4G TD-LTE 商用阶段，我国发展出了联芯、展讯、华为海思等芯片企业，OPPO 和 vivo 也借助 LTE 的东风成为国产手机四大品牌之二。在 5G 标准化方面，国内企业走在世界前列。根据 3GPP（国际标准组织，直译为第三代合作伙伴计划）对 13 家企业的 5G 标准化贡献程度分析，华为和中国移动分别位列第一和第五，5G 标准贡献度领跑全球。目前国内已经建成全球规模最大的独立组网 5G 网络，开通基站总量占全球总量的 60%以上，5G 网络用户占全球用户的 70%以上。

在国内 5G 网络建设和应用研究方兴未艾的同时，关于 6G 的技术研究也已提上日程。2019 年 11 月 3 日，科学技术部会同发展改革委、教育部、工业和信息化部、中国科学院、自然科学基金委在北京组织召开 6G 技术研发工作启动会，成立国家 6G 技术研发推进工作组、国家 6G 技术研发总体专家组，国内各研究院所、通信企业纷纷展开对 6G 信道仿真、太赫兹通信、轨道角动量等 6G 热点技术的研究。据华为分析，6G 将在 2030 年左右推向市场，预期将在时延、可靠性、定位精度、容量、连接密度等关键指标方面相比 5G 有 10～100 倍的提升。

本模块首先从 5G 网络架构、部署方案、发展愿景等方面对 5G 进行概念和通识性介绍，接着从系统结构、器件和设备等方面对 5G 室外站点和室内分布系统进行描述性介绍，最后从项目的 3 个阶段介绍站点工程流程，由此帮助读者对 5G 网络、室内外站点和工程实施形成正确的理解和认知。

1.1 5G 概述

在学习 5G 站点工程之前，需要了解移动通信发展历史和 5G 网络架构、发展愿景，以此对 5G 的发展脉络和前景形成整体认知。

1.1.1 移动通信网络介绍

1. 移动通信演进

如今，移动通信技术已经成为人们生活的一部分。在过去的几十年里，移动通信技术不断发展，它从过去只为少数人服务的昂贵技术，演变成现在为全世界大部分人所使用的无处不在的系统。从 19 世纪 90 年代马可尼的第一个无线电通信实验开始，通往真正的移动通信的道路十分漫长。为了理解如今复杂而庞大的移动通信系统，我们有必要了解一下它的演进过程。

第一代移动通信系统（1G）出现于 20 世纪 80 年代前后，是最早的使用模拟通信方式实现语音业务的蜂窝电话系统。美国摩托罗拉公司的工程师马丁•库珀于 1976 年首先将无线电应用于移动电话。同年，国际电联世界无线电通信大会批准了将 800/900 MHz 频段用于移动电话的频率分配方案。在此之后一直到 20 世纪 80 年代中期，许多国家开始建设基于频分多址（Frequency-Division Multiple Access，FDMA）技术和模拟调制技术的第一代移动通信系统。1G 的主要技术有美国贝尔实验室研制的高级移动电话系统（Advanced Mobile Phone System，AMPS）、瑞典等北欧 4 国研制的 NMT-450 移动通信网、联邦德国研制的 C 网络（C-Netz），以及英国研制的全接入通信系统（Total Access Communication System，TACS）。

第二代移动通信系统（2G）出现于20世纪90年代早期，其以数字语音传输技术为核心。虽然其目标服务仍然是语音，但是数字传输技术使得2G系统也能提供有限的数据服务。2G技术基本可以被分为两种，一种是基于时分多址（Time-Division Multiple Access，TDMA）技术发展出来的以全球移动通信系统（Global System for Mobile Communications，GSM）为代表的技术，另一种则是基于码分多址（Code-Division Multiple Access，CDMA）技术的IS-95技术，IS全称为Interim Standard，即暂时标准。随着时间的推移，GSM从欧洲扩展到全球，并逐渐成为第二代移动通信技术的绝对主导。尽管目前第五代移动通信技术已经商用，在世界上许多地方GSM仍然起着主要作用。

第三代移动通信系统（3G）出现于21世纪初期，是支持高速数据传输的蜂窝移动通信技术。3G采用码分多址技术，基本形成三大主流技术，包括WCDMA（宽带码分多址）、CDMA 2000和TD-SCDMA。WCDMA是基于GSM发展出来的3G技术规范，是由欧洲提出的宽带CDMA技术，也是当前世界上应用最广泛、终端种类最丰富的3G标准。CDMA 2000是由CDMA IS-95技术发展而来的宽带CDMA技术，由美国高通公司主导提出。TD-SCDMA是由中国制定的3G标准，由原邮电部电信科学技术研究院提出。

第四代移动通信系统（4G）出现于21世纪10年代，是在3G技术基础上的一次改良，能提供更高速率的移动宽带体验。4G使用了正交频分复用（Orthogonal Frequency-Division Multiplexing，OFDM）技术以及多天线技术，能充分提高频谱效率和系统容量。根据双工方式的不同，LTE系统又分为FDD-LTE（频分双工-长期演进）和TD-LTE。两者最大的区别在于上下行通道分离的双工方式，FDD-LTE上下行采用频分的方式，而TD-LTE则采用时分的方式。除此之外，FDD-LTE和TD-LTE采用了基本一致的技术。国际上大部分运营商部署的是FDD-LTE，TD-LTE则主要部署于中国移动以及其他国家少数的运营商网络中。

随着技术的进步和业务的发展，4G在容量、时延和连接数等方面已经难以满足市场需求，因此2012年新一代无线通信系统——第五代移动通信系统（5G）技术开始涌现。5G带来的最大变化就是不仅要实现人与人之间的通信，还要实现人与物、物与物之间的通信，最终实现万物互联。

2. 5G标准与国际组织

国际电信联盟（International Telecommunications Union，ITU）是联合国的一个重要专门机构，主管信息通信技术事务，负责分配和管理全球无线电频谱与卫星轨道资源，制定全球电信标准，向发展中国家提供电信援助，促进全球电信发展。ITU总部设于瑞士日内瓦，其成员包括193个成员国、900多个部门成员及准成员。ITU的组织结构主要分为电信标准化部门（ITU-T）、无线电通信部门（ITU-R）和电信发展部门（ITU-D）。ITU-R的主要职责是确保所有无线电通信业务合理、公平、有效和经济地使用无线电频谱以及对地静止卫星轨道，并制定有关无线电通信课题的建议；ITU-T研究制定统一电信网络标准，其中包括无线电系统的接口标准，以促进并实现全球的电信标准化；ITU-D的主要职责是在电信领域内促进和提供对发展中国家的技术援助。

3GPP是一个产业联盟，其目标是根据ITU的相关需求，制定更加详细的技术规范与产业标准。3GPP组织成立于“3G时代”，直至今日依然领导着全球移动通信行业标准的制定和发展。3GPP的组织架构如图1-1所示，项目协调组（PCG）是最高管理机构，负责全面协调工作，如负责 3GPP 组织架构、时间计划、工作分配等。技术方面的工作由技术规范组（TSG）完成。目前 3GPP 共分为 3 个 TSG，分别为无线接入网技术规范组（TSG RAN）、核心网与终端技术规范组（TSG CT）、业务与系统技术规范组（TSG SA）。每一个 TSG 下面又分为多个工作组（WG），每个 WG 分别承担具体的任务，目前共有 16 个 WG。

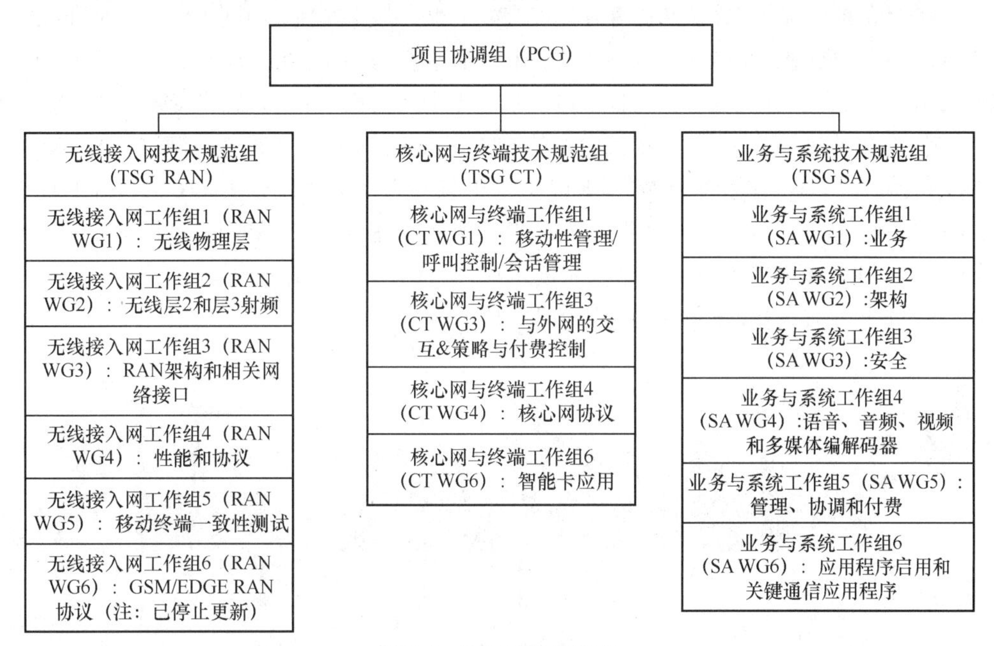

图 1-1　3GPP 的组织架构

3GPP 制定的标准规范以 Release 版本进行管理，3GPP 平均一到两年就会完成一个版本的制定。建立之初的第一个 3G 标准是 R99，之后发布了一系列从 R4 到 R14 的 3G 和 4G 标准，R15 及其之后的标准属于 5G 范畴。

ITU 和 3GPP 针对 5G 技术标准进程的具体内容如下。

（1）ITU 针对 5G 技术标准进程

国际移动电话通信系统（International Mobile Telecommunications，IMT）-2020 标准是 ITU 制定的 5G 官方名称，涵盖了移动网络的第五代技术标准。ITU 对外发布的 IMT-2020 工作计划将 5G 时间表划分成了 4 个阶段。

第一阶段：2015 年年底，完成 IMT-2020 国际标准前期研究，重点是完成 5G 宏观描述，包括 5G 愿景、技术趋势和 ITU 的相关决议。

第二阶段：2016 年至 2017 年年底，主要完成 5G 技术性能需求、方法评估研究等内容。

第三阶段：从 2017 年年底开始，收集 5G 的候选方案。各个国家和国际组织向 ITU 提交候选技术要求，ITU 将组织对收到的候选技术要求进行技术评估，组织讨论，并力争在世界范围内达成一致。

第四阶段：2020 年 7 月正式纳入 3GPP 的 5G 技术标准，11 月编制和发布 IMT-2020 5G 技术规范，加速 5G 网络在世界各地的部署。

另外，2019 年 ITU 召开的世界无线电通信大会（WRC-19）上，在全球范围内就 5G 毫米波的使用达成共识，标识用于 5G 及 IMT 未来发展共 14.75GHz 带宽的频谱资源。

（2）3GPP 针对 5G 技术标准进程

2015 年 3 月，3GPP 展开 5G 议题讨论，业务需求工作组（SA WG1）启动了未来新业务需求研究，无线接入网（TSG RAN）工作组启动了 5G 工作计划讨论；2015 年年底，启动了 5G 接入网需求、信道模型等的前期研究工作；2017 年年底，完成了 R15 版本非独立组网（Non-Standalone，NSA）标准（Option 3x）的制定；2018 年 6 月，完成了 R15 版本独立组网（Standalone，SA）标准（Option 2）的制定；2019 年 6 月，5G 标准第一阶段 R15 标准最后版本正式冻结，意味着第一个完整版 5G 标准最终确定；2020 年 7 月，5G 标准第二阶段的 R16 标准冻结，R16 标准作为演进版的 5G 标准，主要关注垂直行业应用及整体系统的提升。R17 版本于 2022 年 6 月冻结，在 R16 的基础上对 5G 的网络和业务能力做了进一步提升。2022 年到 2030 年 3GPP 还将继续 5G-Advanced 的 R18、R19 和 R20 标准研究，预计 R20 标准冻结后移动通信将进入 6G 时代。

ITU 和 3GPP 针对 5G 技术标准进程如图 1-2 所示。

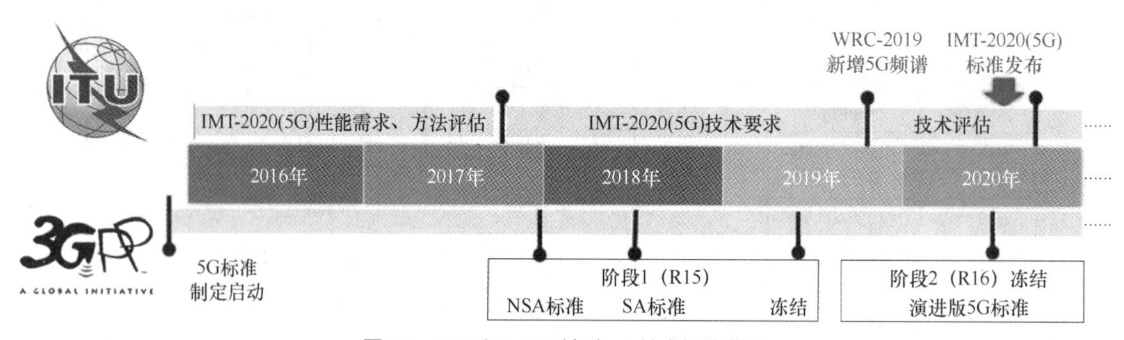

图 1-2　ITU 和 3GPP 针对 5G 技术标准进程

1.1.2　5G 网络架构

5G 网络架构主要是指为设计、构建和管理 5G 网络而抽象出来的构架和技术基础的网络结构，包括但不限于节点功能、接口协议和网络层次。本小节先介绍 5G 系统总体架构，再介绍 5G 接入网站点架构，最后介绍 5G 部署方案演进。

5G 网络架构

1. 5G 系统总体架构

5G 系统总体架构如图 1-3 所示。其中，NG-RAN 代表 5G 接入网，5GC 代表 5G 核心网。

在 NG-RAN 中，节点只有 gNB（也叫 gNodeB，全称 the next generation Node B，下一代基站）和 ng-eNB（the next generation eNodeB，下一代 eNodeB），分别代表 5G 站点和可与 5G 核心网对接的升级后的 4G 站点。gNB 负责向用户提供 5G 控制面和用户面功能；根据组网选项的不同，还可能包含 ng-eNB，它负责向用户提供 4G 控制面和用户面功能。

5GC 采用用户面和控制面分离的架构，其中 AMF 是控制面的接入和移动性管理功能，UPF 是用户面的转发功能。

NG-RAN 和 5GC 通过 NG 接口连接，gNB 和 ng-eNB 通过 Xn 接口相互连接。

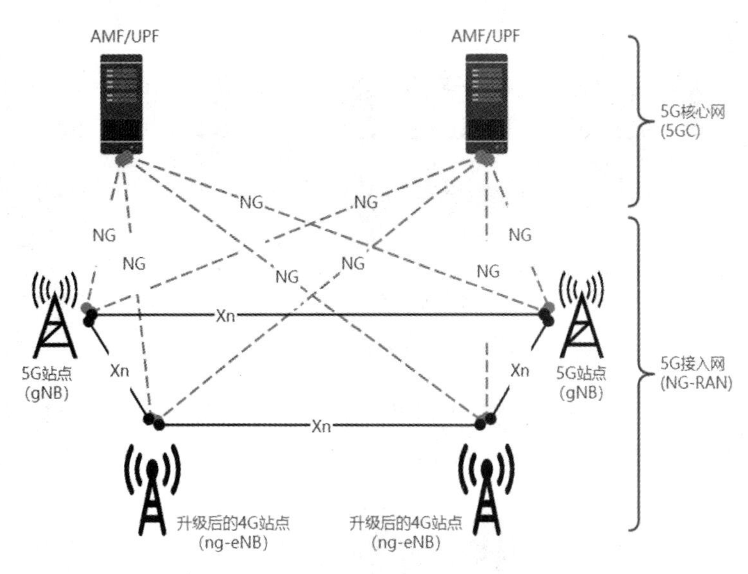

图 1-3　5G 系统总体架构

2. 5G 接入网站点架构

4G 和 5G 的无线网络架构对比如图 1-4 所示。4G 基站由基带处理单元（Baseband Unit，BBU）、射频拉远单元（Remote Radio Unit，RRU）和天线 3 个部分组成。其中，天线负责信号的发送和接收。

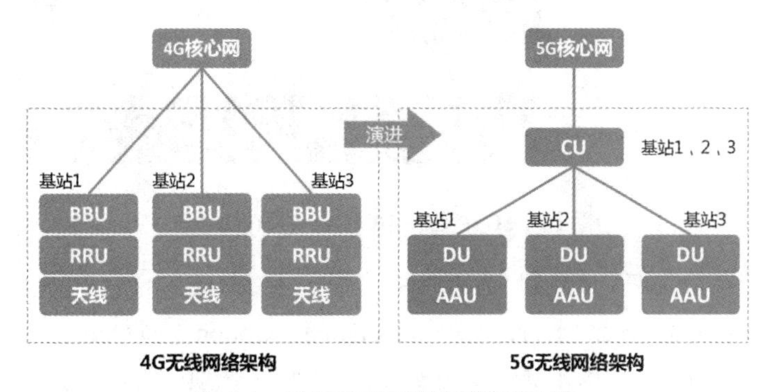

图 1-4　4G 和 5G 的无线网络架构对比

而到了“5G 时代”，开发人员将无线基站进行了重构。BBU 被拆分成集中式单元（Centralized Unit，CU）和分布式单元（Distributed Unit，DU），射频部分 RRU 的功能和天线合并在一起变成有源天线单元（Active Antenna Unit，AAU）。

CU 和 DU 的切分是根据无线侧不同协议层的实时性要求来进行的，具体如图 1-5 所示。协议中最底层的天线、射频处理和物理低层功能放在 AAU 中实现，物理高层、MAC、RLC 层放在 DU 中处理。AAU 和 DU 对应实时性要求高的协议层，而实时性要求不高的 PDCP 层和 RRC 层放到 CU 中处理。CU 和 DU 的功能分层以 PDCP 层为界，向上为 CU 功能，向下为 DU 功能。

3. 5G 部署方案演进

5G 部署方案演进

由于 5G 网络使用的频段较高，在建设初期很难形成连片覆盖，因此在部署 5G 的同时取得成熟 4G 网络的帮助就很重要。

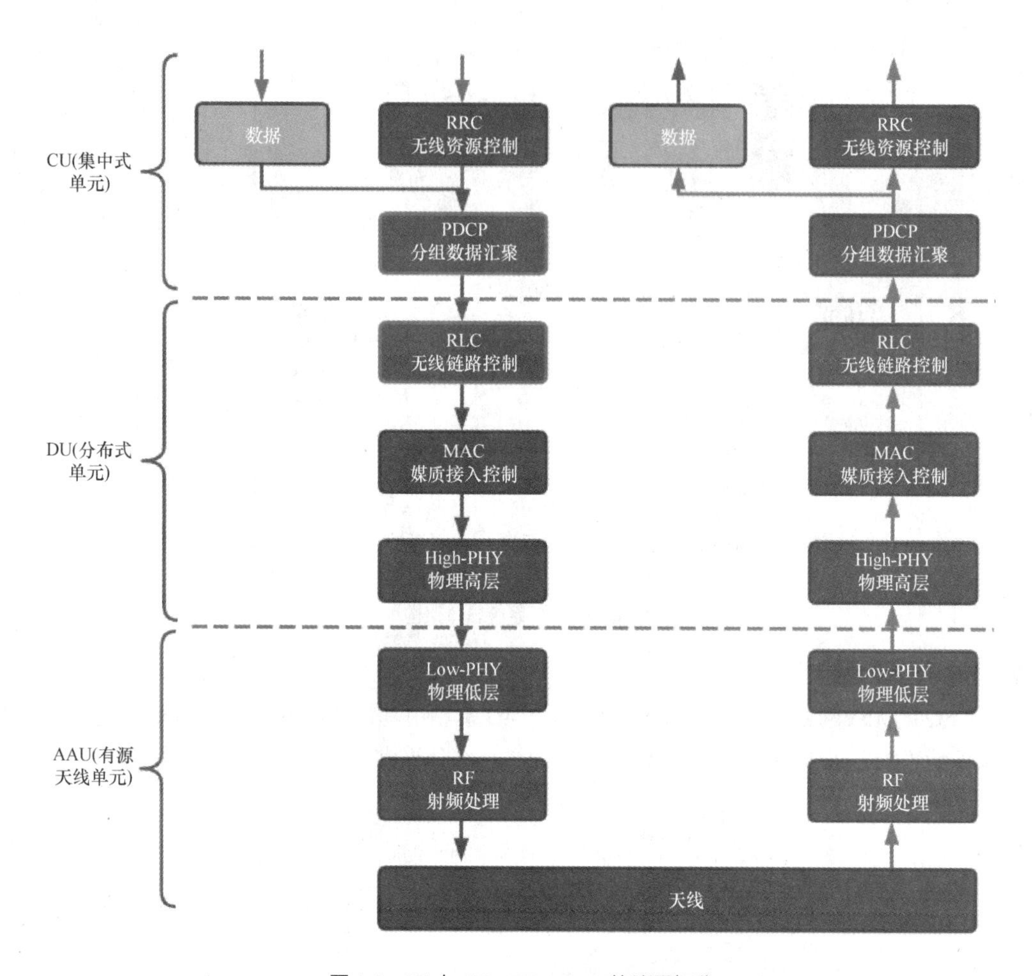

图 1-5　5G 中 CU、DU、AAU 协议层切分

组网架构总体上可分为两大类，即 SA 和 NSA。根据 3GPP 最初的定义，SA 架构包括 Option 1、Option 2、Option 5 和 Option 6 系列，NSA 包括 Option 3、Option 4 和 Option 7 系列。其中 Option 1 为纯 4G 的 LTE 架构，Option 6 由于缺乏实用意义在 SA 标准选项中被排除。

协议规定的组网架构如图 1-6 和图 1-7 所示，图中 EPC 全称为演进分组核心网（Evolved Packet Core），此处表示 LTE 核心网，5GC 表示 5G 核心网，LTE 表示 4G 基站，NR 表示 5G 基站，eLTE 表示升级后可与 5GC 数据传递的 4G 基站。由图可知 SA 与 NSA 的区别由接入终端（如手持终端、车载终端等）是否实现双连接决定。当终端同时接入 4G 和 5G 的站点，即实现双连接时，该组网架构为 NSA 架构，否则为 SA 架构。

相对于 NSA，SA 对 LTE 现网改造更小，且便于引入 5G 新业务，但是投资成本高，产业进度略晚。SA 和 NSA 各有优劣，运营商需要根据实际需求选择建网模式，如图 1-8 所示。当前运营商主要采用 Option 2 和 Option 3x 两种部署选项，其中 Option 2 对 LTE 网络无影响，引入简单，可快速验证 5G 性能，但新空口（New Radio，NR）需实现连续覆盖，否则语音业务切换流程复杂，服务质量（Quality of Service，QoS）无法保障；Option 3x 网元更改少，与现网耦合程度深，适合引入初期 NR 终端比例小、5G 小区非连续覆盖的情况；Option 7x 也是 NR 非连续覆盖场景的选项，可实现全 5G 能力，有效避免后续无线网络的多次升级，适合在 5GC 产业成熟情况下引入。5G 场景的长期形态应该是 4G 与 5G 共存，移动终端双连接，核心网使用 5GC 的 5G 核心网，如图 1-8 中的 Option 4 所示。

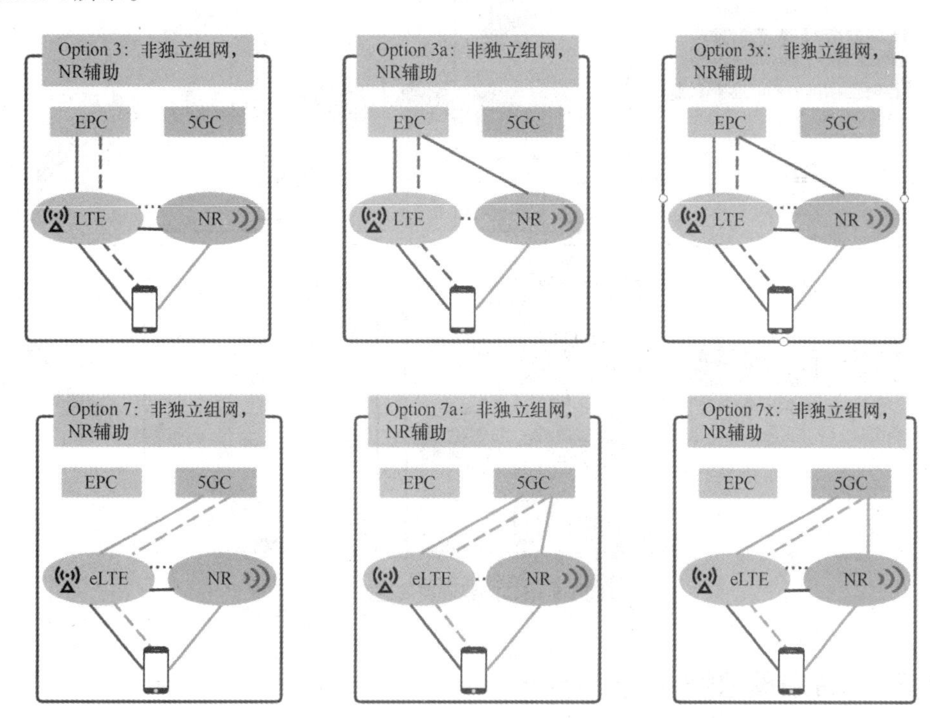

图 1-6　Option 3 与 Option 7 组网架构

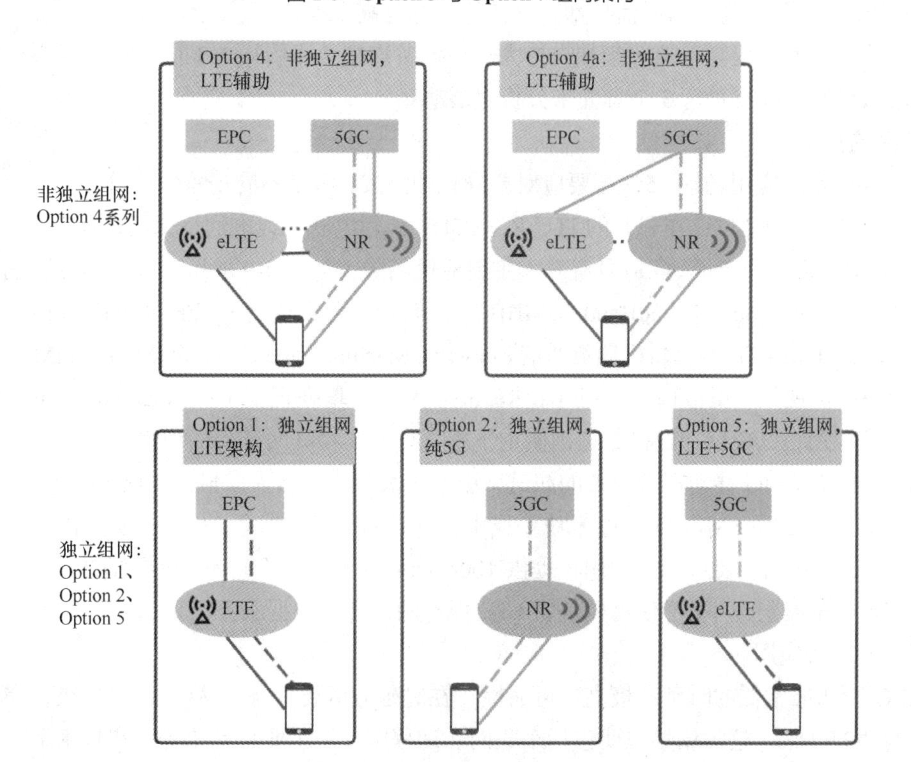

图 1-7　Option 4 与 Option 1、Option 2、Option 5 组网架构

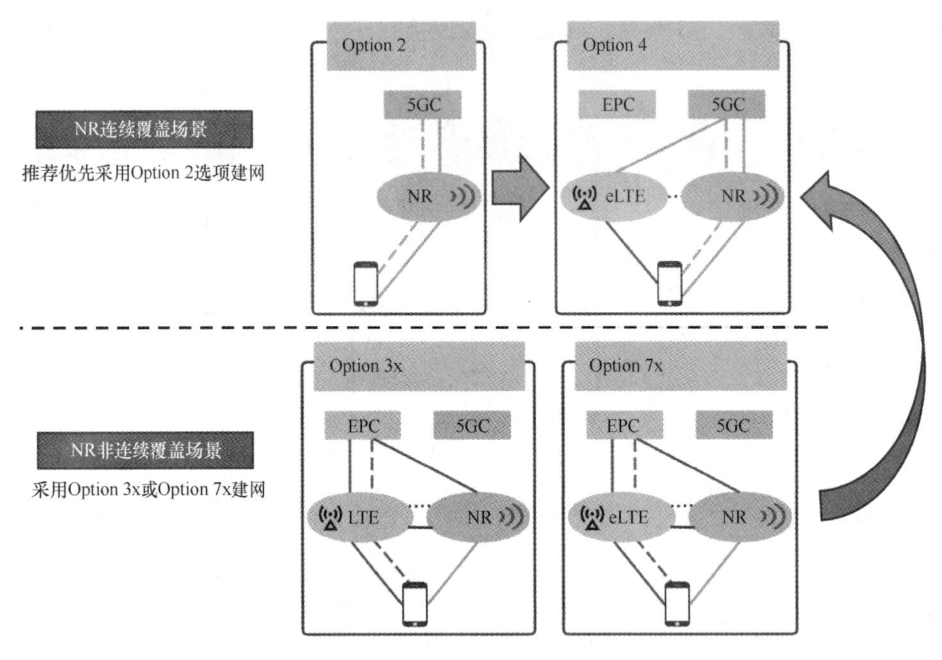

图 1-8　5G 网络部署演进方案

1.1.3　5G 发展愿景

5G 作为最新一代蜂窝移动通信技术，其性能目标是高数据速率、减少延迟、节省能源、降低成本、提高系统容量和支持大规模设备连接，我们从 5G 应用场景、5G 关键性能、5G 愿景这 3 个方面来分析发展愿景。

5G 发展愿景

1. 5G 应用场景

面对未来丰富的应用场景，5G 需要应对差异化的挑战，满足不同场景、不同用户的不同需求。因此，ITU 在召开的 ITU-R WP5D（国际电联无线电通信部门地面业务研究组第 5 分组）第 22 次会议上确定了 5G 应具有三大主要应用场景，如图 1-9 所示。三大场景分别为增强型移动宽带（enhanced Mobile BroadBand，eMBB）、低时延高可靠通信（Ultra-Reliable & Low-Latency Communication，URLLC）和海量机器类通信（massive Machine Type Communication，mMTC），eMBB 场景主要聚焦高清视频、虚拟现实（Virtual Reality，VR）、增强现实（Augmented Reality，AR）等宽带移动通信应用，URLLC 和 mMTC 则侧重于垂直行业和物联网场景的应用。

eMBB 可以看成 4G 移动宽带业务的演进，引入了大规模多输入多输出（Massive Multiple-Input Multiple-Output，Massive MIMO）、毫米波等技术，且增加了工作带宽，以支持更大的数据流量并增强用户体验。eMBB 的主要目标是为用户提供 100Mbit/s 以上的体验速率，在局部热点区域提供超过每秒数十吉比特的峰值速率，不仅可以提供 LTE 现有的语音和数据服务，还可以实现诸如高清视频、AR/VR、云游戏等应用。

URLLC 要求非常低的时延和极高的可靠性，在时延方面要求空口达到 1ms 量级，在可靠性方面要求高达 99.999%。这类场景主要包括车联网、远程医疗、工业自动化等。在技术上，需要采用灵活的帧结构、符号级调度、高优先级资源抢占等。

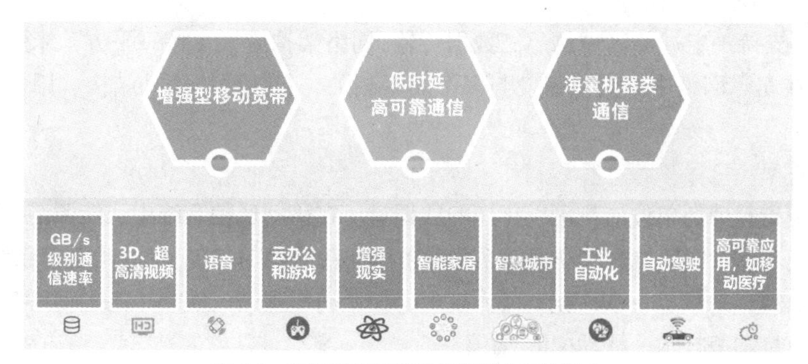

图 1-9　ITU 对应用场景与典型业务的划分

mMTC 指的是支持海量终端的场景，其特点是低功耗、大连接、低成本等。mMTC 主要应用在智慧城市、智能家居、环境监测等领域。为此需要引入新的多址接入技术，优化信令流程和业务流程。

2. 5G 关键性能

（1）移动性

移动性是历代移动通信系统重要的性能指标，指在满足一定系统性能的前提下，通信双方的最大相对移动速度。5G 移动通信系统需要支持飞机、高速公路、城市地铁等超高速移动场景，同时也需要支持数据采集、工业控制等低速移动或非移动场景。因此，5G 移动通信系统的设计需要支持更广泛的移动性。

（2）时延

时延采用单向时延（One-way Transmit Time，OTT）或往返时延（Round-Trip Time，RTT）来衡量。前者是指发送端到接收端，发送数据到接收数据之间的间隔；后者是指发送端到发送端，数据包从发送到确认返回的时间间隔。在 4G 时代，网络架构扁平化设计大大提升了系统时延性能。在 5G 时代，车辆通信、工业控制、增强现实等业务应用场景，对时延提出了更高的要求，最低空口时延要求达到了 1ms。在网络架构设计中，时延与网络拓扑结构、网络负荷、业务模型、传输资源等因素密切相关。

（3）用户感知速率

5G 时代将构建以用户为中心的移动生态信息系统，首次将用户感知速率作为网络性能指标。用户感知速率是指单位时间内用户获得 MAC 层用户面数据传送量。在实际网络应用中，用户感知速率受到众多因素的影响，包括网络覆盖环境、网络负荷、用户规模和分布范围、用户位置、业务应用等因素，一般采用期望平均值和统计方法进行评估分析。

（4）峰值速率

峰值速率是指用户可以获得的最大业务速率，相比 4G，5G 移动通信系统将进一步提升峰值速率，可以达到每秒数十吉比特。

（5）连接数密度

在 5G 时代存在大量物联网应用需求，网络要求具备超千亿设备连接能力。连接数密度是指单位面积内可以支持的在线设备总和，是衡量 5G 移动网络对海量规模终端设备的支持能力的重要指标，一般不低于每平方千米百万个。

（6）流量密度

流量密度是单位面积内的总流量数，用于衡量移动网络在一定区域范围内的数据传输能力。

在5G时代需要支持一定局部区域的超高数据传输，网络架构应该支持每平方千米每秒数十太比特的流量密度。在实际网络中，流量密度与多个因素相关，包括网络拓扑结构、用户分布、业务模型等因素。

（7）能源效率

能源效率是指每消耗单位能量可以传送的数据量。在移动通信系统中，能源消耗主要指基站和移动终端的发送功率，以及整个移动通信系统设备所消耗的功率。在5G移动通信系统架构设计中，为了降低功率消耗，采取了一系列新型接入技术，如低功率基站、D2D（Device-to-Device，设备到设备）技术、流量均衡技术、移动中继等。

3. 5G愿景

在过去的几十年间，移动通信已经深刻地改变了人们的生活，但人们对更高性能的移动通信的追求从未停止，5G建立初衷就是为了应对爆炸式的移动数据流量增长、海量的设备连接和未来不断涌现的各类新业务和应用场景。随着5G的广泛商用，5G将逐渐渗透到社会的各个领域，构建以用户为中心的全方位信息生态系统。5G将使信息突破时空限制，提供极佳的交互体验，为用户带来身临其境的信息盛宴。5G将拉近万物的距离，通过“无缝融合”的方式，便捷地实现人与万物的智能互联。5G作为新一轮科技和产业革命的基础建设，将融入千行百业，为用户提供光纤般的接入速率，“零”时延的使用体验，千亿设备的连接能力，超高流量密度、超高连接数密度和超高移动性等多场景的一致服务。5G还将基于资源切片，融合物联网、大数据、云计算、人工智能等新兴技术，实现基于业务及用户体验的智能优化，并给网络带来超百倍的能效提升和极大的成本降低，最终实现“信息随心至，万物触手及”的总体愿景。

市场调研机构HIS Markit在2020年的《5G经济》报告中预测，中国、美国、日本、德国、韩国、法国、英国七国于2020到2035年间在5G价值链上的相关投资（包括基础建设和研发）年均投资超过2600亿美元。到2035年，5G将在全球创造13.1万亿美元经济产出，占实际总产出的5.1%。仅5G价值链就将创造3.8万亿美元产出，并产生2280万个新工作岗位。其中中国在5G价值链上的产出将达到1.5万亿美元，新工作岗位达到1290万个，稳居全球首位，远超美国的280万个。

1.2 站点整体概述

根据国家YD/T 1051—2018《通信局（站）电源系统总技术要求》规定，通信局（站）分为四类，具体情况如下。

一类局站：具有承载国际或省际等全网性业务的机房、集中为全省提供业务及支撑的机房、超大型和大型数据中心机房等的局站。

二类局站：具有承载本地网业务的机房、集中为全本地网提供业务及支撑的机房、中型数据中心机房等的局站。

三类局站：具有承载本地网内区域性业务及支撑的机房和小型数据中心机房等的局站。

四类局站：具有承载网络末梢接入业务的机房和基站、室内分布站等站点。

从以上分类来看，5G基站属于四类局站，分级位置靠后，这意味着5G基站数量众多，分布广泛。

1.2.1 站点整体结构

在 5G 网络架构中，gNB 是 5G 网络中最基础的一环，位于网络架构最底层，负责提供无线覆盖，实现有线通信网络与无线终端之间的无线信号传输。

5G 网络现阶段主要工作在 700M～5000MHz 频段，由于频率越高，信号在传播过程中的衰减也越大，所以 5G 网络的基站密度将更高。如果需要实现好的信号覆盖效果，5G 网络就比其他移动通信网络需要更多的基站进行信号覆盖。

一个完整的 5G 站点通信机房外通常包括塔桅、AAU 天线和 GPS 天线等设备，机房内除了空调和照明设备外，还需要包括交直流电源设备、蓄电池组、传输设备、基站主设备及监控设备。此外还有包含接地网的防雷接地系统，如图 1-10 所示。下面将从通信机房、通信塔桅、电源及防护系统、传输系统、基站主设备及天馈系统以及常用线缆等部分展开说明。

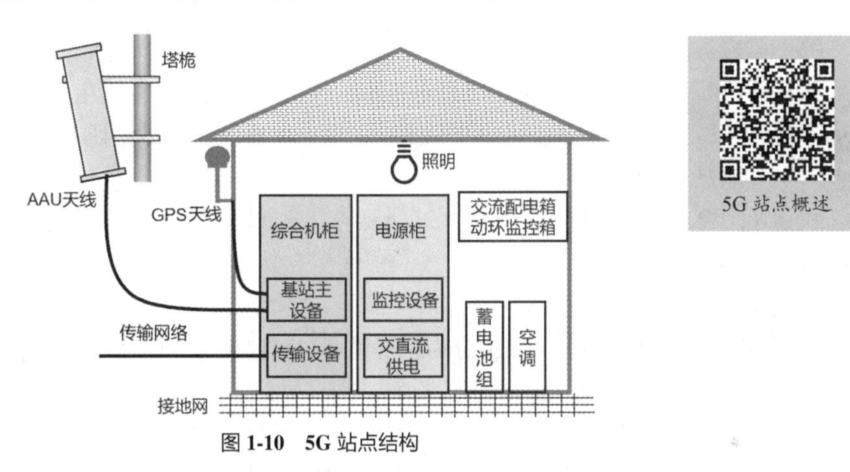

图 1-10 5G 站点结构

1.2.2 通信机房

通信机房是指存放通信设备，为用户提供通信服务的地方。

1. 机房要求

5G 基站的机房建设是系统工程，要切实做到从工作需要出发，既要满足功能使用需要，又要兼顾美观耐用，并且具备一定的可扩展性。

5G 基站的机房为通信设备提供安全运行的空间，为从事通信工作的人员创造良好的工作环境。为了保障通信设备正常运行及通信工作的顺利开展，机房需要满足一定的要求，具体要求如下。

（1）空间大小

机房内需要安装很多设备，不同设备的大小不一样，运行时还需要保持一定的隔离度，所以机房的整体空间大小需要考虑。

（2）机房质量

机房内设备安装方式一般为地面安装和壁挂安装两种方式，有的设备重量较大，另外需要考虑到一些自然灾害（如山火、大风、暴雨、冰雹、地震等），所以机房材质要具备良好的承重能力，并且根据地方气候有一定的抗自然灾害能力。

（3）水平和垂直

地面安装设备需要保持水平运行，壁挂安装设备需要保持垂直运行，所以机房地面要保持平整且立面要保持垂直，不能有倾斜。

（4）温度和湿度

由于温度和湿度对机房设备的电子元器件、绝缘材料以及记录介质都有较大的影响，且设备运行时会产生热量，所以为了保证设备能够正常运行，需要使用空调保持机房的温度和湿度。根据 YD/T 1821—2018《通信局（站）机房环境条件要求与检测方法》行业标准，基站机房温度范围为 5～30℃，湿度范围为 20%～80%。

（5）供电保障

正常情况下机房一般采取市电供电，为了避免停电等意外情况出现，机房需要安装备用电源，关键设备需要同时连接两个电源，确保在发生电力故障时能瞬间从主用电源切换到备用电源。

（6）监控防护系统

机房需要配备监控防护系统，可以对机房情况进行监控。如果发生意外情况（烟雾、火灾、进水、非法进入、盗窃等），系统可以立刻上报，以方便相关人员尽快处理，保证机房正常运行。

（7）其他要求

机房还需要考虑除环境以外的一些其他要求，比如机房投资预算、建设周期、建设难度、协调难度等。

2. 机房类型

5G 基站的机房从归属方面来说分为租赁机房与自建机房。租赁机房为租用客户或友商的现有机房，自建机房一般为己方新建的机房。

租赁机房一般有建设成本较低、建设难度小、建设周期短等优势，所以在租赁机房满足条件的情况下，在 5G 基站建设时优先考虑租赁机房，如果没有符合条件的租赁机房，再考虑自建机房。

5G 基站的机房按材质分类，常见的有土建机房、彩钢板机房与一体化（集装箱）机房、一体化机柜等。

（1）土建机房

土建机房为采用砖混结构建造的基站机房，新建机房的设计使用年限一般为 50 年。对既有建筑改建时，结构加固后使用年限宜按 30 年考虑，但不应超过原建筑结构使用年限。在非地震区，结构设计可不考虑抗震；在地震区，按相应地区设防烈度计算地震作用并采取抗震措施。

根据 GB 50189—2015《公共建筑节能设计标准》和 YD/T 5184—2018《通信局（站）节能设计规范》的相关规定，建筑设计应根据当地气候和自然资源条件，充分利用可再生能源。土建机房外墙的传热系数要求达到国家规定标准，外墙一般选用满足承重要求的砌块材料。砖混结构外墙构造可采用单一的墙体材料；当单一墙体材料无法满足节能要求时，也可采用墙体材料加外保温材料构成复合保温结构体。保温材料依照公安部、住房和城乡建设部公通字〔2009〕46 号文件选取。保温层的厚度应根据当地气候条件，依据 GB 50189—2015《公共建筑节能设计标准》，经过计算确定。

土建机房整体质量好，并且经久耐用，一般常用于山顶、海边等环境要求较高的室外场景，如图 1-11 所示。

图 1-11　土建机房

（2）彩钢板机房与一体化（集装箱）机房

彩钢板机房与一体化（集装箱）机房都是活动板房，如图 1-12 所示。

图 1-12　彩钢板机房与一体化（集装箱）机房

彩钢板机房为利用彩钢夹芯板及金属构件现场拼装而成的基站机房，或者利用彩钢夹芯板及金属构件在工厂完成整体拼装，可进行整体运输的基站机房。使用年限要求 10 年以上。在非地震区，结构设计可不考虑抗震；在地震区，按相应地区设防烈度计算地震作用并采取抗震措施。彩钢板机房建筑设计应符合 GB 50189—2015《公共建筑节能设计标准》和 YD/T 5184—2018《通信局（站）节能设计规范》的相关规定。

彩钢板机房造型美观、价格适宜、经济实用、建设周期短，一般常用于市区环境要求不高的各种室外场景。

一体化（集装箱）机房又称铁甲机房，由金属构件拼接而成。机房采用标准配件设计集装箱式外形，并对其进行隔热和内部结构装修与改造，内置空调、配电、照明、通信、监控等系统，此处不展开介绍。

（3）一体化机柜

一体化机柜是指集成了机房的各个功能模块，整体呈柜体形状的小型机房，如图 1-13 所示。

图 1-13　一体化机柜

一体化机柜按材料来分，可分为金属机柜和非金属机柜。金属机柜常见的材料有钣金、镀锌板、不锈钢、铝合金等，非金属机柜常见的材料有玻璃钢等复合材料。

一体化机柜占地面积小、价格低廉、建设周期短，一般常用于市区和城郊环境要求不高的各种室内外场景。

1.2.3 通信塔桅

通信塔桅是指承载各种移动天线的塔架、桅杆，包括自立式四边形塔架、独立管塔、桅杆、美化塔、楼上抱杆等。一般单管塔等所有天线都集中在一个塔桅上的为集中性塔桅，抱杆等各种天线在不同塔桅上的为分散性塔桅。

通信塔桅按照结构一般可以分为 4 类：铁塔、桅杆、美化塔和美化罩，如图 1-14 所示。

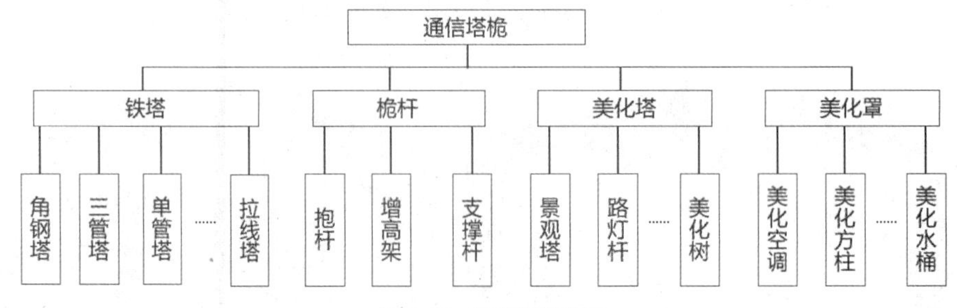

图 1-14　通信塔桅类型

1. 铁塔

（1）角钢塔

角钢塔由角钢（见图 1-15）组装而成，采用螺栓连接，加工、运输、安装都很方便，整体刚度大，承载能力强，技术应用成熟，如图 1-16 所示。但是由于角钢塔占地面积较大且不够美观，因此，角钢塔主要用于市郊、县城、乡镇、农村等区域。

（2）三管塔

三管塔的塔身采用钢管制作，3 根主要钢管栽在地上作为骨架，再辅助些横的、斜的钢材进行固定，如图 1-17 所示。与传统角钢塔相比，三管塔的塔身横截面为三角形，塔径较小，高度低。它构造简单、零件数量少、施工方便、占地面积小，成本比角钢塔低。三管塔使用区域与角钢塔的类似，可根据实际需求选择。

图 1-15　角钢

图 1-16　角钢塔

图 1-17　三管塔

（3）单管塔

图 1-18　单管塔

单管塔塔身为一根很粗的钢管，在塔体上部设置工作平台，塔体底部管壁开设下门洞，工作平台所处位置的管壁开设上门洞，天线支架固定于工作平台的围栏上，在塔体内设置由爬梯主杆及爬梯主杆上连接设置的横挡构成的爬梯，如图 1-18 所示。

单管塔简洁、美观，占地面积小，施工快，但是构件较大、搬运及安装较麻烦（需要使用吊车），且造价较高。一般用于城市市区、居民小区、高校、商业区、景区、工业园区、铁路沿线等区域，使用场景非常广泛。

（4）拉线塔

图 1-19　拉线塔

拉线塔由塔头、立柱和拉线组成。塔头和立柱一般由角钢组成的空间桁架构成，有较好的整体稳定性，能承受较大的轴向压力，如图 1-19 所示。其拉线一般采用高强度钢绞线，能承受很大的拉力，使拉线塔能充分利用材料的强度特性，减少材料的耗用量。拉线塔重量轻、价格便宜、安装方便，但是占地面积大。

与上面的几种塔相比，拉线塔不能独立站立，需要拉线的扶持，因此叫作“非自立塔”；而角钢塔、三管塔和单管塔都属于“自立塔”。

2. 桅杆

桅杆又称为屋顶塔，是指装设天线的金属柱杆，主要架设在城区的屋顶，如图 1-20 所示。常见的桅杆包括抱杆、增高架和支撑杆等。抱杆是最常见的一种桅杆形式，高度一般为 3～6m，可与外墙固定或者加斜支撑与天面固定。抱杆安装方式的优点是建设成本低、周期短，缺点是不美观，高度受到限制。

（a）抱杆　（b）增高架　（c）支撑杆

图 1-20　抱杆、增高架与支撑杆

增高架高度一般不超过 15m，可安装数量较多的天线，使用方便，但同样存在不美观和高度受限的问题。

支撑杆与增高架相似，高度不超过 15m，安装于楼顶，以三角或者四角形式固定于天面。支撑杆也可架设多根天线，但对楼房的结构强度要求较高。

桅杆与铁塔相比，自身不需要太高，所以一般是一些简易的钢架，成本相对较低，安装比较简单。

3. 美化塔

随着社会的发展，“生态城市”“和谐宜居城市”已成为现代城市建设和发展目标，传统的移动通信铁塔需要进行美化，与周围的自然环境相协调，从而有效地解决城郊地区或者风景区建站难的问题。常见的美化塔形式包括景观塔、路灯杆、美化树等。

景观塔在本质上是一种经过美化和装饰后的单管塔，塔上除了藏有通信设备，还有路灯、广告牌等设备作为装饰，以达到景观美化的作用，如图 1-21 所示。单管塔还有一种常见的美化和装饰形式就是美化树，也称为仿生树，远看是苍翠、挺拔的大树，通信设备藏在树叶当中，其意义与景观塔一样是为了保持塔和周边环境的协调一致，因此也可以认为是另一种形式的景观塔，如图 1-22 所示。美化树一般适用于风景区、市区路边等。

图 1-21　景观塔

图 1-22　美化树

4. 美化罩

美化罩是一种经过美化的特殊抱杆，形态上就是内部为抱杆，外面套上美化罩。美化罩可以有不同的样式，如美化空调（见图 1-23）、美化方柱（见图 1-24）、美化水桶（见图 1-25）等。美化罩一方面可以保持与周围环境的协调，另一方面可以避免基站建设与运行过程中可能出现的人为干扰，一般多用于市区各种环境。

图 1-23　美化空调

图 1-24　美化方柱

图 1-25　美化水桶

通信塔桅的设计应针对其特点，从实际出发，综合分析，合理选用最优方案。在尽可能节省建设资金的基础上，建设外形美观、风格多样，与周围环境融合、协调的通信塔桅。

1.2.4 电源及防护系统

随着我国通信产业的快速发展，通信站点大量增加，相关的通信设备的种类和数量也越来越多，而电源及防护系统被称为通信设备的“心脏”。电源系统可以给通信设备供电，防护系统保护通信设备可以正常运行，它们是维持整个通信网络正常运行的关键基础设施。为了保障所有通信设备的稳定运行，电源及防护系统需要稳定可靠、持续安全地为通信设备供电。

电源及防护系统包含电源和防护两类系统，电源系统一般包含交流供电系统、直流供电系统，而防护系统包括动环监控系统、接地系统、防雷系统等，电源系统具体如图 1-26 所示。

市电通常为 220/380V 交流电，机房内只有空调与照明系统可以直接使用，而很多通信设备需要使用 48V 直流电、24V 直流电等，因此需要电源系统对其进行转换。

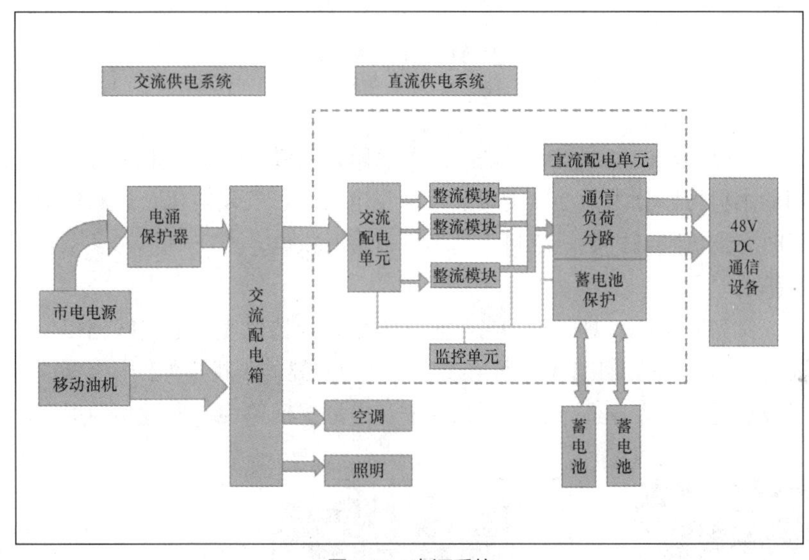

图 1-26 电源系统

1. 交流供电系统

交流供电系统一般由市电电源、移动油机、电涌保护器、交流配电箱组成。

一般在市电正常的情况下，通信设备由市电进行供电，此时如果蓄电池组电量未充满则会进行充电；市电停电且移动油机到站正常工作时，由移动油机对通信设备进行供电；在市电停电且移动油机未到站正常工作时，蓄电池组对通信设备进行供电；市电恢复正常之后，继续由市电对通信设备进行供电。

（1）市电电源

市电一般采用高压电进行传输，根据 $P=UI$ 公式可知，在功率不变的情况下，降低电流可以减少电力传输过程中的损耗，此举既能提升效率，又能节省成本。由于高压电危险性极高，不适合通信机房使用，所以在使用前，必须先经过降压设备转换为低压电。

市电传输过程如图 1-27 所示，首先由发电厂产生交流电，然后经过变压器转换为适合传输的高压电，经过高压线路输送至地方变电站，在变电站经过变压器转换为低压电，最后经过低压线路输送至通信机房。

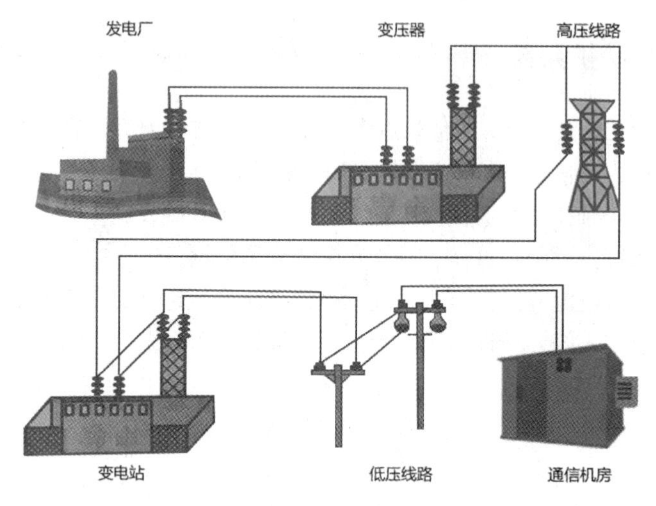

图 1-27　市电传输过程

（2）移动油机

移动油机指的是可移动的小型发电设备，使用油作为燃料，所以叫作油机发电机，如图 1-28 所示。一般按使用的燃料可以分为柴油发电机、汽油发电机、燃气发电机、燃料电池发电机等。在市电电源出现故障时，油机发电机燃烧燃料为基站进行临时供电。

（3）电涌保护器

电涌保护器，又名防雷器，是一种为各种电子设备、仪器仪表、通信线路提供安全防护的电子装置，如图 1-29 所示。当电气回路或者通信线路中因为外界的干扰突然产生尖峰电流或者电压时，电涌保护器能在极短的时间内导通、分流，从而避免电涌对回路中其他设备的损害。

图 1-28　油机发电机

图 1-29　电涌保护器

电涌保护器适用于交流 50Hz/60Hz，额定电压 220V/380V 的供电系统，保护通信设备不被间接雷电和直接雷电或其他瞬时过压的电涌损害，可满足家庭住宅、第三产业以及工业领域电涌保护的要求。

电涌保护器一般位于市电电源与交流配电箱之间，出现意外情况时，保护通信设备不受影响。

（4）交流配电箱

交流配电箱是由电压表、电流表、开关（或自动开关）、保险、信号灯和线路等组成的分支开关控制分配箱，具体配置可根据地点、用电设备和用电量按需选择，如图 1-30 所示。

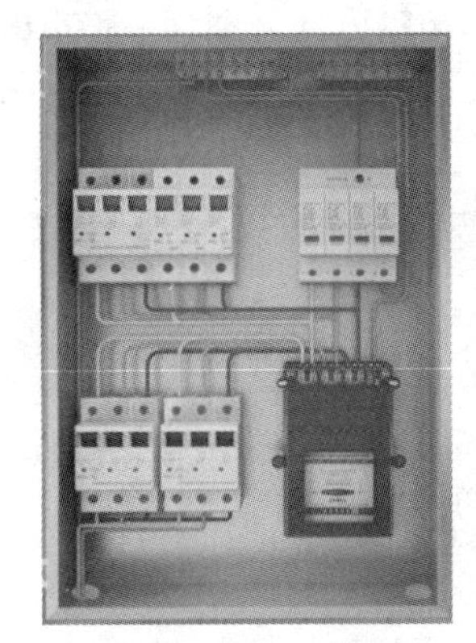
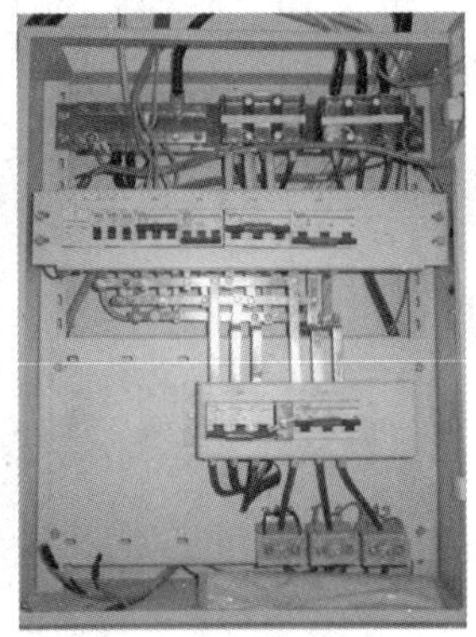

图 1-30　交流配电箱

交流配电箱具备两路（一路市电、一路移动油机）电源转换设备，并为开关电源、空调、照明等交流用电设备提供交流电。

交流配电箱一般输入电源为 380V/100A，当所需市电引入容量小于 5kVA 时，可以引入单相 220V 交流电源。机房内一般只有空调与照明系统直接由交流配电箱供电。

2. 直流供电系统

直流供电系统是向通信局（站）提供直流（基础）电源的供电系统。根据工业和信息化部颁布的 YD/T 1051—2018《通信局（站）电源系统总技术要求》的规定，−48V 和 240V、336V 为通信局（站）的直流基础电源电压。对于移动通信基站，无论是室外宏基站、微基站还是室分站点，均以−48V 直流电为通信设备供电。在实际应用中，如果需要直流远供电源，可通过直流—直流变换的方式将−48V 基础电源升压成 380V 进行远距离传输。

直流供电系统由交流配电单元、整流模块、蓄电池组、监控单元和直流配电单元 5 个部分组成，如图 1-31 所示。除蓄电池组外，其他部分一般包含在机房电源柜中。

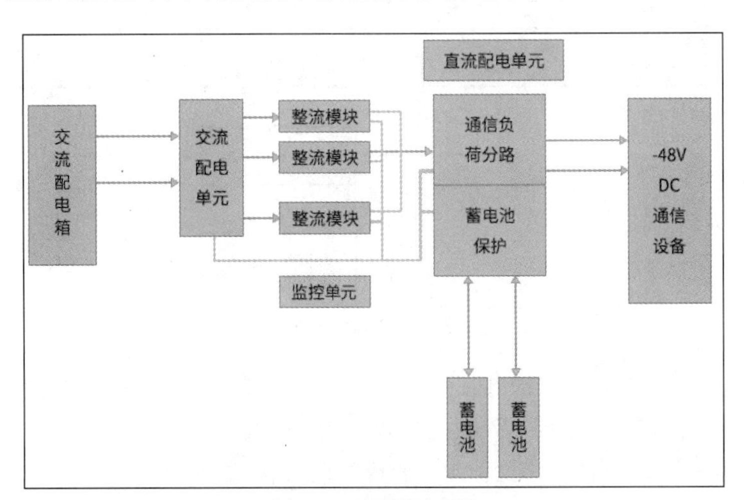

图 1-31　直流供电系统

（1）交流配电单元

交流配电单元可以输入市电或油机电源，能将交流电分配给开关电源整流模块使用，交流配电单元内也配置电涌保护器，作为基站电源系统的第二级防雷保护。

一般情况下，交流配电单元会配置两路交流电源输入，分别为一路市电与一路油机或两路市电（一主一备）。两路交流输入可以实现互锁及切换（自动或手动）功能，具体如图 1-32 所示。

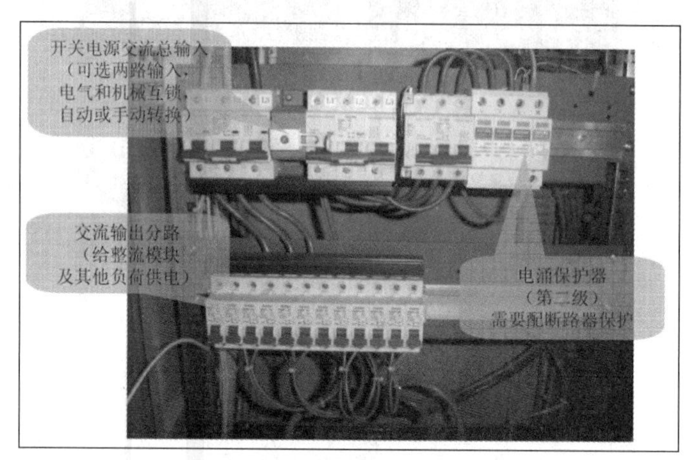

图 1-32　交流配电单元

（2）整流模块

整流模块用于将输入的交流电转换成直流电，其直流输出电压可以通过监控单元设置，通过自动或手动控制。一般情况下基站由多个整流模块组成整流部分。

整流部分将输入的交流电转换成符合通信设备要求的直流电，通信设备要求输出的直流电压稳定、含交流波纹小、在一定范围内可以调节，以满足其后并接的蓄电池组充电电压的要求；同时，由于一个开关电源系统具有多个整流模块，所以整流模块要协调工作，合理分配负载电流，其中某个整流模块出现输出高压时该模块能正常退出而不影响其他模块的工作。

整流模块工作流程如图 1-33 所示，一般有以下几种功能。

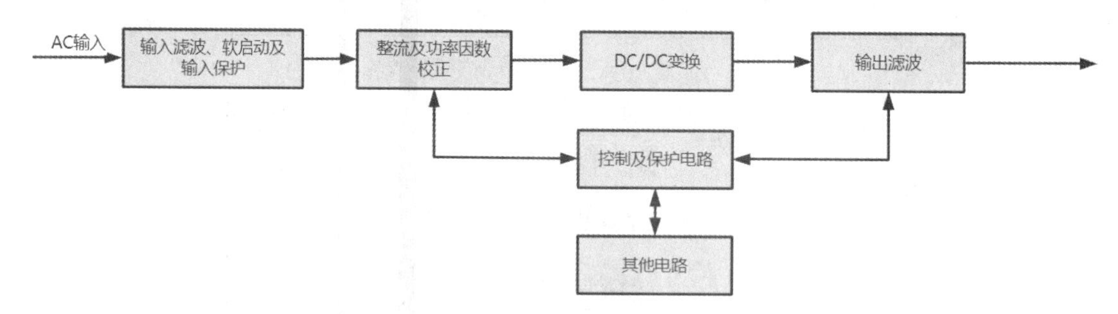

图 1-33　整流模块工作流程

① 输入滤波、软启动及输入保护电路：滤除输入交流电的杂波，并通过软启动和输入保护电路对可能出现的输入过电压、欠电压以及电涌电压情况进行防护。

② 整流及功率因数校正电路：将交流电整流成为直流电，通过功率因数校正电路提升线路效率，输出的直流电供下一级变换。

③ DC/DC 变换电路：将直流电逆变为高频交流脉冲电压，通过高频电容和电感组成共模滤波器对高频交流电进行二次整流和滤波，成为较为平滑的直流电。

④ 输出滤波电路：根据负载需要，输出稳定可靠的直流电压。

⑤ 控制及保护电路：既能通过采样、比较的方式获得激励信号，控制主电路滤波电容的充放电时间，实现稳定电压的输出，又能通过保护电路和控制电路完成对整机的直流输出过压、短路、限流、过流、过温等实施保护。

⑥ 其他电路：如辅助电源、监控接口等。

（3）蓄电池组

蓄电池是一种储存电能的设备，多个蓄电池组合在一起构成蓄电池组，如图 1-34 所示。充电时蓄电池组能将得到的电能转变为化学能保存起来，放电时又能及时将化学能变为电能释放出来。蓄电池组的电能和化学能转换可以反复循环多次。

图 1-34　蓄电池组与抗震铁架

5G 站点直流供电系统采用整流器和蓄电池组并联供电的方式，可以提高站点的供电可靠性。当交流供电（市电或移动油机）正常输入时，整流器输出的直流电给通信设备供电，同时也给蓄电池组充电。当交流供电（市电与移动油机）输入完全中断时，由蓄电池组放电给负载供电。

蓄电池组易因震动或者碰撞而损坏，从而导致站点设备无法安全、正常地运行。考虑到我国大部分地区处于烈度 7 级以上的抗震设防区，所以蓄电池组安装一般要使用抗震铁架。

（4）监控单元

监控单元是整个通信电源系统的“总指挥”，如图 1-35 所示。其主要实现以下功能：实时监控系统工作状态、采集和存储系统运行参数、保存相关参数、协调各个模块正常工作、控制系统的运行。

图 1-35　监控单元

从监控对象的角度可将监控单元分为交流配电监控单元、整流模块监控单元、蓄电池组监控单元、直流配电监控单元、自诊断单元和通信单元。下面简单介绍并分析各单元完成的具体功能。

① 交流配电监控单元：检测三相交流输入电压值（电压高低、有无缺相、停电）、频率值、电流值以及防雷器是否损坏等情况。

② 整流模块监控单元：监测整流模块的输出直流电压、各模块电流及总输出电流，各模块开关机状态、故障与否、浮充或均充状态以及限流与否；控制整流模块的开关机、浮充或均充；显示相关信息以及记录事件发生的详细信息。

③ 蓄电池组监控单元：检测蓄电池组总电压、充电电流或放电电流，记录放电时间及放电容量、

电池温度等信息；控制蓄电池组脱离保护和复位恢复（根据事先设定的脱离保护电压和恢复电压）、均充周期、均充时间和温度补偿等功能实现。

④ 直流配电监控单元：监测系统总输出电压、总输出电流、各负载分路电流以及各负载分路熔丝和开关情况。

⑤ 自诊断单元：监测监控单元本身各部件和功能单元工作情况。

⑥ 通信单元：设置与远端计算机连接的通信参数（包括通信速率、端口地址），负责与远端计算机的实时通信。

（5）直流配电单元

图 1-36　直流配电单元

直流配电单元如图 1-36 所示，主要功能有电池组接入、上/下电控制、负载配电、电池组电流检测、负载电流检测、电池电压与母排电压检测、负载配电空开或熔丝状态检测、电池组接入空开或熔丝状态检测、直流防雷。根据不同的应用场景，有的功能不需要。直流配电单元应具备二次下电功能，确保与传输、监控等相关的重要设备的用电。

二次下电是指在电池放电情况下，当电池电压下降到一定值时（比终止电压高），切断部分次要负载，保留对主要负载供电；当电池电压下降到终止电压时，切断所有负载，实现对蓄电池组的保护。

3. 动环监控系统

动环监控系统

（1）概述

动环监控系统全称为通信站点电源、空调及环境集中监控管理系统，又叫动力环境集中监控系统，用于对通信点的电源系统、空调、环境进行远程集中监控，达到无人值守的目的。

2019 年 6 月 6 日，国家发布 5G 牌照，此后 5G 网络快速发展，网络规模不断扩大，5G 站点数量也越来越多，再加上原有的其他制式网络的站点数量，单纯依靠传统的人工来巡检及维护已无法满足高质量维护的需求，因此更加促进了动环监控系统的发展。目前动环监控系统已经成为运营商设备维护中不可或缺的一部分，除了可以实现对设备基本运行情况、相关参数及告警的检测，还可以通过涉及的大量数据对设备进行全面管理。

（2）基本功能

动环监控系统的基本功能如下。

① 实时监控：实时监控电源、空调等设备的运行状态，以及各类环境情况，比如烟雾、火警、温度、湿度、防盗等，并且可以将监控内容呈现在后台界面，供相关人员查看。

② 数据采集：根据制订的数据采集计划（采集周期、采集内容）采集相关设备的各项数据，并且可以对数据进行查询统计、追踪分析以及管理操作。

③ 故障管理：数据采集后，通过分析和处理，判断监控站点的故障和告警情况，通知相关的值班维护人员进行处理，并且可以跟进处理进展以及恢复情况。

④ 设备控制：可以远程控制调节站点设备，实现一些可以改变设备运行状态或相关参数的方法。

⑤ 配置管理：配置监控站点、设备及相关参数，以及存储内容、告警内容、级别、门限等。

⑥ 安全管理：用于预防站点发生水灾、火灾、被盗等安全事故，可为不同用户提供不同权限，防止出现误操作配置的情况。

（3）基本要求

对动环监控系统的基本要求如下。

① 不能影响被监控设备：动环监控系统运行不能对系统本身和被监控设备造成影响，既不能影响被监控设备的正常工作，也不能改变被监控设备的内部逻辑和功能，当动环监控系统出现局部故障时，不影响整个系统和被监控设备的正常运行。

② 具有自我诊断和自我恢复能力：当系统发生故障时，能够自我诊断各个模块的故障情况，优先选择自恢复，如果无法自恢复，则发出相应的告警提示，相关人员接收到告警信息，从而及时处理动环监控系统自身的故障。

③ 防雷要求：动环监控系统应满足一定的防雷要求，具体情况如表 1-1 所示。

表 1-1　动环监控系统防雷要求

试验端口	通用模拟输入、数字输入/输出端口	直流电源点开	交流电源端口	串口	视频	网口
冲击电流 8/20μs，正负极各 5 次	差模 2kA	差模 5kA	差模 2kA	差模 2kA	—	差模 2kA（1 次）
	共模 3kA	共模 5kA	共模 3kA	共模 3kA	共模 3kA	共模 3kA（1 次）

④ 电磁兼容性要求：监控对象可能处于电磁环境下，动环监控系统应具有良好的电磁兼容性，在相应环境下能正常工作，并且满足国家相关标准。

⑤ 电气可靠性要求：动环监控系统硬件应与监控对象保持良好的电气隔离性，以便减少相互间的干扰，不能因动环监控系统而降低对监控对象的电气隔离度。

⑥ 接地要求：动环监控系统硬件应可靠接地，并具有抵抗和消除噪声干扰的能力。

⑦ 扩展性要求：随着 5G 网络的快速建设，5G 站点数量也会不断增加，因此动环监控系统应具有可扩展的能力，可以根据现场实际情况增加监控站点和监控对象。

⑧ 环境要求：动环监控系统硬件设备安装固定方式应具有防震和抗震能力，并且能保证在运输及储存过程中和安装后不产生破损。另外，动环监控系统硬件设备还要能适应安装现场的温度、湿度及海拔等要求，并且有可靠的过电压和过电流保护装置。

（4）系统架构

动环监控系统架构一般为树形结构，主要由 4 个部分组成：省级监控中心、地区监控中心、区域监控中心、监控单元，如图 1-37 所示。

① 省级监控中心：省/直辖市/自治区或者同等级别的网管中心，一般位于省会城市或直辖市内，可以监控整个省/直辖市内的通信站点，对下辖的所有机房设备进行统一管理和监控，收集相关参数和告警数据。

② 地区监控中心：本地网或者同等级别的网管中心，一般位于地级市/州，可以监控整个地级市/州的通信站点，对下辖的所有机房设备进行统一管理和监控，收集相关参数和告警数据，并且可以接收省级监控中心下发的指令。

③ 区域监控中心：区域监控中心一般位于地级市的某个区/县，可以监控本区域内的通信站点，对下辖的所有机房设备进行统一管理和监控，收集相关参数和告警数据，同时可以接收地区监控中

心下发的指令。

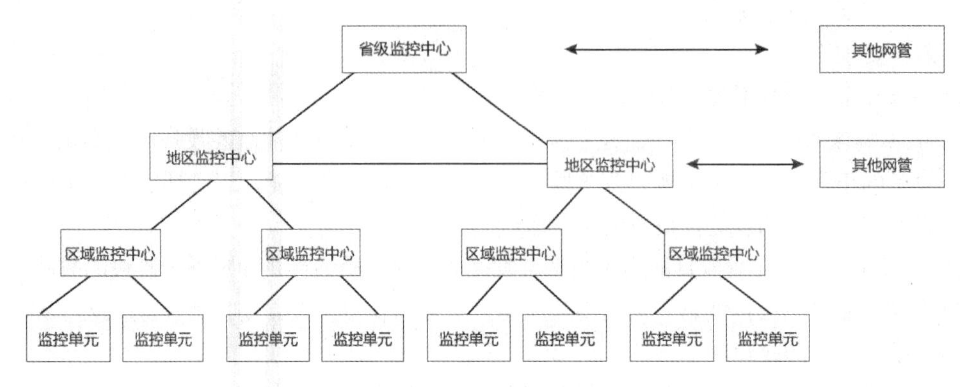

图 1-37　动环监控系统架构

④ 监控单元：一般位于通信站点内，监控范围一般为一个独立的通信站点或大型站内相对独立的电源、空调及环境，用于采集被监控设备的运行情况及相关参数。

5G 站点监控一般分为一体式和主从式，一体式是指一个站点独立为一个监控单元，只负责监控本站点内的设备；主从式是指选择一个站点为主监控机房，其下挂其他站点为其从属监控机房，主、从统一为一个监控单元，监控主从站点机房内所有设备。具体情况如图 1-38 所示。

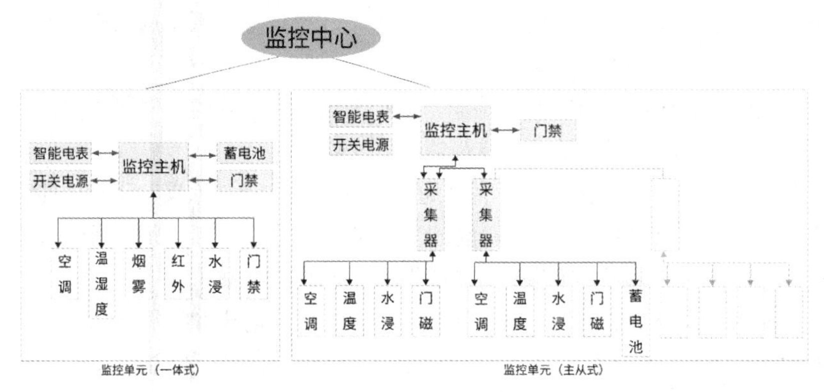

图 1-38　机房监控系统

4. 接地系统

使用电器设备时都需要取某一点的电位作为参考电位。由于大地具有导电性，且具有无限大的容电量，在吸收大量电荷之后可以保持电位不变，另外人在日常生活中也离不开大地，因此一般以大地的电位为零电位并取之为参考电位，为此需与大地做电气连接以取得大地电位，这就是接地。

接地系统是通信设备运行的安全屏障与稳定基石。没有科学合理的接地系统保护，就没有通信站点中所有设备的安全稳定运行，而这一切的实现，就是依靠始终钳制在零电位的大地。接地技术就是实现电子设备与大地良好电气连接的技术。

接地技术将各种电气装置和系统与零电位的大地进行电气连接，借助大地电位为零并且保持不变的特性，工作中可将电气设备外壳及可能被人员触碰的裸露部位接地，在这些部位意外发生带电事故时，迅速将电荷“宣泄”到大地中，防止人员和设备遭到电击伤害，保护人身安全和设备安全。

一个完整的通信站点的接地系统由地网子系统和地线子系统组成，其中地网子系统由大地土壤、接地体（接地网）和连接线组成；地线子系统由接地引入线、各级接地汇集线（接地排）、各级设备接地线等组成。

设备接应路径为：设备接地端子→各级接地线→总接地汇集线（接地排）→接地引入线→接地体（接地网）→大地土壤，具体情况见图 1-39。

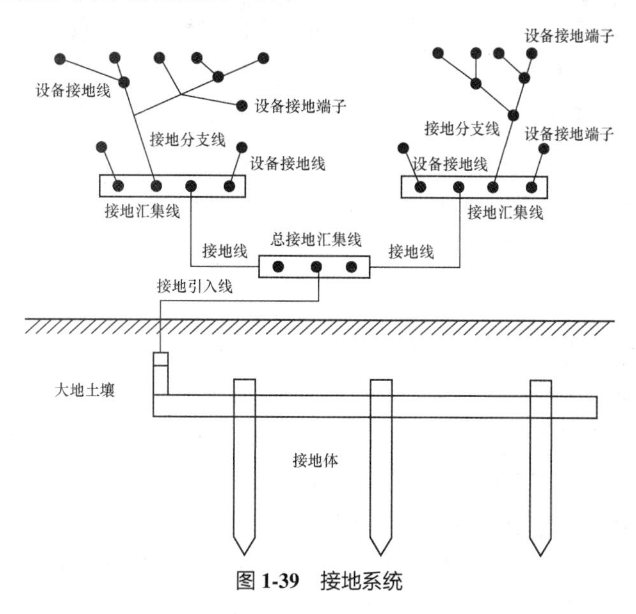

图 1-39　接地系统

与土壤接触并提供电气连接的导体称为接地体，接地体一般分为水平接地体和垂直接地体。多根接地体在地下相互连通构成接地网，为电子电气设备或金属结构提供基准电位和对地泄放电流的通道。

通信站点应围绕机房建筑物散水点外围，埋设接地体构成环形接地网，将环形接地网与建筑物基础地网以及地下其他金属构件多点焊接连通，从而构成机房地网，以获得降低的接地阻抗及良好的等电位参考性能。

通信站点的接地网一般应满足要求：①足够的金属与大地之间的接触面积；②恰当的深度；③耐腐蚀的表面处理；④垂直接地体之间要有适当间距；⑤联合接地。

5. 防雷系统

雷电是一种大气放电现象，在短时间内释放大量电能，可以对建筑物、人身及通信设备产生伤害。为了保证通信站点的设备安全运行，必须对雷电的发生及雷击做好防范措施，防止雷电对通信设备产生危害。

移动基站的综合防雷系统架构图如图 1-40 所示，包括外部防雷措施和内部防雷措施。外部防雷通常是采用接闪针（避雷针）、接闪线

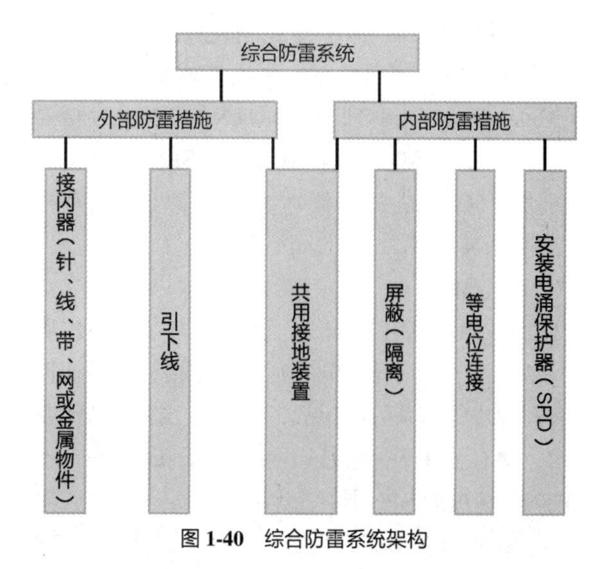

图 1-40　综合防雷系统架构

（避雷线）、接闪带（避雷带）、接闪网（避雷网）或金属物件作为接闪器，将雷电电流接收下来，并通过引下线等金属导体导引至埋在大地起散流作用的接地装置再散入大地。

内部防雷则包括屏蔽（隔离）、等电位连接和安装电涌保护器。屏蔽（隔离）主要是指移动基站的电力电缆应埋地敷设。基站交流电源引入的高压电力电缆的埋设长度不宜小于 200m，低压电缆进入基站机房前埋地长度不宜小于 15 m。低压埋地电缆应选用具有金属铠装层的电力电缆或穿钢管埋地引入机房，电缆金属铠装层和钢管应在两端就近与变压器地网和机房地网连通。等电位连接是将分开的装置、诸导电物体用等电位连接导体或电涌保护器连接起来以减少雷电流在它们之间产生的电位差，可采用环形等电位连接或者星形等电位连接。电涌保护器在前面交流供电系统已经提及，此处不再详述，一般要求机房内的交流配电线路安装电涌保护器。

1.2.5 传输系统

传输是整个通信网的基础，是各种通信业务的公共传送平台，各种网络业务的发展都需要传输同步甚至超前发展。随着近年来移动通信业务、数据业务、各种新业务的快速发展，对传输的需求也迅速增长。5G 网络不仅对传输链路的带宽需求量增大，基站数量的大量增加也使得基站传输变得越来越重要，安全可靠的基站传输是网络质量的保证。

5G 承载网络的转发面主要实现前传、中传、回传的承载，5G 前传技术方案包括光纤直驱、无源波分复用（Wavelength Division Multiplexing，WDM）、有源 WDM/光传输网（Optical Transport Network，OTN）、切片分组网络（Slicing Packet Network，SPN）等。考虑到基站密度的增加和潜在的多频点组网方案，光纤直驱需要消耗大量光纤，某些光纤资源紧张的地区难以满足光纤需求，需要设备承载方案作为补充。5G 前传目前可选的技术方案各具优缺点，具体部署需根据运营商网络需求和未来规划等选择合适的承载方案。

5G 中传/回传承载网络方案的核心功能要满足多层级承载网络、灵活化连接调度、层次化网络切片、4G/5G 混合承载以及低成本高速组网等承载需求，支持传统 L0～L3 的综合传送能力，可通过 L0 的波长、L1 时分复用（Time-Division Multiplexing，TDM）通道、L2 和 L3 的分组隧道来实现层次化网络切片。对于 5G 中传/回传技术方案，为更好适应 5G 和专线等业务综合承载需求，我国运营商提出了多种 5G 承载技术方案，主要包括 SPN、面向移动承载优化的城域型 OTN（Metro-Optimized OTN，M-OTN）、IP RAN 增强+光层这 3 种技术方案。

5G 基站传输系统目前一般由 SPN 和光纤配线架（Optical Distribution Frame，ODF）组成，后期随着 5G 基站大量建设，光缆资源紧张，基站也会大量使用 OTN 设备。

1. SPN

5G 的 eMBB、URLLC 和 mMTC 三大应用场景对承载网络提出了大带宽、低时延、大连接、网络切片、高精度时间同步等一系列的挑战，为满足 5G 网络的业务承载需求，便有了基于分组传送网络（Packet Transport Network，PTN）演进的 SPN 技术路线。

SPN 设备形态为光电一体的融合设备，如图 1-41 所

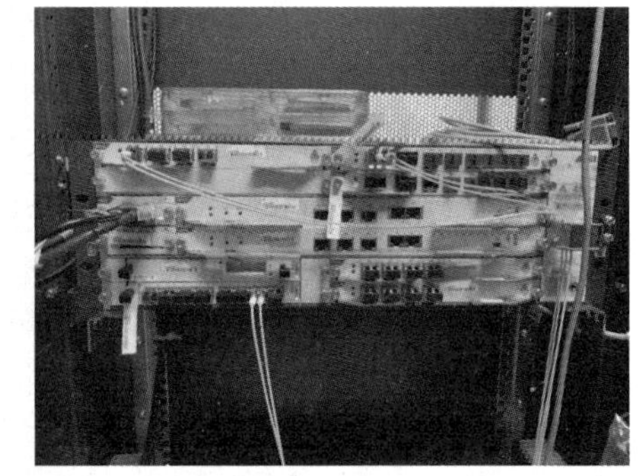

图 1-41　SPN

示。SPN 是在承载 3G/4G 回传的 PTN 技术基础上，融合创新提出的新一代切片分组网络技术方案。

SPN 新传输平面技术具备 3 项特点：第一，面向 PTN 演进升级、互通及 4G 与 5G 业务互操作，需前向兼容现网 PTN 功能；第二，面向大带宽和灵活转发需求，需进行多层资源协同，同时融合 L0～L3 能力；第三，针对超低时延及垂直行业，需支持软、硬隔离切片，融合 TDM 和分组交换。

SPN 架构融合了 L0～L3 多层功能，通过软件定义网络（Software Defined Network，SDN）架构实现城域内多业务承载需求。

SPN 设备的切片分组层融合 L2&L3 层，灵活支持多协议标签交换传送应用（Multi-Protocol Label Switching-Transport Profile，MPLS-TP）和分段路由（Segment Routing，SR）等分组转发机制。切片分组层基于 SDN 架构的 SR 隧道扩展技术，低开销高效率地完成系统感知和路由配置。

切片通道层是新增的切片层，对应 L1 层，实现轻量级 TDM 交叉，支持基于 66B 定长码块 TDM 交换，提供以时隙为基础的分组网络硬切片和透明传输。由于分组与 TDM 共享交换空间，硬件上不用额外的交换容量，数据封装上无须引入新的封装结构，与 IP 层协议栈兼容。

切片传送层相当于 L0 层，主要通过灵活以太网（Flexible Ethnet，FlexE）技术在端口侧将业务拆解为标准业务包，并与密集波分复用（Dense Wavelength Division Multiplexing，DWDM）融合实现通道带宽的聚合。

FlexE 作为 SPN 的一大技术，其优点有如下 3 点。

（1）设备架构不变，实现带宽任意扩展

FlexE 技术的一大特点就是实现业务带宽需求与物理接口带宽解耦合。通过标准的 25GE/100GE 速率接口，采用端口捆绑和时隙交叉技术轻松实现业务宽带聚合。端口速率从 25Gbit/s→50Gbit/s→100Gbit/s→200Gbit/s→400Gbit/s→*x*Tbit/s 逐步演进，利用 100GE 接口实现 400Gbit/s 乃至更大带宽。

（2）设备级超低时延转发技术

传统分组设备对于客户业务报文采用逐跳转发策略，网络中每个节点设备都需要对数据包进行 MAC 层和 MPLS 层解析，这种解析耗费大量时间，单设备转发时延高达数十微秒。FlexE 技术通过时隙交叉技术实现基于物理层的用户业务流转发，用户报文在网络中间节点无须解析，业务流转发过程近乎实时完成，实现单跳设备转发时延小于 1μs，为承载超低时延业务奠定了基础。

（3）任意子速率分片，物理隔离，实现端到端硬管道

FlexE 技术不仅可以实现大带宽扩展，同时可以实现高速率接口精细化划分，实现不同的低速率业务在不同的时隙中传输，相互之间物理隔离。

SPN 基站前传、中传和回传都有应用，通过 FlexE 接口和切片以太网（Slicing Ethernet，SE）通道支持端到端网络硬切片，并下沉 L3 功能至汇聚层甚至综合业务接入节点来满足动态灵活连接需求。

5G 网络中由于基站数量庞大，因此前传光纤用量较大，可采用大芯数光纤，结合单纤双向连接方式，减少光纤消耗的同时，保持时间同步和高性能传递。前传在接入光纤丰富的区域主要采用光纤直驱方案，在接入光纤缺乏且建设难度高的区域，可采用低成本的 SPN 前传设备灰光或彩光方案承载。以 5G 前传中的 SPN 组网架构为例，如图 1-42 所示。采用 SPN 设备和低成本灰光或 WDM 方案传输高速的信号，可大幅降低设备成本。例如，传统 WDM 方案需要通过 10 个 10G 光模块合波成 1 个 100Gbit/s 的高速信号，而低成本 WDM 方案则采用 2 个 10G 光模块，通过离散多载波调制算法使每个光模块能传送 50Gbit/s 信号，再将 2 个 50Gbit/s 信号合波成 1 个 100Gbit/s。与传统 WDM 方案相比，低成本灰光或 WDM 方案减少了光模块的使用量，从而使设备的成本减少 1/2 以上。

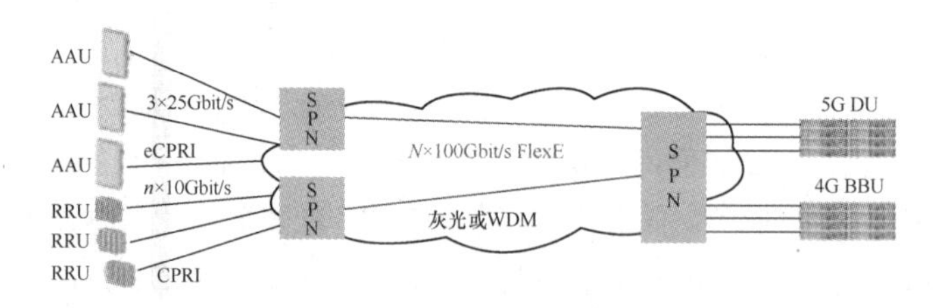

图 1-42　SPN 在 5G 前传中的组网架构

在中传和回传中，可采用同一张网统一承载中传和回传，通过 FlexE 通道支持网络硬切片，满足不同 RAN 侧网元组合需要。小城市的中传和回传可采用基于四电平脉冲幅度调制（4-Level Pulse Amplitude Modulation，PAM4）的端到端灰光模块以太组网，单路速率达到 50Gbit/s；大、中型城市的中传和回传业务密集，需要分层考虑。建议接入层采用 50Gbit/s 以太灰光，汇聚、核心层根据带宽需求引入 100Gbit/s、200Gbit/s 和 400Gbit/s DWDM 彩光组网。

2. ODF

ODF 用于光纤通信系统中局端主干光缆的成端和分配，如图 1-43 所示。ODF 是光传输系统中的一个重要配套设备，用于光缆终端光纤熔接、光连接器的调节、多余尾纤的存储及光缆保护等，可以对光纤线路进行连接、分配和调度，它对于光纤通信网络安全运行和灵活运用有着重要的作用。

3. OTN

OTN 通常也称为光传送体系（Optical Transport Hierarchy，OTH），是 G.872、G.709、G.798 等一系列 ITU-T 的建议所规范的新一代光传送体系。OTN 设备如图 1-44 所示，综合了同步数字系列（Synchronous Digital Hierarchy，SDH）的优点和 DWDM 的带宽可扩展性，集传送和交换能力于一体，是承载宽带 IP 业务的理想平台，代表了下一代传送网的发展方向。

图 1-43　ODF

图 1-44　OTN 设备

从电域看，OTN 保留了许多 SDH 的优点，如多业务适配、分级复用和疏导、管理监视、故障定位、保护倒换等。同时 OTN 扩展了新的能力和领域，例如提供大颗粒的 2.5Gbit/s、10Gbit/s、40Gbit/s 业务的透明传送，支持带外前向纠错（Forward Error Correction，FEC），支持对多层、多域网络进行级联监视等。

从光域看，OTN 将光域划分成光信道（Optical Channel，OCh）、光复用段（Optical Multiplex Section，OMS）、光传输段（Optical Transmission Section，OTS）3 个子层，允许在波长层面管理网络并支持光层提供的 OAM 功能。为了管理跨多层的光网络，OTN 提供带内和带外两层控制管理开销。

OTN 的优势主要体现在以下几个方面。

（1）从静态的点到点 WDM 演进成动态的光调度设备

SDH 能被广泛应用，主要在于它具备大颗粒业务交换能力（如 E1 或 VC4），具有比电话交换机更经济、更易管理的大管道端到端提供能力，大大减少了对交换机端口的需求，降低了全网建设成本。如果 WDM 具备类似 SDH 的波长/子波长调度能力，并组建一张端到端的 WDM 承载网络，就可以实现 GE、10GE、40GE 等大颗粒业务端到端快速提供，加快业务开通时间，减少路由器端口的压力。

OTN 能提供基于电层的子波长交叉调度和基于光层的波长交叉调度，提供强大的业务疏导调度能力。在电层上，OTN 交换技术以 2.5Gbit/s 或 10Gbit/s 为颗粒，完成子波长业务调度。采用 OTN 交换技术的新一代 WDM 只在传统 WDM 上增加一个交换单元，增加的成本极少。在光层上，以可重构光分插复用器（Reconfigurable Optical Add/Drop Multiplexer，ROADM）实现波长业务的调度，无须将光信号转换成电信号，通过电交叉实现业务调度，再将电信号转换成光信号。ROADM 技术的出现使得 WDM 能以非常低廉的成本完成超大容量的光波长交换。

基于子波长和波长的多层面调度，将使 WDM 网络实现更加精细的带宽管理，提高调度效率及网络带宽利用率，满足客户不同容量的带宽需求，增强网络带宽运营能力。

（2）提供快速、可靠的大颗粒业务保护能力

电信级业务需要达到 50ms 的保护倒换时间。在 IP+WDM 网络中，逻辑路由一般呈全互联分布，而光纤物理路径则一般呈环或简单的网络结构。一条物理路径中断可能引起大量 IP 逻辑路由中断，导致路由器快速重路由（Fast Rerouter，FRR）保护恢复时间变长，远远超过 50ms。传统电信级 IP 网中引入 SDH 层面的一个重要原因就是提供 50ms 的保护恢复时间。

基于 OTN 交换的 WDM 设备可以实现波长或子波长的快速保护，如 1+1、1：1、1：N 的网络级保护，满足 50ms 的保护倒换时间。

（3）多业务透明传送、高效的业务复用封装

路由器利用业务点（Point of Service，POS）端口的 SDH 开销（Overhead）字节，快速、准确地检测线路传输质量，发生故障后可以快速启动保护倒换。然而，一个 POS 端口成本是局域网（Local Area Network，LAN）端口的 2 倍以上，路由器直接出 LAN 端口可以大大降低网络建设成本。通过提供 G.709 的 OTN 接口，WDM 传送 LAN 信号时叠加类似 SDH 的开销字节，可代替路由器 POS 端口的开销字节功能，消除路由器提供 POS 端口的必要性。此外，OTN 提供任意业务的疏导功能，使 IP 网络配置更灵活，业务传送更可靠。OTN 能接 IP、存储域网（Storage Area Network，SAN）、视频、SDH 等业务，并且可实现业务的透明传送。

（4）良好的运维管理能力

OTN 定义了丰富的开销字节，使 WDM 具备同 SDH 一样的运维管理能力。其中多层嵌套的串联连接监视（Tandem Connection Monitor，TCM）功能，可以实现嵌套、级联等复杂网络的监控。

（5）支持控制平面的加载

OTN 支持通用多协议标签交换（General Multi-Protocol Label Switching，GMPLS）控制平面的加载，从而构成基于 OTN 的自动交换光网络（Automatic Switched Optical Network，ASON）。基于 SDH 的 ASON 与基于 OTN 的 ASON 采用同一控制平面，可实现端到端、多层次的智能光网络。

由以上看出，OTN 在具有传统 WDM 功能特性的前提下，还支持上下业务、分组等功能，OTN 支持 L3 协议的原则是按需选用，并尽量采用已有的标准协议，包括开放最短路径优先（Open Shortest

Dath First，OSPF）、中间系统到中间系统（Intermediate System to Intermediate System，IS-IS）、多协议扩展边界网关协议（Multiprotocol-Border Gateway Protocol，MP-BGP）、L3 虚拟专用网（Virtual Private Network，VPN）、双向转发检测机制（Bidirectional Forwarding Detection，BFD）等。前传以光纤直驱方式为主（含单纤双向），当光缆纤芯容量不足时，可采用城域接入型 WDM 系统方案。图 1-45 所示为 OTN 在 5G 前传方案中的应用。

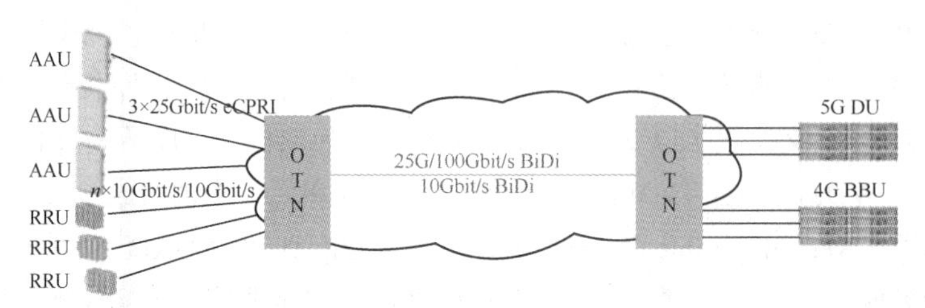

图 1-45　OTN 在 5G 前传方案中的网络架构

1.2.6　基站主设备及天馈系统

5G 基站主设备及天馈系统是 5G 基站设备的主体，通过空口与用户终端直接连接。5G 基站主设备一般分为基带系统及射频天馈系统，并且支持 CU/DU 分离与合设、网络切片等新功能。

5G 基带系统为 BBU，5G 射频天馈系统包含 RRU、AAU、全球定位系统（Global Positioning System，GPS）天线、射频远端 CPRI 数据汇聚单元（RRU HUB，RHUB）、微小射频拉远单元（pico Remote Radio Unit，pRRU）。用户可以根据建站的具体需求进行主设备选择。

1. BBU

BBU 提供基带板、交换板、主控板、环境监控板、电源板的槽位，通过板件完成系统的资源管理、操作维护和环境监控功能，接收和发送基带数据，实现天馈系统和核心网的信息交互，如图 1-46 所示。在基站建设时，可以根据建设需求进行 BBU 的板卡选用配置，5GBBU 可以在支持 5G 基带功能的同时还支持 GSM、通用移动通信业务（Universal Mobile Telecommunications Service，UMTS）、LTE 的基带功能。

图 1-46　BBU

2. RRU

RRU 分为四大模块：中频模块、收发信机模块、功放和滤波模块，设备形态如图 1-47 所示。

在下行覆盖中，基带光信号通过光纤传输至 RRU，在中频模块中进行光电转换和解通用公共无线接口（Common Public Radio Interface，CPRI）帧得到基带同相/互交（In-phase/Quadrature，I/Q）数字信号，接着进行数字上变频、数模转换（Digital-to-Analog Conversion，DAC）变成中频模拟信号；在收发信机模块完成中频信号到射频信号的转换；最后在功放和滤波模块中经过射频滤波、线性放大器后，将射频信号通过馈线传至天线发射出去。

在上行覆盖中，天线将接收到的移动终端上行信号送至 RRU，在滤波和功放模块进行滤波和低噪声放大提升射频小信号功率，在收发信机模块将射频信号转换为中频信号，接着在中频模块完成数字下变频、模数转换（Analog-to-Digital Conversion，ADC）得到基带 I/Q 数字信号，最后生成通过 CPRI 协议组帧并通过光电转换将之变成光信号传输至 BBU。

3. AAU

AAU 是集成天线、中频、射频及部分基带功能为一体的设备，如图 1-48 所示。AAU 内置大量天线振子划分单元组，实现 5G Massive MIMO 和波束赋形功能，基本相当于天线和 RRU 的集合体，可减少 RRU 和天线之间馈线的损耗，直接收发信号与 BBU 进行信息交互。

4. GPS 天线

GPS 通过捕获卫星截止角选择待测卫星，并跟踪卫星运行获取卫星信号，测量、计算出天线所在地理位置的经纬度、高度等信息，设备形态如图 1-49 所示。GPS 一般通过馈线与 BBU 连接，由于 GPS 一般安装在室外，所以 GPS 与 BBU 之间的连接需要安装避雷器。

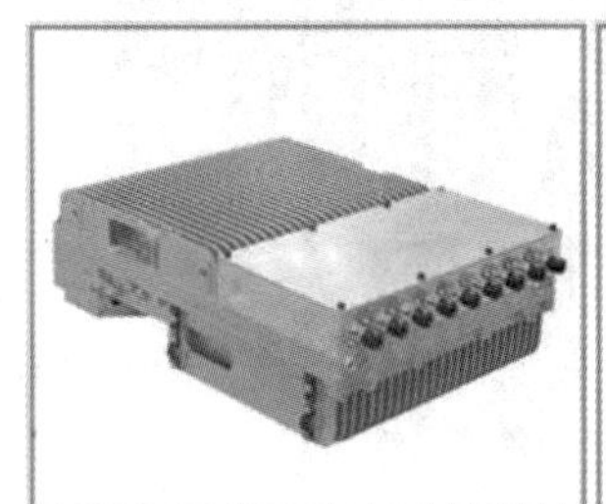

图 1-47　RRU 的设备形态

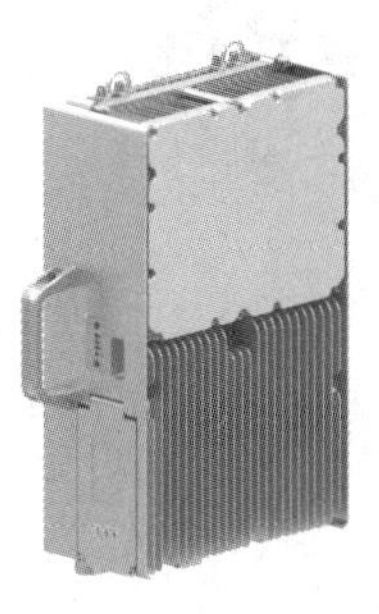

图 1-48　AAU

图 1-49　GPS 设备

5. RHUB

RHUB，内置有源以太网（Power over Ethernet，PoE）供电电路为 pRRU 供电，下行接收 BBU 发送的基带光信号，通过光模块将之转换为基带 I/Q 数字信号，再通过以太网线转发给 pRRU，也通过同样的路径把上行信号传送到 BBU。RHUB 一般多用于 5G 室内分布系统，是 5G 数字化室分的重要组成部分，如图 1-50 所示。

6. pRRU

pRRU 用于射频信号处理，设备形态如图 1-51 所示。下行方向，将基带信号进行上变频、模数转换调制成射频信号，经滤波放大后通过天线发射；上行方向，从天线接收移动终端射频信号，经滤波放大后，将射频信号进行模数转换、数字下变频形成数字信号，通过以太网线传输至 RHUB。pRRU 支持内置天线或者外接天线，一般多用于 5G 室内分布系统，是 5G 数字化室分的重要组成部分。

图 1-50　RHUB 设备

图 1-51　pRRU 设备

1.2.7 常用线缆

站点内常用线缆一般有电源线、接地线、光纤、馈线、网线等，5G 站点新增使用光电复合缆。

1. 电源线

电源线是用来传输电流的线缆，一般按照用途可以分为交流（Alterrating Current，AC）电源线与直流（Direut Current，DC）电源线，如图 1-52 所示。通常 AC 电源线用来传输交流电，所以又称 AC 电源线，由于交流电的特性（一般电压较高），所以 AC 电源线对质量要求较高，成本也高；DC 电源线用来传输直流电，所以又称 DC 电源线，由于直流电的特性（一般电压较低），所以 DC 电源线对质量要求一般，成本也不高。为了安全起见，国家对于两种电源线的护套颜色、芯径、材料等参数都有相应的规范和标准。

电源线的主要结构包含外护套、内护套、填充层、传输导体，如图 1-53 所示。

图 1-52 电源线

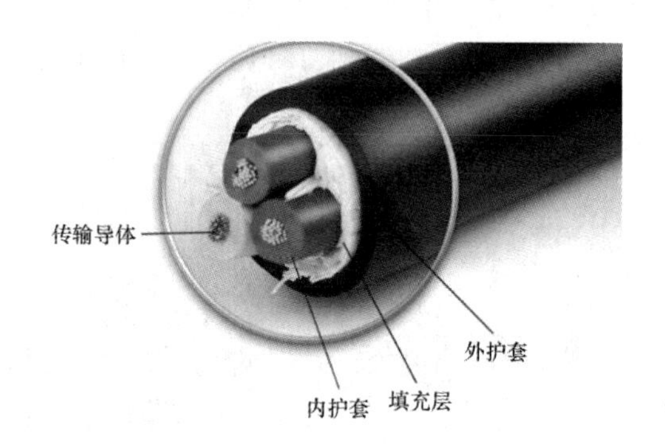

图 1-53 电源线的主要结构

外护套又称为保护套，是电源线的最外层，起着保护电源线的作用。外护套有耐高温、耐低温、抗自然光线干扰、挠度性能好、使用寿命高、材料环保等特性。

内护套又称为绝缘护套，是电源线的中间结构部分，绝缘护套的作用顾名思义就是绝缘、保证电源线的通电安全、防止漏电。绝缘护套的材料要柔软，保证能被很好地镶在中间层。

填充层是电源线内包裹的一层填充材料，由于绝大多数的导体横截面都是圆形的，因此必须依靠填充材料的填塞来构成紧密、扎实的支撑，以避免线材在曲折时造成被压扁的现象。常见的填充材料有棉线、保护导体（Protecting Earthing，PE）绳或聚氯乙烯（Polyvinyl Chloride，PVC）条等。

传输导体是电源线的核心部分，常见的是铜丝、铝丝等金属丝。传输导体是电流和电压的载体，传输导体的密度、数量、柔韧度直接影响电源线的质量。

选用电源线时，首先根据传输电流是属于直流电还是交流电来选择 DC 或者 AC 电源线，其次根据电流大小选择合适的线径。

一般情况下，除了 pRRU 之外，站点所有需要通电工作的设备都需要使用电源线连接。

2. 接地线

接地线就是设备连接接地系统的线，也可以称为安全回路线，从本质上来说也是一种电源线，只是用于接地。接地线一般连接在设备外壳等部位，及时地将因各种原因产生的不安全的电荷或者漏电电流导出。根据国家规定，接地线线缆一般呈黄绿色，线径一般大于 25mm^2，如图 1-54 所示。

接地线一般由外层与线内导体构成，外层为 PVC 绝缘材料，线内导体为铜，安装时一般需要连接铜鼻子固定。

一般情况下，除 pRRU 设备浮地不需要接地之外，站点所有电气相关设备都需要使用接电线连接至接地系统，以保护设备安全、稳定地运行。

3. 光纤

光纤全称光导纤维，如图 1-55 所示。光纤用于传输光信号，由于具有传导性能良好、传输信息量大、传输速率快等优势，非常适合用来传输数据。

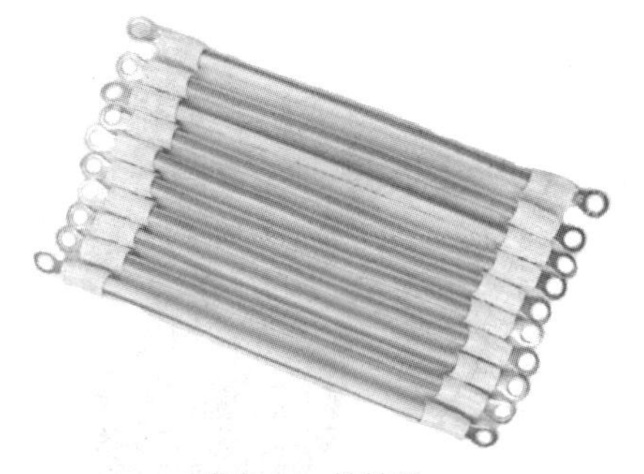

图 1-54　接地线

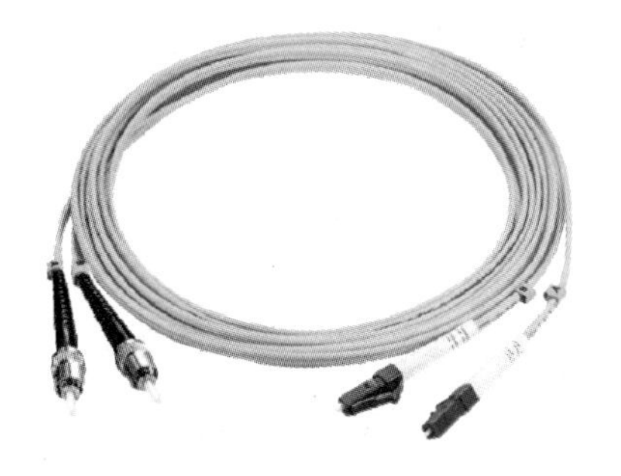

图 1-55　光纤

光纤的用途与材质是多种多样的，通信中所用的光纤一般是石英光纤，石英的化学名称为二氧化硅（SiO_2），和一般建筑使用的沙子的主要成分相同，所以成本非常低。

光纤可以简单分为单模光纤与多模光纤，以前单模光纤多用于中长距离传输，多模光纤用于短距离传输。近年来由于多模光纤衰减损耗相对较高，基本已经淘汰，5G 站点一般使用单模光纤。

光纤接头用于实现两根独立光纤的连接，因此又叫光纤连接器。根据材料和连接方式的不同，光纤接头一般有 ST、SC、LC、FC 几种常见类型，具体如图 1-56 所示。其中 ST、SC 型连接器多用于计算机网络设备，如路由器、交换机等设备之间的连接；FC、LC 型连接器多用于电信设备，如 BBU、AAU、SPN 等设备之间的连接。

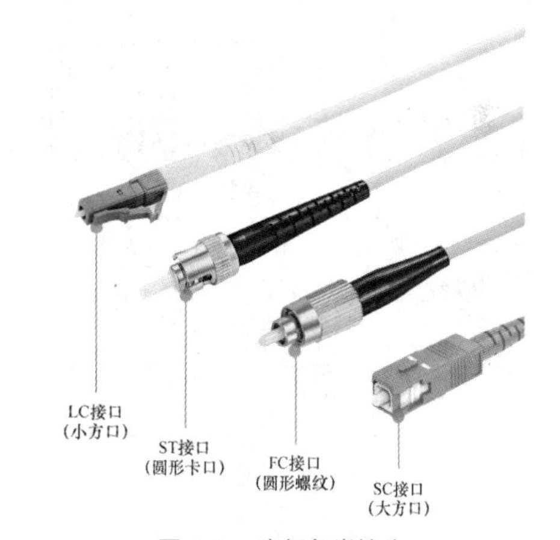

图 1-56　光纤各类接头

① LC 型光纤连接器：连接小型可插拔（Small Form-Factor Pluggable，SFP）GBIC 模块的连接器，也称作“mini-GBIC”（Giga Bitrate Interface Converter，千兆位接口转换器）。它是采用操作方便的模块化插孔（RJ）闩锁机理制成的小方口，一般用于 BBU 与 AAU、SPN 之间的连接，部分路由器也使用 LC 型连接器。

② ST 型光纤连接器：外壳为圆形金属套，紧固方式为圆形卡口，常用于光纤配线架。

③ FC 型光纤连接器：与 ST 型相似，常用于光纤配线架侧，外壳采用圆形带螺纹金属套，紧固方式为螺丝扣。

④ SC 型光纤连接器：连接 GBIC 光模块的连接器，它的外壳呈矩形，紧固方式采用插拔销闩式大方口，无须旋转。一般用于路由器、交换机的连接。

4. 馈线

馈线又称射频同轴电缆，用作室内分布系统中射频信号的传输。一般来说，射频同轴电缆的工作频率范围为 100M～5000MHz。常用的射频同轴电缆如编织外导体射频同轴电缆（见图 1-57），其特点是比较柔软，可以有较大的弯折度，适合室内的穿插走线，具体规格有 8D 和 10D 等。

常用的射频同轴电缆还有皱纹铜管外导体射频同轴电缆，常见型号有 1/2 in（英寸）和 7/8 in 等，如图 1-58 所示。其特点是硬度较大，对信号的衰减较小，屏蔽性比较好，多用于信号源的传输。

图 1-57 编织外导体射频同轴电缆

图 1-58 皱纹铜管外导体射频同轴电缆

馈线技术指标如表 1-2 所示。互调产物是信号经过非线性设备的产物，即当多个不同频率的信号同时加入非线性设备时，经过非线性变换产生的新的频率分量。

表 1-2 馈线技术指标

指标类型	产品类型	7/8in 馈线	1/2in 馈线	1/2in 软馈线	10D 馈线	8D 馈线
馈线结构	内导体外径/mm	9.0 ± 0.1	4.8 ± 0.1	3.6 ± 0.1	3.5 ± 0.05	2.8 ± 0.05
	外导体外径/mm	25.0 ± 0.2	13.7 ± 0.1	12.2 ± 0.1	11.0 ± 0.2	8.8 ± 0.2
	绝缘套外径/mm	28.0 ± 0.2	16.0 ± 0.1	13.5 ± 0.1	13.0 ± 0.2	10.4 ± 0.2
	护管外标识	制造厂商标志，型号或类型，制造日期，长度标志				
机械性能	一次最小弯曲半径/mm	120	70	30	—	—
	二次最小弯曲半径/mm	360	210	40	—	—
	最大拉伸力/N	1400	1100	700	600	600
电气性能（+20℃ 时）	特性阻抗/Ω	50 ± 1				
	最大损耗（dB/100m，900MHz）	3.9	6.9	11.2	11.5	14
	最大损耗（dB/100m，1900MHz）	6	11	16	17.7	22.2
	最大损耗（dB/100m，2450MHz）	6.9	12.1	20	—	—
	互调产物/dBc	< −140				
	工作温度/℃	−25 ~ 55				

为减小馈线传输损耗，一般情况下主干馈线可选用 7/8 in 馈线，水平层馈线宜选用 1/2 in 馈线。

GPS 天线与 BBU 连接一般也使用馈线。

从 LTE 开始，RRU 可以外挂于室外，室外站点直接使用 1/2 in 馈线连接 RRU 与天线即可，不需要使用 7/8 in 馈线；室分站点主干馈线可选用 7/8 in 馈线，水平层馈线宜选用 1/2 in 馈线。

由于 5G NR 网络下 AAU 的面世，大部分情况下室外站点可以直接使用光纤连接 BBU 与 AAU，基本不需要使用馈线。室分站点由于覆盖区域比较复杂，因此建设传统室分系统，主干馈线可选用 7/8 in 馈线，水平层馈线宜选用 1/2 in 馈线；建设数字化室分系统，通常在电梯井等特殊情况需要使用 1/2 in 馈线将 pRRU 外接天线，其他情况都不需要使用馈线。

5. 网线

网线一般由金属或玻璃制成，它可以用来在网络内传递信息。网线连接时一般需要通过 RJ-45 水晶头插入网口，两端带水晶头的网线如图 1-59 所示。

图 1-59　两端带水晶头的网线

5G NR 站点机房一般需要使用普通网线与超六类网线，普通网线在站点机房中一般用来传输监控告警信息；超六类网线用来连接 RHUB 与 pRRU，主要是由于 5G 网络的传输速率要求比较高；普通的超五类网线已经无法满足 5G 业务的需求，并且 pRRU 需要通过与 RHUB 相连的线缆进行供电。

6. 光电复合缆

光电复合缆是 5G NR 系统引入的一种全新的线缆。光电复合缆集光纤、输电铜线于一体，可以同时解决宽带接入、设备用电、信号传输的问题，在 5G 站点中一般主要用于 RHUB 与 pRRU 之间的连接。

光电复合缆两端都有两个接头，如图 1-60 所示，其中一个为电口接头，另一个为 ETH 光口接头。

光电复合缆内芯一般由光纤加铜导线组合，光纤用来传输数据，铜导线用来供电；内芯外各种护套、钢丝等都是为了保护线缆而设置的。具体结构如图 1-61 所示。

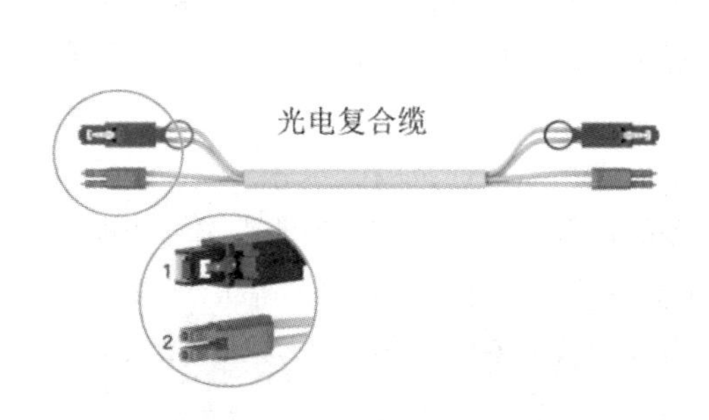

图 1-60　光电复合缆与接头
1—电口接头　2—ETH 光口接头

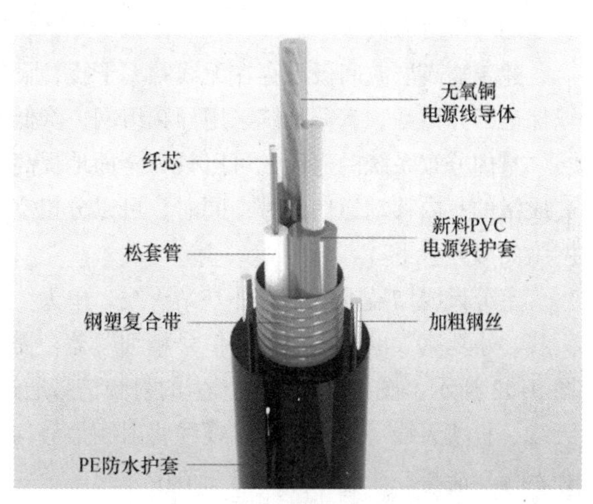

图 1-61　光电复合缆结构

1.3 室内分布概述

近年来随着通信技术的演进以及用户行为习惯的变化，移动数据业务量呈现指数级增长。目前室内区域产生的移动网络业务量在整个网络中占比约 70%，伴随着 5G 业务种类的持续增加和行业的不断扩展，更多的移动业务将发生在室内，其业务量比例会超过 80%。

目前由于建筑物规模增大，无线环境变得越来越复杂。建筑物对无线网络信号有很强的屏蔽作用，在大型建筑物的低层、地下层等环境中，形成了移动通信的弱区和盲区；在中高层，来自不同小区的信号重叠、干扰严重，导致无线网络信号质量较差。另外，在有些建筑物内，虽然无线网络信号覆盖正常，但是用户密度大，以致网络拥塞严重，影响用户体验。

基于以上原因，室外基站信号服务无法满足室内用户的需求。因此，为了解决这些问题，提出了室内分布系统方案。

1.3.1 室分系统

室内分布系统，简称室分系统，又称室内站点，就是在室内分散布放的信号覆盖系统。其原理是利用在室内分散布放的室分器件，把无线网络信号覆盖至建筑物室内的每一个区域。

早期的无线网络，室内场景与室外场景都是由室外的站点提供信号覆盖。近年来随着移动通信技术发展和室内无线业务的迅速增长，室外站点信号已无法满足复杂的室内覆盖场景和用户越来越高的服务要求。近些年室分系统的迅速发展主要有以下几个原因。

（1）覆盖方面

由于建筑物自身的屏蔽和吸收作用，造成了室外站点信号在传播过程中有较大的衰减损耗，形成了移动信号的弱区甚至盲区，而室分信号可以很好地覆盖室内的每一个角落。

（2）容量方面

建筑物诸如大型购物商场、会议中心，由于移动电话使用密度过大，局部网络容量不能满足用户需求，无线信道发生拥塞现象。室分系统可以灵活组网并配置更多设备满足用户容量需求。

（3）质量方面

建筑物高层空间极易存在无线频率干扰，服务小区信号不稳定，出现“乒乓效应”，话音质量难以保证，并掉话。室分系统采用异频组网，降低干扰。

室内分布系统的建设，可以较为全面地提高建筑物内的通话质量，提高移动电话接通率，开辟高质量的室内移动通信区域；同时，可以分担室外宏蜂窝话务，扩大网络容量，从整体上提高移动网络的服务水平。

室分天线增益远低于室外基站天线，单天线覆盖距离也相差甚远，因此室分系统一般采用“多天线，小功率”的覆盖原则，信号精细覆盖在需要覆盖的地方，并且保证不外泄影响其他地方，如图 1-62 所示。图中射频模块产生的射频信号通过无源器件（如耦合器、功分器等）、天线（如吸顶天线、板状天线等）以及连接线缆将射频信号均匀分布到建筑物室内的各个楼层，具体的系统结构和器件功能将在 1.3.2 节和 1.3.3 节中介绍。

室分建设的覆盖目标优先为热区和盲区，热区就是用户密集且业务量较大的区域；盲区是指信号很差甚至无信号的区域。解决热区与盲区的问题可以提升运营商的品牌口碑与经济收入。

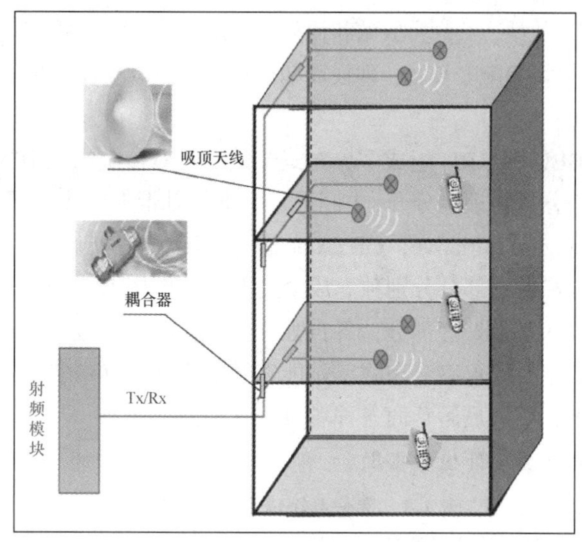

图 1-62　无源室分系统结构

1.3.2　室分系统结构

室分系统一般由信号源和分布系统组成，如图 1-63 所示。

信号源	分布系统
微基站（微蜂窝）	无源天馈分布方式
宏基站（宏蜂窝）	有源分布方式
直放站	光纤分布方式
分布式基站	泄漏电缆分布方式

图 1-63　室分系统组成

1. 信号源

信号源简称信源，是指室分系统所使用的信号来源。信源可以独立建设也可以引用其他站点的信号，主要包括微基站（微蜂窝）、宏基站（宏蜂窝）、直放站和分布式基站等几种形式。

（1）微基站（微蜂窝）

微基站可看作微型化的基站，该类型基站的主要设备放置在一个比较小的机箱内，同时微基站可以提供容量。其主要优点有体积小、安装方便、不需要机房，是一种灵活的组网产品。微基站可以与天线同地点（如塔顶和房顶）安装，直接用跳线将发射信号从微基站设备连到天线。由于微基站本身功率较小，只适用于较小面积的室内覆盖；若要实现较大区域的覆盖，就必须增加微基站功放。同时由于安装在室外，环境条件恶劣，它的可靠性不如基站且维护不方便。

（2）宏基站（宏蜂窝）

宏基站需要在专用机房内采用机架形式安装，宏基站提供容量。宏基站是移动通信网络的重要设备，其主要优点有容量大、可靠性高、维护比较方便、覆盖能力比较强，使用的场合比较多；缺点是设备价格昂贵，只能在机房内安装且安装施工较麻烦，不易搬迁，灵活性稍差。

（3）直放站

直放站是一种信号中继器，对基站发出的射频信号根据需要放大，本身不提供容量，用于对基站无法覆盖且话务量需求比较小的区域进行补充覆盖。常见的直放站包括无线直放站和光纤直放站两大类，无线直放站可细分为宽带直放站、选频直放站和移频直放站。直放站的主要优点有配套要求低，可以不需要机房、电源、传输、铁塔等配套设备；建设周期短；体积小，不需要机房，室外安装方便。

（4）分布式基站

分布式基站一般由 BBU 和 RRU 组成。分布式基站是相对传统的集中式基站而言的，它把传统基站的基带部分和射频部分从物理上分开，中间通过标准的基带射频接口即 CPRI / 开基站建筑倡议（Open Base Station Architecture Initiative，OBSAI）进行连接。

传统基站的基带部分和射频部分分别独立成全新的功能模块 BBU 和 RRU。RRU 与 BBU 分别承担基站的射频处理部分和基带处理部分，各自独立安装、分开放置，通过电接口或光接口相连，形成分布式基站形态。其主要优点有分布式基站能够共享主基站基带资源，可以根据容量需求随意更改站点配置和覆盖区域，可满足运营商各种场景的建网需求。

室分系统信号源的优缺点，详见表 1-3。

表 1-3　室分系统信号源的优缺点

信号源	优点	缺点
微基站	安装方便、适应性广、规划简单、灵活	覆盖能力小、可靠性不如宏基站、维护不太方便、扩容能力不足
宏基站	容量大、稳定性高	设备价格昂贵、需要机房、安装施工较麻烦、不易搬迁、灵活性稍差
直放站	无须传输、技术成熟、施工简单、建设成本较低	干扰严重、同步问题严重、扩容能力不足、受宿主基站影响、运维成本高
分布式基站	安装方便、适应性广、规划简单、灵活、基带共享、易扩容，运维成本低	与直放站相比造价较高

2. 分布系统

分布系统是指室内分布系统中功率分配方式的表现形式。室分系统按射频信号传输介质，可分为同轴电缆分布方式、光纤分布方式和泄漏电缆分布方式等；按中继方式，可分为无源分布方式和有源分布方式。传统的室分系统，无论是无源分布方式还是有源分布方式，都主要以同轴电缆为传输介质，因此此处不对同轴电缆分布方式做单独介绍。

分布系统

以上各种信号分布方式的优缺点，详见表 1-4。

表 1-4　分布方式的优缺点

信号分布方式	优点	缺点
光纤分布方式	传输损耗低、传输距离远、易于设计和安装、信号传输质量好、可兼容多种移动通信系统	远端模块需要供电、造价高
泄漏电缆分布方式	场强分布均匀、可控性高；频带宽、多系统兼容性好	造价高、传输距离近、安装要求严格
无源分布方式	使用无源器件、成本低、故障率低、无须供电、安装方便、无噪声积累、宽频带	系统设计较为复杂、信号损耗较大时需加干放
有源分布方式	设计简单、布线灵活、场强均匀	需要供电、频段窄、多系统兼容困难，故障率高、有噪声积累、造价高

（1）光纤分布方式

光纤分布方式是通过近端机把信号源的射频信号转换为光信号（电光转换），利用光纤将射频信号传输到分布在建筑物各个区域的远端机（也称为远端单元），远端机将光信号转换回电信号，再经放大器放大后通过天线对室内各个区域进行覆盖，如图 1-64 所示。该系统的优点是光纤传输损耗小，可解决无源天馈分布方式因布线过长造成的线路损耗过大问题；缺点是设备较复杂，工程造价高。光纤分布方式一般用于布线距离较大的分布式楼宇以及大型场馆等建筑。

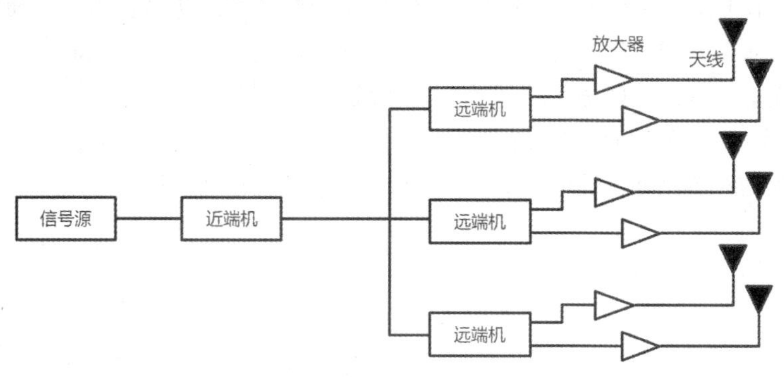

图 1-64　光纤分布方式

（2）泄漏电缆分布方式

泄漏电缆分布方式通过泄漏电缆传输信号，并通过泄漏电缆外导体的一系列开口在外导体上产生表面电流，在电缆开口处的横截面上形成电磁场，这些开口相当于一系列的天线，起到信号的发射作用。该系统主要包括信号源、干线放大器、泄漏电缆，如图 1-65 所示。

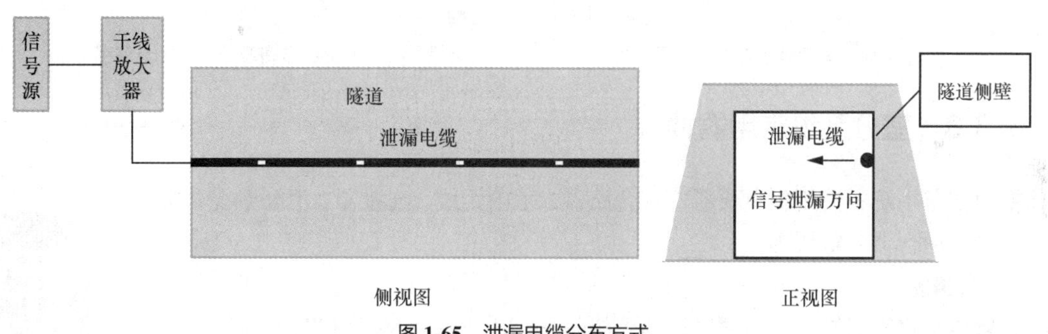

图 1-65　泄漏电缆分布方式

泄漏电缆分布方式的优点是覆盖均匀，带宽值高；缺点是造价高，安装要求高，每隔 1m 要求装一个挂钩，悬挂起来时电缆不能贴着墙面，而且要求与墙面保持 2cm 的距离，这不但会影响环境的美观，而且成本约是普通电缆的两倍。泄漏电缆分布方式适用于隧道、地铁、长廊和电梯井等特殊区域，也可用于对覆盖信号强度的均匀性和可控性要求较高的大楼。

（3）无源分布方式

无源分布方式即无源室分系统，由无线直放站、功分器、耦合器和天线、馈线等组成，信号源通过耦合器、功分器等无源器件进行分路，由馈线（无源器件之间的连线为馈线）将信号分配到每一副分散安装在建筑物各个区域的低功率天线上，以解决室内信号覆盖问题，如图 1-66 所示。

无源分布方式设计较为复杂，需要合理设计分配到每一支路的功率，使得各个天线功率较为平均。无源分布方式有成本低、故障率低、无须供电、安装方便、维护量小、无噪声积累、适用多系统等优点，在 4G 系统中实际应用最为广泛。

在无源分布方式中，信号在传输过程中产生的损耗无法得到补偿，因此覆盖范围受到限制，一般用于小型写字楼、超市、地下停车场等较小范围区域覆盖。

（4）有源分布方式

有源分布方式即有源室分系统，与无源分布方式的主要区别是添加了多系统接入平台（Point of Interface，POI）、干线放大器等有源器件。有源分布方式通过 POI 进行信号放大和分配，利用多个有源小功率干线放大器对线路损耗进行中继放大，使用同轴电缆作为信号传输介质，再利用天线对室内各区域进行覆盖，如图 1-67 所示。有源室分系统主要器件包括信号源、干线放大器、功分器、耦合器、天线等。该系统不仅可解决无源天馈分布系统布线困难、覆盖范围受馈线损耗限制的问题，还具备告警、远程监控等功能，适用于结构较复杂的大楼和场馆等建筑。

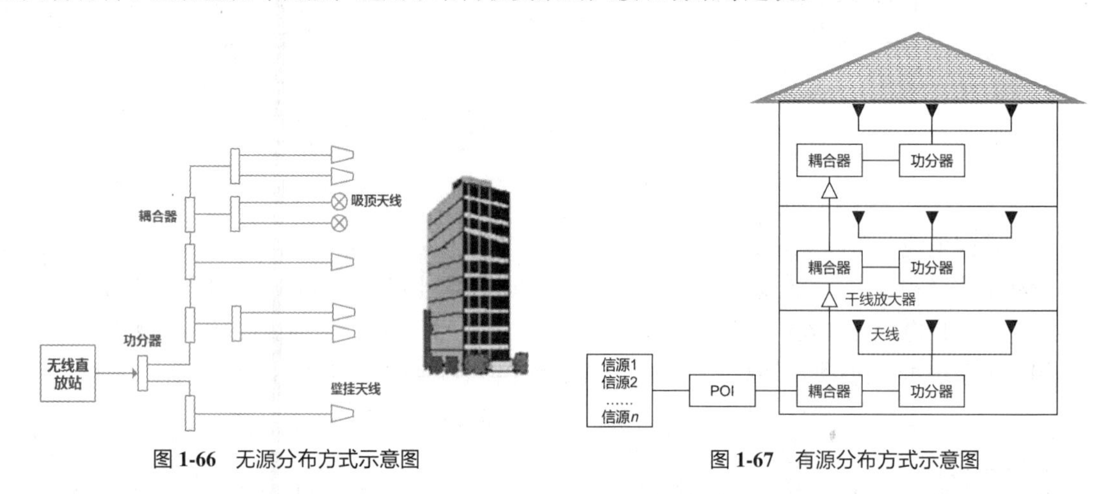

图 1-66　无源分布方式示意图　　图 1-67　有源分布方式示意图

1.3.3　室分系统常用器件

室内分布系统中使用的主要器件有合路器、室内天线、连接器、泄漏电缆、功率分配器、耦合器、电桥等。

1. 合路器

合路器是将不同制式或不同频段的无线信号合成为一路信号输出，同时实现输入端口之间相互隔离的无源器件，如图 1-68 所示。根据输入信号种类和数量的差异，可以选用不同的合路器。

图 1-68　合路器

合路器技术指标如表 1-5 所示。

表 1-5　合路器技术指标

端口标示	GSM / DCS	LTE-5G NR
频率范围/MHz	885～960 / 1710～1830	1880～2025 / 2300～5000
插入损耗/dB	≤0.6	≤0.6
内带波动/dB	≤0.4	≤0.4
隔离度/dB	≥80	≥80
驻波比	≤1.25	
功率容量/W	200	

续表

阻抗/Ω	50
三阶互调/dBc	≤-120@43dbm*2
接口类型	N-K
工作温度/℃	-25～55

2. 室内天线

室内天线分为 4 种：吸顶天线、壁挂天线、八木天线和抛物面天线，如图 1-69 所示。

吸顶天线是水平方向的全向天线；壁挂天线适用于覆盖定向范围的区域，例如室内大厅等场景，为避免室分信号泄漏到室外，多采用定向壁挂天线实现室内定向覆盖；八木天线方向性较好，有部分八木天线在制造时采用加装板状外壳，与壁挂天线外形类似，可用作施主天线或用于电梯覆盖；抛物面天线方向性好、增益高，对于信号源的选择性很强，可用作施主天线。

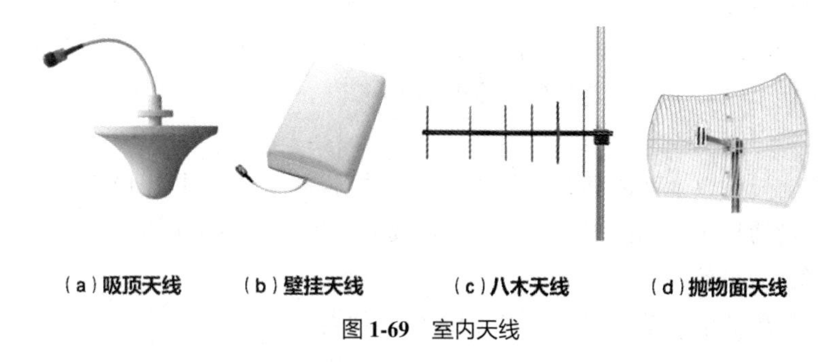

（a）吸顶天线 （b）壁挂天线 （c）八木天线 （d）抛物面天线

图 1-69 室内天线

宽频室内全向天线技术指标如表 1-6 所示。

表 1-6 宽频室内全向天线技术指标

技术参数	指标值
频率范围/MHz	700～5000
增益/dBi	3
半功率波束宽度/°	360
驻波比	≤1.5
极化方式	垂直
最大功率/W	50
阻抗/Ω	50
接口类型	N-K 母头
天线规格（直径×高度）/mm	180×90
天线重量/g	<350
工作温度/℃	-25～55

两种常见的定向天线技术指标如表 1-7 所示。

表 1-7　定向天线技术指标

技术参数	指标值 1	指标值 2
频率范围/MHz	700～5000	700～5000
增益/dBi	7	8
半功率波束宽度/°（E：电场矢量平面；H：磁场矢量平面）	E：90° ±10°　H：85°	E：75° ±15°　H：60°
驻波比	≤1.5	
极化方式	垂直	
最大功率/W	50	
阻抗/Ω	50	
接口类型	N-K 母头	
天线规格（长×宽×厚）/mm	165×155×45	
工作温度/℃	−25～55	

室内分布系统天线的选用，需根据不同的室内环境、具体应用场合和安装位置，结合不同楼宇本身结构，在尽可能不影响楼内装潢美观的前提下进行。

3. 连接器

同轴射频电缆与设备以及不同类型线缆之间一般采用可拆卸的射频连接器进行连接，这些连接器俗称电缆接头或者转接头。当出现馈线长度不够或者需将馈线接入设备的情况时，需要使用电缆接头延长馈线或者连接设备。

在移动基站中使用的电缆接头有 N 型和 DIN 型两种类型。

（1）N 型连接器

N 型连接器为螺纹连接，可旋转锁定，是一种具有螺纹连接结构的中小功率连接器，具有抗震性强、可靠性高、机械和电气性能优良等特点，广泛用于振动和恶劣环境条件下的无线电设备以及移动通信室分系统中。适用频率范围为 0～11GHz，部分增强型适用频率可扩展到 18GHz。

公头　　母头

图 1-70　公头与母头

该型连接器有公连接器（也叫公头）和母连接器（也叫母头）之分，公头外凸，母头内凹，两者可以连接在一起。通常情况下，公连接器外围是活动的，采用内螺纹连接，内部有插针；母连接器外围不能活动，采用外螺纹连接器，内部有插孔或者环管，如图 1-70 所示。

N 型连接器的命名方式，如图 1-71 所示。通用连接器的型号由主称代号和结构形式代号组成，中间用短横线“-”隔开。其中接口类型 J 表示插针，代表公头；K 表示插孔，代表母头。如果连接器为弯头而非直通结构时，需要用字母 W 来表示其特征。N 型连接器在移动通信基站中通常应用于馈线与室分设备的连接，如馈线与功分器、耦合器、干线放大器、室分天线等场景。当连接器一端带馈线时，需要在接口类型后表征馈线类型和尺寸。馈线尺寸包括 5/4 in、7/8 in、1/2 in 等不同规格，馈线类型则分为普通馈线和超柔馈线，当带字母 S 的时候表示接超柔馈线。如 N-J-7/8 表示 N 型带 7/8in 馈线的公头连接器，N-J-1/2S 则表示 N 型带 1/2in 超柔馈线的公头连接器。

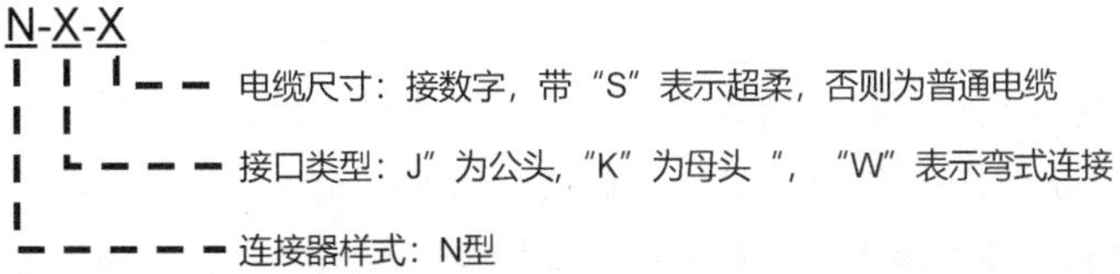

N-X-X
电缆尺寸：接数字，带“S”表示超柔，否则为普通电缆
接口类型：J”为公头，“K”为母头 ”，“W”表示弯式连接
连接器样式：N型

图 1-71　连接器命名方式

N 型连接器如图 1-72 所示。一般来说，馈线需要接入设备或者器件时，通常馈线接头是公头（如 N-J-7/8、N-J-1/2），设备或者器件接头是母头（如 N-K-7/8），此时馈线可以通过公头直接连接设备或者器件。当连接头有弯式连接时，要用字母“W”体现，如 N-JW-1/2 表示 N 型 1/2 in 弯式公头。

N-K-7/8
N-J-1/2
N-J-7/8
N-JW-1/2

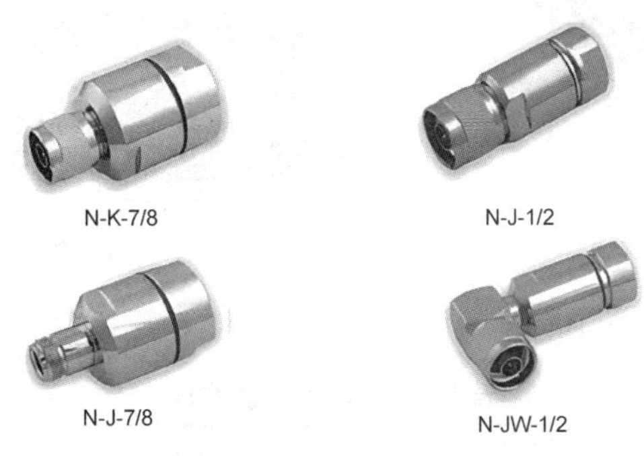

图 1-72　N 型连接器

N 型连接器除了连接作用外，还有转接的使用场景。当两种连接器不能直接插合时，需要用到转接头将连接器对接起来，转接头会有两个端口，如图 1-73 所示。转接头命名方式与连接器命名方式相似，只是由于有双端口，需要用至少两个字母表示接口类型。常用的有双公头 N-JJ（常用于替代短跳线）、双母头 N-KK 连接器（用于馈线的续接）、直角转接头 N-JWK（用于施工中避免转弯造成馈线损坏）、N-KJ-7/16 转接头（用于 DIN 接头和 N 型头的对接）。

N-JJ
N-KK
N-JWK
N-KJ-16/7

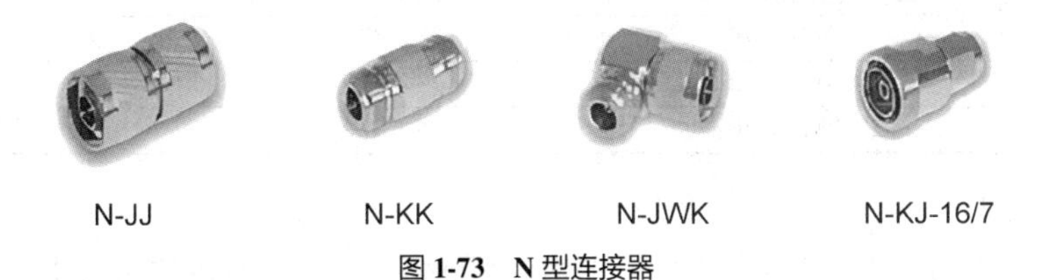

图 1-73　N 型连接器

（2）DIN 型连接器

DIN 是德国标准化学会（Deutsche Industries Norm）的缩写，符合 DIN 制定标准的连接器称为 DIN 型连接器。DIN 型连接器中用在基站中的是 DIN 7/16 连接器，其中 7 代表内导体外径为 7mm，16 代表外导体内径为 16mm。DIN 型连接器与 N 型连接器非常相似，适用的频率范围也在 0～11GHz，二者的区别在于 DIN 连接器头部直径大，约是 N 型连接器的 2 倍。由于 DIN 型连接器具有坚固稳定、低损耗、工作电压高等特点，且大部分具有防水结构，通常用于户外作为中、高能量传输的连接器。在移动通信基站中，DIN 连接器一般用于室外宏基站同轴电缆与设备或者器件的连接，如馈线或者跳线与天线、防雷器、耦合器等的连接。

DIN 连接器如图 1-74 所示。

4. 泄漏电缆

泄漏电缆把信号传送到建筑物内的各个区域，同时通过泄漏电缆外导体上的一系列开口，在外导体上产生表面电流，从而在电缆开口处的横截面上形成电磁场，把信号沿电缆纵向均匀地发射出去以及接收回来。泄漏电缆适用于狭长形区域，如地铁、隧道及高楼大厦的电梯等，也可用于对信号强度的均匀性和可控性要求高的大楼。特别是在地铁和隧道里，由于有弯道，加上车厢会阻挡电波传输，只有使用泄漏电缆才能保证传输不会中断。泄漏电缆如图 1-75 所示。

DIN 7/16 公头

DIN 7/16 母头

图 1-74　DIN 型连接器

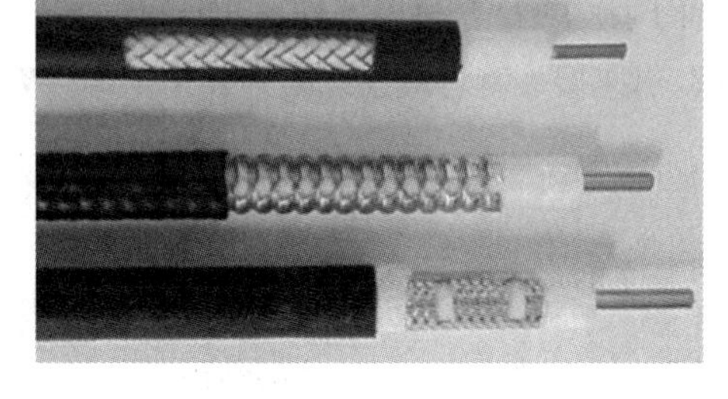

图 1-75　泄漏电缆

泄漏电缆技术指标如表 1-8 所示。

表 1-8　泄漏电缆技术指标

技术参数		指标值	
频率范围/MHz		700～5000	
阻抗/Ω		50	
功率容量/kW		0.48	
相对传播速度		0.88	
类型		7/8in 泄漏电缆	1/2in 泄漏电缆
传输损耗	900MHz/dB/100m	5	8.7
	1900MHz/dB/100m	8.2	11.7
	2200MHz/dB/100m	10.1	14.5
耦合损耗（距离电缆 2m 处测量，50%覆盖率 / 95%覆盖率）	900MHz/dB	73 / 82	70 / 81
	1900MHz/dB	77 / 88	77 / 88
	2200MHz/dB	75 / 87	73 / 85

5. 功率分配器

功率分配器简称功分器，作用是将信号平均分配到多条支路。常用的功分器有二功分器、三功分器和四功分器，如图 1-76～图 1-78 所示。

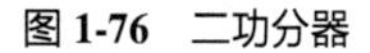

图 1-76　二功分器

图 1-77　三功分器

图 1-78　四功分器

宽频功分器技术指标如表 1-9 所示。

表 1-9 宽频功分器技术指标

技术参数	指标值		
频率范围/MHz	700 ~ 960，1710 ~ 2200，2400 ~ 5000		
类别	二功分器	三功分器	四功分器
驻波比	≤1.22	≤1.3	≤1.3
分配损耗/dB	≤3.3	≤4.8	≤6.0
插入损耗/dB	≤0.3	≤0.5	≤0.5
隔离/dB	≥18		
功率容量/W	50		
三阶互调（2 × 43dBm）	≤ −120dBc		
接口类型	N-母头		
阻抗/Ω	50		
防护等级	IP64		
工作温度/℃	−25 ~ 55		

功分器一般用于支路需要输出功率大致相同的场景。使用功分器时，若某一输出口不输出信号，则必须接匹配负载，不应空载。

6. 耦合器

耦合器是一种低损耗器件，如图 1-79 所示。

耦合器具有一路输入两路输出，相对于二功分器的两路输出均等。耦合器的输出信号具有一大一小的特点：直连输出端的输出信号功率比较大，对应直通端，另一个输出端口为耦合端，输出的信号功率比较小。工程上常将耦合端上的小信号与主线信号幅度比称作“耦合度”，单位为 dB。耦合器端口分布及输出功率分配如图 1-80 所示。

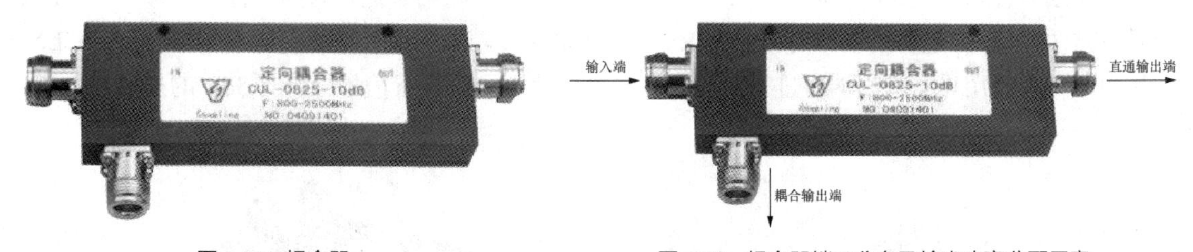

图 1-79 耦合器

图 1-80 耦合器端口分布及输出功率分配示意

耦合器的功率分配符合以下等式。

耦合输出端：输出功率（dBm）=输入功率（dBm）−耦合度（dB）

直通输出端：输出功率（dBm）=输入功率（dBm）−器件损耗（dB）

例如，1 个耦合度为 10dB 的定向耦合器，直通插损 0.8dB，若输入功率为 30dBm，那么耦合器的直通输出端的输出功率为 29.2dBm，耦合输出端的输出功率为 20dBm。

常见耦合器的功率损耗如表 1-10 所示。

表 1-10 常见耦合器的功率损耗

耦合器的耦合度/dB	5	6	10	15	20
耦合输出端损耗/dB	5	6	10	15	20
直通插损/dB	1.8	1.5	0.8	0.4	0.2
输入端功率/dBm	30	30	30	30	30
直通输出端功率/dBm	28.2	28.5	29.2	29.6	29.8
耦合输出端功率/dBm	25	24	20	15	10

宽频耦合器技术指标如表 1-11 所示。

表 1-11 宽频耦合器技术指标

技术参数	指标值					
频率范围/MHz	700～960，1710～2200，2400～5000					
标称耦合度/dB	5	6	10	15	20	30
耦合度偏差/dB	±0.8	±0.8	±1	±1	±1.5	±1.5
插入损耗/dB	≤2.0	≤1.8	≤0.8	≤0.4	≤0.2	≤0.2
隔离度/dB	≥20					
驻波比	≤1.4					
功率容量/W	≥100					
互调产物/dBc	<−130					
特性阻抗/Ω	50					
接头类型	N-F					
工作温度/℃	−25～55					

7. 电桥

电桥也叫合路器，如图 1-81 所示，常用来将两个无线载频信号进行合路，合路后每一个输出端都具有这两路信号。电桥的端口有接收端 Rx 和发送端 Tx，若只使用其中 1 个输出端口，通常在 Load 端接负载，并使用另一输出端口进行信号合路输出。使用电桥进行信号合路有 3dB 的损耗。

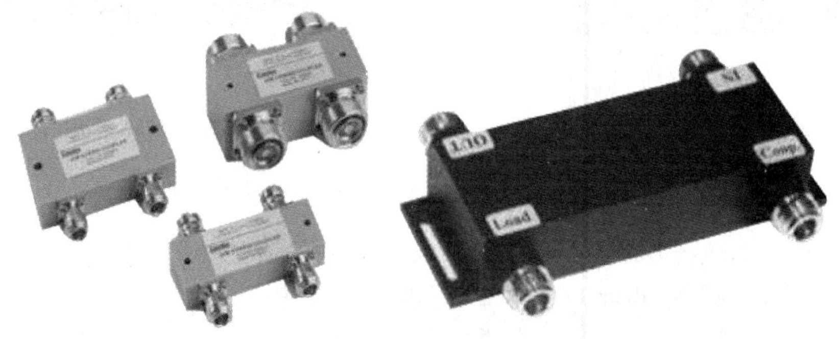

图 1-81 电桥

电桥技术指标如表 1-12 所示。

表 1-12　电桥技术指标

技术参数	指标值
频率范围/MHz	700 ~ 5000
插入损耗/dB	< 0.5
隔离度/dB	> 25
互调损耗/dB	−110
回波损耗/dB	20
阻抗/Ω	50
驻波比	≤1.3
功率容量/W	100
工作温度/℃	−25 ~ 55

1.3.4　数字化室分系统

随着国家经济快速发展，城市规模越来越大，建筑物样式与数量越来越多，室内无线环境也越来越复杂，传统室分系统无法适用于各种复杂的室内无线环境，为此，引入了数字化室分解决方案。

1. 数字化室分系统介绍

数字化室分系统与传统的无源器件组成的室分系统不同，数字化室分系统采用 BBU + 集线设备 RHUB+分布式的 pRRU，通过网线和光纤部署实现对建筑物的覆盖。数字化室分系统相对于传统的室分系统有明显的优势：支持 MIMO，提供更高的容量；支持灵活分裂小区，可以进一步提升网络容量；采用光纤和网线部署，工程相对容易；系统末端可监控。

数字化室分系统已在 4G 网络中被采用。经过几年的部署，数字化室分已经得到三大运营商的认可。比如中国移动在 TD-LTE 的网络建设中明确要求新建的室分要大量采用包括数字化室分在内的新型室分系统。大唐电信开发的 4G 及多模数字化室分系统 Pinsite 已经在多个省份应用，主要面向交通枢纽、大型商场、大学宿舍、酒店等话务量高或比较重要的高价值区域。到 5G 时代，由于 5G 的频段更高，5G 的室内覆盖采用数字化室分无疑是十分合理的解决方案。

2. 数字化室分系统与传统室分系统对比

数字化室分系统相对传统室分系统有较多优势，以下仅从站点建设与运维的角度对二者进行比较。

（1）建设与改造

首先，传统室分系统在建设过程中涉及大量的无源器件，而无源器件安装过程复杂，在安装、调试过程中需要顾及的节点和风险点较多。大部分无源器件是一些小厂家生产的，质量参差不齐，引发各种器件故障的概率也大，增加了工程的协调改造难度。其次，传统室分工程工艺复杂，工程量和建设难度较大，增加了网络线路改进难度。最后，传统室分系统在改造时需要新建较多节点，但系统内部器件老化程度和施工工艺存在的差异，使得改造很难满足要求。

数字化室分设备与基带射频设备都由大厂家生产，质量有保障，安装建设基本不涉及无源器件，新建节点较少，施工过程和升级改造都更加简单。

（2）监控及故障排查

传统的室内分布系统器件数目众多，且无法对相应器件进行有效监控，因此不能做到随时发现故障。一般情况下只能靠维修人员巡检或用户投诉的方式来发现故障和解决故障，效率较低并且影响用户体验。对于建设初期进行隐藏设计建设的室内分布系统而言，系统具有复杂性和隐藏性，少量的巡检人员不可能检查那么细致、周全，很容易出现漏检现象，而增加排查人员和排查频次则会导致投入成本的增加，甚至因为排查人员过多地进出室内环境与业主引发纠纷，给故障排查带来一定的困难。

数字化室分设备与基带射频设备都为同一厂家生产，并且同时纳入监控范围，可以进行 7×24 小时实时监控。一旦发生故障，监控人员可以第一时间发现，并且明确得知故障具体情况，维护人员不需要进行大范围排查，可以直接找到问题点进行处理，效率也很高。

（3）升级与适应性

目前传统室分系统使用大量的无源器件，而这些无源器件存在很大的限制，如频率限制不支持很多频段、功率限制输出功率有限、速率限制峰值速率较低，在 LTE 系统中还可以勉强适应，而在 5G 系统中适应性较差，并且不支持很多 5G 新技术。

数字化室分设备与基带射频设备统一配套，频率完整匹配各类频段，多种功率输出完美适应各种环境要求，并且支持 5G 各种应用场景与新技术。

1.3.5 室分未来发展趋势

5G 时代是一个万物互联的时代，室内网络需要接入越来越多的各类终端，而这些终端对于网络的参数要求各不相同，这就对室内分布提出更多的发展要求。

1. 带宽增加

业务驱动网络的建设，随着用户对业务体验和网络速率的要求越来越高，对 5G 网络的接入、核心和承载带宽能力都提出了前所未有的挑战，5G 接入能力要求是 4G 的百倍以上。核心网的虚拟化为 5G 的部署提供了强有力的支持，以满足 eMBB、URLLC 和 mMTC 的技术要求。

考虑未来 AR/VR 、4K/8K 高清视频等大带宽业务大部分发生在室内，5G 数字化室分产品向宽带化进行演进势在必行。为了满足 5G 业务要求，数字化室分需具备向 100MHz 带宽以上及 4×4 MIMO 演进的能力，以保障足够的边缘体验速率和充分的用户容量，匹配室内场景大容量的需求。

2. 样式增加

5G 数字化室分设备需支持多种形态，以满足多样化室内场景的不同网络需求。高价值、高流量大型场景以室内高性能产品为主，具备数字化运营和弹性扩容特点；容量需求适中的中小场景和容量需求低的小微场景以室内中、低性能产品为主。4G 和 5G 网络长期并存的现状还要求数字化室分产品具备支持多频多模的能力，并且可以支持连接传统室分的部分产品。

从具体产品形态看，为降低前期投入以及二次进场成本，宜要求场景部署的 4G 模块支持后续跟 5G 模块的级联；另外数字化室分需要根据不同场景需求，支持外置天线和内置天线等不同样式形态。

总的来看，多样化的 5G 网络演进需求要求 5G 数字化室分产品支持多种样式形态：面向不同部署场景需求，需支持高性能或者中低性能数字化产品；面向不同模式需求，需支持 4G+5G 多模数字化产品、级联 4G 的 5G 单模数字化产品、 5G 单模数字化产品；面向不同天线需求，需支持具备内置或者外接定向天线、可外接局部传统室分的数字化产品。

3. 共享融合

室内多运营商共享技术可以帮助运营商在建设高性能数字化网络的同时，减少重复建设，获得更好的投资回报率，共享投资成本。多个运营商站点共享还能缓解站址资源短缺的问题，降低物业协调难度和维护成本，所以数字室分网络共享正逐渐成为 5G 室内网络建设的一个重要趋势。

为响应国家提出的“创新、协调、绿色、开放、共享”的新发展理念，国内多家设备厂商先后推出了室内数字化多运营商共享解决方案，以满足超高速室内移动宽带建网和共建共享需求。中国电信、中国联通已达成 5G 室内共建共享开展深度合作的意向，以避免重复建设，降低网络成本。

考虑到全数字化部署成本较高，对于中低价值、中低容量或者密集隔断等场景，需要通过数字化方案与传统室分系统融合的方式，用传统室分拓展数字化末端单元的覆盖边界，兼顾数字化方案与传统室分方案的优点，以此降低部署成本，获得更高收益。

4. 标准接口

5G 接入网逻辑架构中，已经明确将接入网分为 CU 和 DU 逻辑节点，CU 和 DU 组成 gNB 基站。其中，CU 是集中式节点，通过 NG 接口向上与核心网（5GC）相连接，在接入网内部则能够控制和协调多个小区，包含协议栈高层控制和数据功能；DU 是分布式单元，实现 RLC（无线链路控制）层、MAC（媒质接入控制）层以及 PHY（物理）层等基带处理功能。DU 通过 CPRI 或 eCPRI（增强型 CPRI）接口与 pRRU 相连，CU 和 DU 之间通过 F1 接口连接。

CU 和 DU 在设备实现上可以是分离的，也可以集成在同一个物理设备中。无论是合设还是分离，CU、DU 之间都要通过标准 F1 接口互连，以保证不同厂商设备能进行互操作以及协商。

5. 统一网管

在 5G 数字化室分产品形态多样化的趋势下，随着 5G 网络设备的种类和数量增加，整个网络的复杂性日益提高，多厂商问题非常突出。特别是在 5G 时代，网络需具备快速部署和全网综合管理的能力，包括集中监控、分析、优化，及时掌握全网运行情况并进行有效控制，从而提高运营商信息化管理水平，最终提高移动通信的服务质量和运营效益。

支持网络切片的编排与管理，是 5G 网管系统最重要的新功能之一。在为客户提供一致化的服务体验等方面，也会面临异厂家切片技术互操作的挑战。尤其在面向复杂的垂直行业应用场景时，甚至会出现不同子域的网络设备归属不同的运营商的问题。实现 5G 端到端的统一网管，将垂直行业用户的具体业务需求映射为对接入网、核心网、传输网中各相关网元的功能、性能、服务范围等具体指标要求，有助于提供最优的业务体验和全局决策。

6. 智能运维

随着 5G 商用时代的开启，数据流量的激增、网络复杂度的不断提升，给传统的网络运维工作带来巨大挑战，现有的管理模式已经难以适应 5G 网络部署全面云化、智能化的需求，同时依靠大量人工的传统运维方式已经无法满足成本和效率的需求，急需引入人工智能（Artificial Intelligence，AI）、大数据等新技术，推动网络运维的自动化、智能化发展，与此同时，未来运维的关注点将从稳定性、安全性转向应用需求和用户体验。

AI 是构建 5G 网络竞争力中必不可少的一环，已成为业界共识。2017 年，3GPP 在 R15 引入网络数据分析功能（Network Data Analytics Function，NWDAF），作为网络功能的 AI 引擎。同年，欧洲电信标准化协会（European Telecommunication Standard Institute，ETSI）成立 ZSM 工作组，旨在实现自动化、智能化网络运维。全球领先的运营商与设备商也在 AI 助力网络领域强化合作，应用

AI 技术实现 5G 网络智能化。

5G 网络的智能化演进，是长期的系统性工程。随着 5G 商用进程的加速，伴随标准对 NWDAF 的完善，5G 网络在各垂直领域的应用实践逐渐“开花”，网络功能层次的智能化闭环将得以实现。利用 NWDAF 辅助实现切片的智能选择和 QoS 的实时管控与优化，都将成为现实。更高层次的智能化闭环，从洞察客户意图，到网络的自动创建、优化，也将成为可能。未来有一天，我们或许只需对交互终端说一句——计划某时间在某地举办一场赛事，网络就自动完成了该赛事所需 eMBB 切片的创建与激活。

7. 白盒化

基站白盒化是指基站侧设备采用开源软件+通用器件来代替传统专用设备，通用器件的特点是“软硬件分离”，可通过外部编程来实现各种功能，它的优点是产量大、成本低、灵活性高。目前 O-RAN（开放式 RAN）中讨论的白盒化基站，所说的通用器件不仅包括通用处理器，也包括 RRU 射频器件等，通过发布硬件参考设计，同时开放 BBU 和 RRU 之间的前传接口，利用核心器件的规模效应摊薄研发成本，从而通过硬件的白盒化降低接入网的综合成本。

目前，国外的白盒基站研究的应用场景包括宏基站和小基站，国内的白盒基站研究则聚焦在室内小基站领域。5G 时代伴随室内小基站的大量应用，将会带来无线网络建设与运维成本的巨大压力，因此低成本的白盒基站首先将聚焦在这类场景。而小基站部署具有覆盖范围小、场景单一的特点，对设备性能指标要求较宏基站会有所降低。

5G 基站的白盒化将使移动通信产业链由封闭逐步走向开放，有利于吸引一大批有创新能力的中小企业进入移动通信产业，进一步激活产业活力，重塑产业生态；同时也给电信运营商带来新的机遇，使运营商可以更加快速、高效、低成本地提供新兴业务与应用，满足普通客户和垂直行业的各类特殊需求。

1.4 站点工程流程

随着大规模的基站工程建设，各大运营商、中国铁塔股份有限公司（简称中国铁塔）和相关设计院等已经积累了丰富的经验，也吸取了很多教训，逐渐形成一套良好的站点工程流程。严格按照站点工程流程执行，有利于工程项目高效、顺利地进行，节省工程时间和成本。

站点工程整体流程一般分为 3 个阶段：立项阶段、实施阶段、验收投产阶段。

立项阶段一般指的是工程实施之前进行各类筹备工作的阶段。实施阶段一般指的是工程建设的实际过程的阶段。验收投产阶段一般指的是工程建设结束之后的各类工作阶段。

1.4.1 立项阶段

工程立项阶段的主要工作是工程项目筹备与制订工程计划，在工程正式开始实施之前，做好一切准备工作，以方便工程顺利实施。

立项阶段

1. 工程项目筹备

（1）明确工程项目任务情况

工程项目筹备的第一步就是需要明确任务情况，只有先搞清楚任务的具体情况，才能开始接下来的步骤。

（2）组建工程项目部

俗话说，“一个篱笆三个桩，一个好汉三个帮”，一个人不可能把工程项目上所有的事情做完。明确工程项目任务之后，应根据需求，确定所有涉及的方面，组建工程项目部，大家分工协作、齐头并进。

（3）资料手续

收集所有相关的资料，以便后期需要使用时可以随时找到，而不是临时去找，否则不仅耽误时间还可能会影响工程进度，提前办理好工程所有相关的手续证件，确保工程实施的时候可以按时进行，不会因为一些原因被临时停工审查。

（4）工程勘测

根据工程项目任务与相关资料进行工程勘测，相关人员深入工程任务现场，了解现场具体情况，勘测相关信息，拍照记录关键情况，输出勘测报告。

（5）工程设计

收集工程所有相关的资料，尤其是勘测资料，进行工程方案设计。

（6）工程概算

收集工程所有相关的资料，尤其是勘测与设计资料；统计所涉及的设备、材料、人工，进行工程概算。

（7）方案制订与评审

根据工程项目任务及勘测设计概算情况，制订具体的实施方案，组织项目内部评审，内部评审通过之后，上报甲方客户或领导层组织二次评审，二次评审通过之后可以进行下一环节。如果评审出现问题，优化、调整后组织再次评审。

2. 制订工程计划

（1）制订项目计划

根据之前通过的最终评审方案，制订项目接下来的所有计划，需要明确每一个关键节点、具体时间、具体任务、具体责任方，确保工程项目可以按计划顺利执行。

（2）招投标采购

根据项目方案与计划，确定工程所需物资。已有物资准备调配，欠缺物资开启招投标采购，包含且不限于主材、辅材、工具、机械、仪表等，并且要明确交付时间、地点与类型、数量，确保能按时、按地、按量到位，不影响工程进度。

（3）资源调配

资源分为人力资源和物料资源，根据项目最终评审方案与计划，确定好所需人员的数量及工种类型，做好调配工作，另外已有物资与采购物资也需要根据具体情况做好调配。总之，调配好工程所需的人员与物资，确保都可以到位，保证工程顺利进行。

（4）任务分配

根据工程终审方案与工程计划与资源调配情况，进行任务分配，具体化工程各类子项任务、责任人、时间节点。

1.4.2 实施阶段

如果工程涉及基站数量较多，在工程整体开工并实施建设之前，需要先挑选少量站点进行试点建设。工程实施一般分为土建环节、电源及防护系统建设、传输系统建设、基站主设备及天馈建设。具体情况如下。

实施阶段

1. 土建环节

（1）接地网建设

由于接地网需要埋在地下，野外新建机房首先要进行接地网建设。如果机房建设于楼顶或大楼附近，并且大楼已有接地系统，可以考虑直接接入大楼接地系统，如此则不需要新建。

（2）机房与塔桅建设

接地网建设完成之后，开始机房与塔桅建设，在建设过程中除了遵守国家相关规定及设计要求之外，要注意做好机房墙内线缆线路预埋，在线缆接头处预留一定的长度，以方便后期设备连接。

（3）接地网及机房与塔桅验收

接地网埋在地下，后期验收不易；机房与塔桅影响较大，如果有问题容易导致安全事故，且严重影响工程进度，所以机房与塔桅建设完成之后，需要与接地网先进行验收，验收通过之后才进入后面的环节。如果发现问题，立即整改，整改通过后再次组织验收。

（4）配套设施

机房与塔桅建设完成之后，建设完善配套设施，比如走线架、馈线窗等。为机房配备好相应工具，如梯子、清洁工具、灭火器等。

2. 电源及防护系统建设

（1）电源引入

机房土建完成后，进行电源及防护系统建设，首先开始电源引入，根据设计方案建设，在引入过程中严格遵守国家相关规定，注意安全。如果是共建机房可以利用原有电源，则不需要引入，可根据需求安装设备。

（2）电源及防护设备安装

电源引入机房之后，开始安装电源及防护相关设备，比如交流配电箱、电源柜、蓄电池组、空调等。在建设过程中严格遵守国家相关规定和设计要求。

（3）设备连接调测

设备安装完成之后，进行线缆连接调测，按照规定顺序，连接一个设备就调测一个，确定没问题再进行下一个，确保全部设备可正常运行。严禁直接连接多个设备进行调测，以避免电压异常或其他原因导致多个设备损毁。

3. 传输系统建设

（1）传输引入

电源及防护设备安装调测完成后，开始传输系统建设。首先开始传输引入，然后根据设计方案建设，在引入过程中严格遵守国家相关规定，注意安全。

（2）传输设备安装

传输引入机房之后，开始安装传输设备，比如 ODF、SPN 等。在建设过程中严格遵守国家相关规定和设计要求。

（3）设备连接调测

传输设备安装完成之后，进行传输连接调测，对每一路传输进行“连断连”（先连接，后台确定接通，再断开；后台确定断开，再连接，后台确定连接）调测，确定规划的每一路传输都要接通。

（4）监控设备调测

监控设备安装一般在电源及防护设备安装环节，安装好之后，通电确认正常运行即可。在传输接通之后，再进行监控调测，确定机房监控情况已接入后台监管，对门禁、烟雾等每项监控内容进行调测，确定可正常触发告警，告警可正常消失，并且后台监控情况与现场一致。

4. 基站主设备及天馈建设

（1）设备安装

之前几步都完成后，开始进行基站主设备及天馈建设。首先开始设备安装，然后根据设计方案安装，在安装过程中严格遵守国家相关规定，注意设备安装环境要求，注意安全。

（2）设备连接

设备安装完成之后，进行设备连接，根据设计方案及设备需求，制作相应的接头连接线缆接入相应的接口，完成设备连接。

（3）设备调测

设备连接完成之后，进行开通调测。首先进行设备传输接通，之后进行设备数据导入，数据导入可由技术人员在现场导入基站数据，也可在设备传输接通后由后台导入。传输接通并且设备数据导入成功之后，后台可以在网管看到基站，配置基站相关参数，开通并激活基站。

（4）功能测试

开通并激活基站之后，现场人员根据后台人员提供的基站信息，使用测试手机搜索新开通基站的信号，进行业务功能测试，确定业务可以接通即可。需要对新开通的每一个小区都进行测试，确保新开通基站每一个小区的业务都可以正常接通。

1.4.3 验收投产阶段

基站工程实施结束之后，整理好相关资料并提交，资料评审通过之后，申请开始工程验收。工程验收投产阶段一般分为硬件参数验收、软件参数验收、试运行观察期、工程移交、工程收尾。

1. 硬件参数验收

（1）设备安装验收

硬件参数验收首先进行设备安装验收，验收设备是否能正常开通运行，数量、型号与其他相关参数是否与设计一致，安装位置是否与设计一致，安装是否牢固，安装是否符合国家规范及运营商、设备商要求等。

验收投产阶段

（2）接头与线缆布放验收

设备安装验收通过后，进行接头与线缆布放验收，验收各个设备之间连接使用的接口、接头位置、类型、数量是否与设计一致，室外线缆布放是否使用保护管，接头与线缆布放是否符合国家规范及运营商、设备商要求等。

（3）标签验收

接头与线缆布放验收通过之后，进行标签验收，验收机房内所有线缆接头位置是否按照规定做好标签，标签类型使用是否正确，标签字迹是否清晰易识别，标签文字表达意思是否清楚、明了，标签内容说明是否正确等。

（4）机房环境及配套设施验收

标签验收完成后，验收机房环境及配套设施，机房内部及周边是否清扫干净，温度、湿度是否符合国家规范及运营商、设备商要求，消防器材、清洁器材、辅助工具等配套设施是否按规定配备并且按要求摆放等。

2. 软件参数验收

（1）传输路由验收

软件验收首先进行传输路由验收，验收新开通基站传输路数是否与设计一致，各路传输是否已接通，本端及对端端口号是否与设计一致，传输带宽是否与设计一致等。

（2）监控告警验收

传输验收通过之后，进行监控告警验收，验收新开通基站是否已纳入监控系统，各类告警是否能正常触发并且后台监控中心能否及时监控发现，告警触发之后能否正常消除并且后台监控中心能否发现等。

（3）主设备及相关参数验收

监控告警验收通过之后，进行主设备及相关参数验收，验收新开通基站开通小区数量是否与规划设计一致，基站的参数与每个小区的频率、带宽、物理层小区标识号（Physical Cell ID，PCI）、小区标识（Cell ID，CI）、邻区等各类参数是否按照规划设计进行设置，基站归属的核心网相关参数是否按照规划设计配置等。

（4）信号覆盖验收

验收新开通基站信号输出是否正常，输出信号强度与质量是否正常并符合设计要求，输出信号参数是否符合规划设计，信号覆盖位置是否符合规划设计，信号是否能正常进行移动性连接，整体信号覆盖是否达标、是否符合设计方案等。

（5）业务功能验收

业务功能验收，验收新开通基站各类通信服务业务功能（语音主被叫、PING、上传/下载等）是否可正常接通，各类业务是否符合规划，如语音通话是否清晰流畅，PING 业务延迟是否正常，上传/下载业务速率是否达标等。

3. 试运行观察期

新开通基站的软件、硬件参数验收都通过之后，申请正式开通基站，自此进入试运行观察期，一般情况下观察期为 3～6 个月，各地运营商要求可能有不同。在试运行观察期内如果发生故障告警，可视情况对试运行观察期进行延长。试运行观察期通过之后，可以正式进行工程移交，自此工程进入正式投产阶段。

（1）日常告警监控及处理

试运行开始之后，后台告警监控人员 7×24 小时实时监控新开通基站故障告警情况，确保故障发生后能被第一时间发现，并及时通知相关人员进行处理。

（2）KPI 监控及优化

试运行观察期开始之后，后台 KPI 监控人员根据要求（一般每天两次）监控新开通基站各项 KPI（接通、掉线、切换、速率等）是否正常，若发现相关问题应及时安排优化处理。

（3）用户投诉处理

试运行观察期开始之后，发现涉及新开通基站的用户投诉，及时安排处理，避免出现隐性故障未被发现或者一些其他问题，有效提升服务质量与用户满意度。

（4）定期到站巡检

试运行观察期开始之后，根据运营商规定（一般两三个星期一次），定期到新开通基站现场进行巡检，现场检测设备运行是否正常，周边环境是否有变化，到站方式是否有变化，如果发现有变化，及时记录并且发邮件告知相关人员。

4. 工程移交

试运行观察期通过之后，新开通基站管理由工程单位正式移交给建设单位，自此，新开通基站正式投产。工程移交一般分为物料移交与工作移交。

（1）物料移交

物料移交一般包括整个工程涉及的各类相关资料（分为电子版和纸质版）、机房钥匙、机房电卡等各项物料的移交。

（2）工作移交

工作移交包含将试运行观察期涉及的所有工作，全部移交给建设单位，此后相关工作由建设单位安排执行。

5. 工程收尾

工程移交完成之后，进入工程收尾阶段。

（1）工程决算

工程移交之后进行工程决算，对工程中涉及的所有费用进行最终决算。工程决算完成之后，进行工程最终财务审计。

（2）工程复盘

工程最终财务审计通过之后，进行工程整体复盘，总结工程过程中相关的经验教训，并形成文档，以方便后期查阅和推广，好的经验大家互相交流学习，不好的错误教训大家吸取，避免后期再犯。

（3）工程结束

收集工程涉及的各项资料（包含电子版与纸质版），并分类整理好，分别归档保存。工程正式结束。

【项目实施】

5G 站点相关理论知识需要在实际工程场景下练习、巩固和灵活运用，以下将通过具体项目实施来加深读者对 5G 站点工程设备与线缆的理解，以具备设备布放和线缆连接的能力。

1.5 5G 站点基础建设

某城市要建设 5G 站点，请根据现场和工程图纸完成室外站点建设，主要任务是完成机房与设备的选择、安装和连线。任务包括以下几个：

① 建设机房和室外塔桅；

② 选择和安装室内设备；
③ 连接强、弱电线缆与光纤。

1.5.1 任务准备

实训采用仿真软件进行，所需实训环境参考表 1-13。

表 1-13　5G 室外站点设计实训所需软硬件环境

序号	软硬件名称	规格型号	单位	数量	备注
1	IUV-5G 站点工程建设	V1.0	套	20	仿真软件
2	计算机	—	台	20	已安装仿真软件，须联网

1.5.2 任务实施

1. 建设机房和室外塔桅

登录 IUV-5G 站点工程建设的客户端，打开工程实施模块，选择设计图样后，仔细查看每一张设计图样，如图 1-82 所示。

根据设计图样，从右侧工具箱中选择合适的机房，拖放至场景对应的安装位置，完成机房建设，如图 1-83 所示。

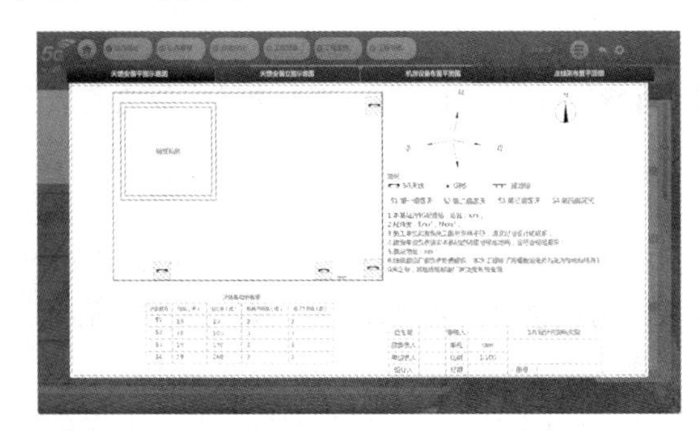

图 1-82　设计图样

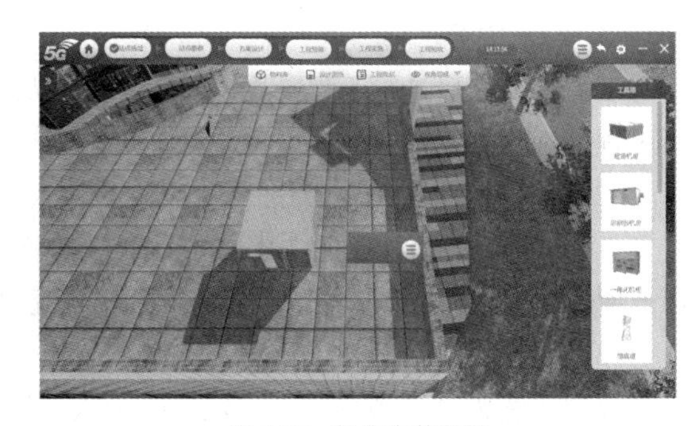

图 1-83　机房安装场景

根据设计图样，从右侧工具箱中选择合适的塔桅类型及数量，拖放至场景对应的每个安装位置，完成塔桅建设，如图 1-84 所示。

图 1-84　塔桅安装场景

2. 选择和安装室内设备

根据设计图样，从右侧工具箱中选择接地排，拖放至场景对应的安装位置，完成室外防护设备接地排的安装，如图 1-85 所示。

单击“视角切换”，选择租赁机房全景，进入租赁机房内部场景，选择接地排、走线架、防雷器、馈线窗、综合柜、消防器材等设备，分别拖放至场景对应的安装位置，如图 1-86 所示。

单击“视角切换”，选择第一人称视角，从右侧工具箱中选择接地排，安装在综合柜内最下方的位置，完成机房内防护与配套设备安装，如图 1-87 所示。

从右侧工具箱中选择交流配电箱、蓄电池组、电源柜等电源系统设备，分别拖放至场景对应的安装位置，如图 1-88 所示。

图 1-85　接地排安装场景

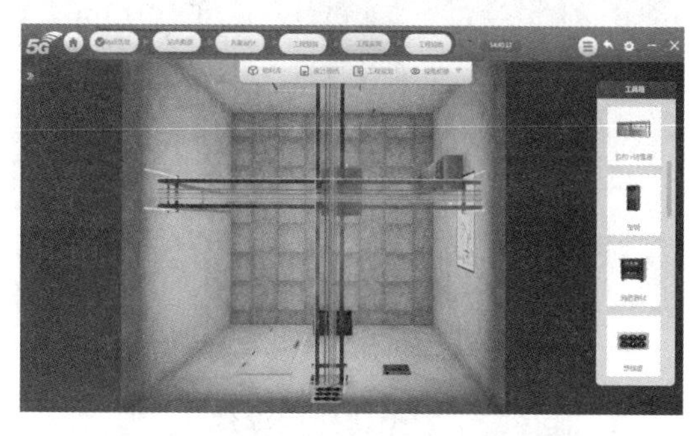

图 1-86　室内走线架、综合柜等设备布放场景

图 1-87　综合柜内设备安装场景

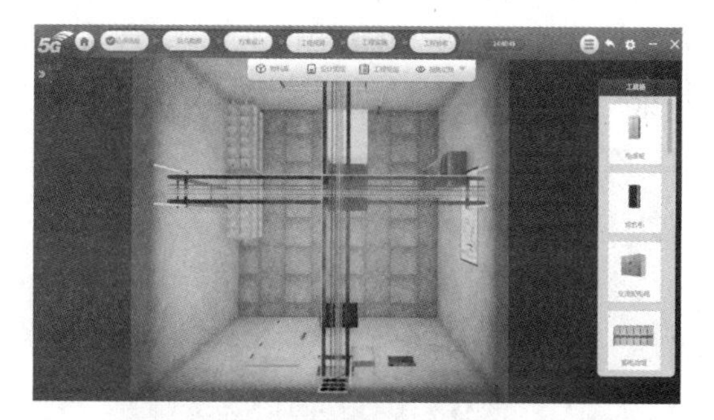

图 1-88　交流配电箱、蓄电池组、电源柜等电源系统设备安装场景

单击“视角切换”，选择第一人称视角，从右侧工具箱中选择配电盒，安装在综合柜内最上方的位置，完成电源设备安装，如图 1-89 所示。

从右侧工具箱中选择 SPN、ODF 设备，分别拖放至综合柜内对应的安装位置，完成传输设备安装，如图 1-90 所示。

图 1-89　综合柜内电源设备安装场景

图 1-90　综合柜内传输设备安装场景

从右侧工具箱中选择 BBU 设备，拖放至综合柜内对应的安装位置，完成机房内 BBU 设备安装，如图 1-91 所示。

单击“视角切换”，选择商业广场全景视角，从右侧工具箱中选择 GPS+防雷器、5GAAU 天线，分别安装在场景内对应的位置，完成室外天线设备安装，如图 1-92 所示。

图 1-91　综合柜内 BBU 设备安装场景

图 1-92　室外天线设备安装场景

3. 连接强、弱电线缆与光纤

单击“视角切换”，选择第一人称视角，双击室外接地排，打开接线面板，从右侧工具箱中选择接地线，一端连接室外接地排，另一端连接 AAU；依次完成每一个 AAU 的天线接地连接，注意接地排端子连接顺序是从左往右，完成室外设备接地线缆连接，如图 1-93 和图 1-94 所示。

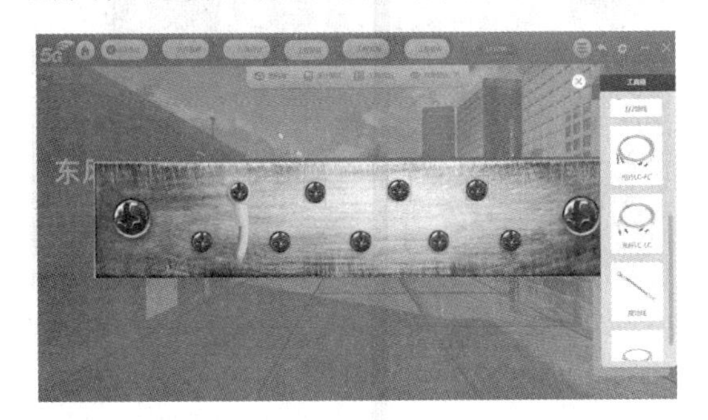

图 1-93　室外接地排连线场景

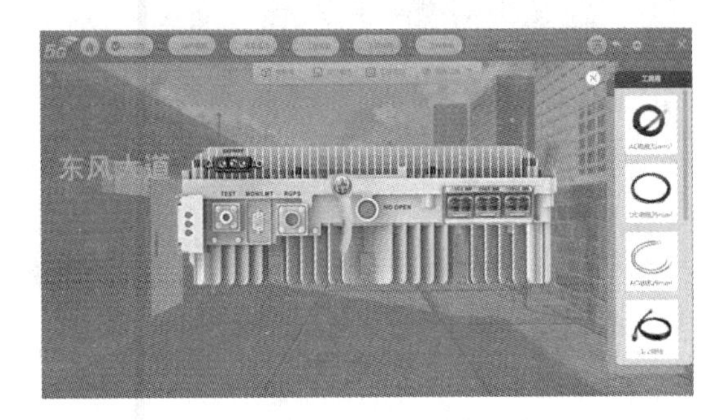

图 1-94　室外 AAU 天线接地连线

单击“视角切换”，选择租赁机房全景，然后选择第一人称视角，双击综合柜内接地排，打开接线面板，从右侧工具箱中选择接地线，一端连接柜内接地排，另一端连接配电盒；依次完成综合柜内配电盒、BBU、SPN 接地连线，注意接地排端子连接顺序是从左往右，完成综合柜内接地线缆连接，如图 1-95 和图 1-96 所示。

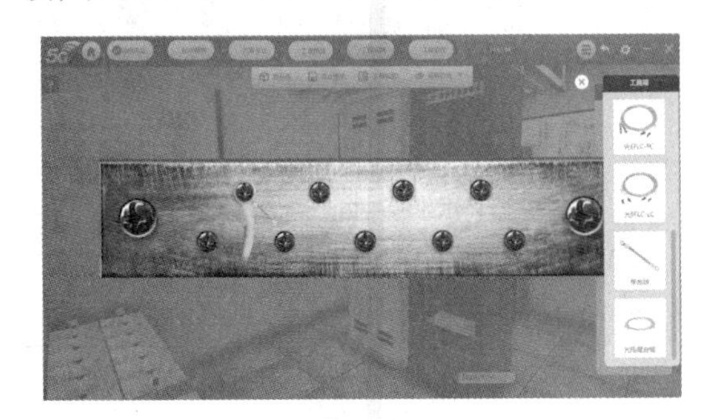

图 1-95　机房综合柜内接地排连线场景

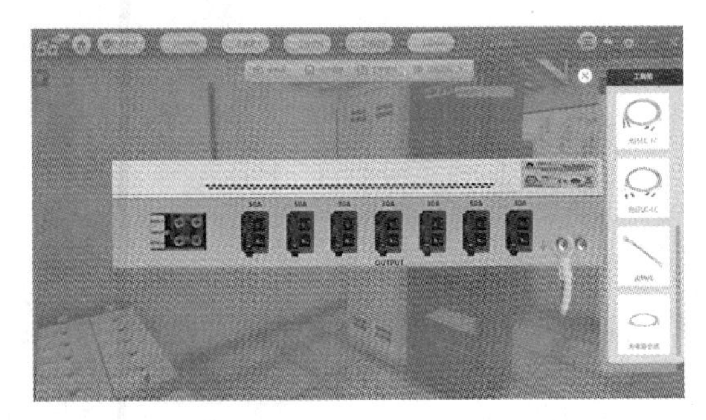

图 1-96　柜内配电盒接地连线场景

双击机房内接地排，打开接线面板，从右侧工具箱中选择接地线，一端连接柜内接地排，另一端连接机房内接地排；依次完成机房内交流配电箱、综合柜、电源柜与机房内接地排的接地线连接，注意接地排端子连接顺序是从左往右，完成机房内接地线缆连接，如图 1-97 和图 1-98 所示。

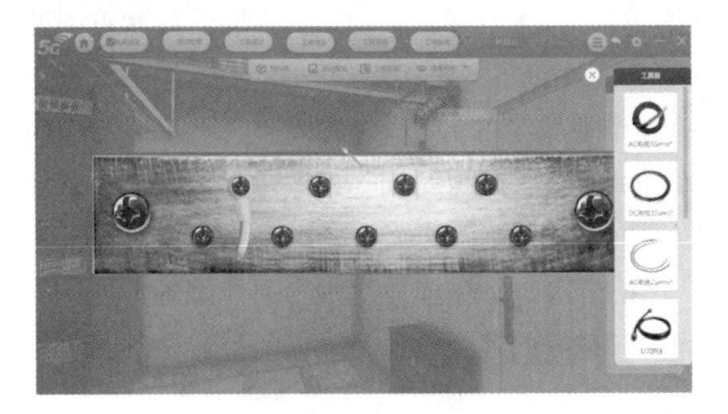

图 1-97　机房内接地排连线场景

图 1-98　交流配电箱内接地排连线场景

双击交流配电箱，选择 AC 电缆，连接至电源柜，然后依次完成交流配电箱—空调、蓄电池组—蓄电池组、蓄电池组—电源柜、电源柜—配电盒、电源柜—SPN、配电盒—BBU、配电盒—AAU 的线缆连接。注意端子连接顺序是从左往右，参考设计图样，完成机房电源线缆连接，如图 1-99 和图 1-100 所示。

图 1-99　交流配电箱内 AC 电缆连线场景

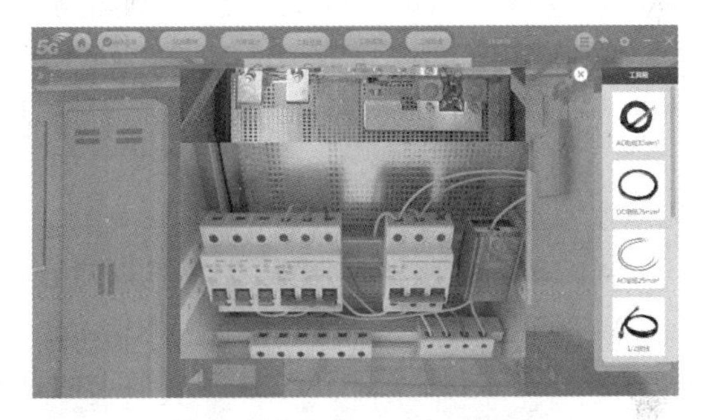

图 1-100　电源柜内 AC 线缆连线场景

双击 BBU，选择光纤 LC-LC，连接至 AAU，注意端口速率，然后依次完成每一个 AAU 与 BBU 之间的连接，如图 1-101 和图 1-102 所示。之后完成 BBU—GPS 天线、BBU—SPN、SPN—ODF 等线缆连接。注意端子连接顺序是从左往右，并且使用光纤 LC- LC 连接时，注意两端的接口速率必须一致，完成机房数据线缆连接。

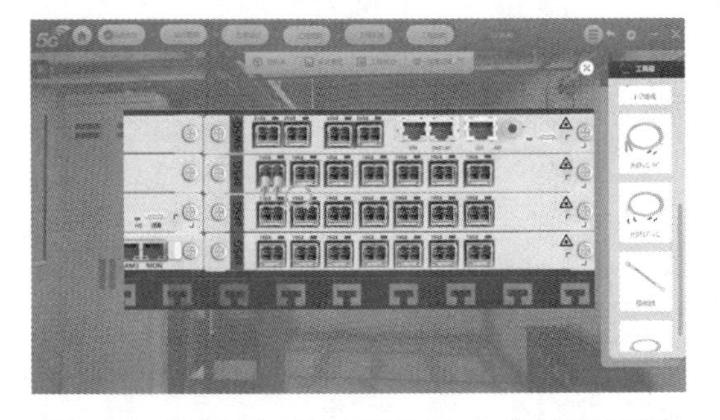

图 1-101　综合柜内 BBU 与室外 AAU、GPS 连线场景

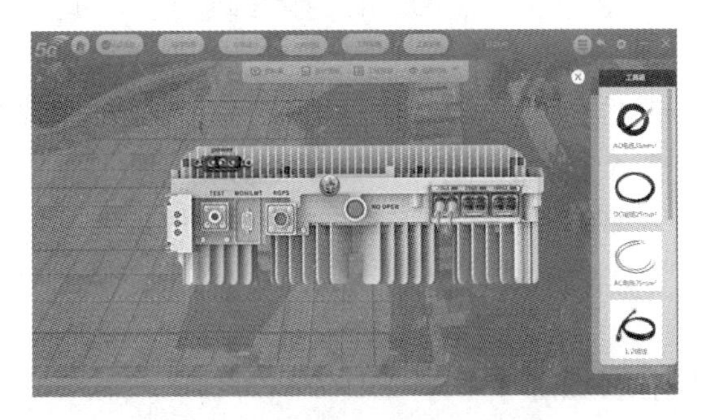

图 1-102　室外 AAU 与综合柜内 BBU 连线场景

【模块小结】

本模块中 1.1 节介绍了 5G 演进过程与特点及网络架构，1.2 节详细介绍了室内和室外站点内部各项设备组成，包含电源及防护系统介绍、传输系统介绍、主设备及天馈系统介绍等；1.3 节重点介绍了 5G 数字化室分的相关知识及未来的发展趋势；1.4 节介绍了 5G 站点工程流程及每个流程中的具体工作内容。通过对这些内容的学习，读者可了解 5G 网络、站点结构、站点工程等相关的基础知识。

最后本模块介绍了如何完成站点项目实施任务，包括机房与塔桅建设、机房内外设备安装、设备的线缆连接等。通过项目实施，读者可以详细了解 5G 站点内各类设备与线缆类型、设备安装与线缆连接顺序及相关工程规范，进一步加深对 5G 站点设备相关知识的理解与掌握。

【课后习题】

（1）在 5G 系统架构中，NG-RAN 和 5GC 对接的接口是（　　）。

A. F1 接口　　B. XN 接口　　C. NG 接口　　D. NR 接口

（2）远程医疗属于 5G 中（　　）典型应用场景。

A. eMBB　　B. URLLC　　C. mMTC　　D. V2X

（3）ITU 对于 5mMTC 业务要求的连接能力是（　　）。

A. 百万终端/小区　　B. 每平方千米十万终端

C. 十万终端/小区　　D. 每平方千米百万终端

（4）5G 系统架构中，代表 5G 接入网的是（　　）。

A. NG-RAN　　B. NG-eNB　　C. gNB　　D. 5GC

（5）5G SA 网络的 3GPP 标准的冻结时间为（　　）。

A. 2017.12　　B. 2018.6　　C. 2019.3　　D. 2020.7

（6）下列（　　）设备集成了射频功能与天馈功能。

A. BBU　　B. RRU　　C. AAU　　D. SPN

（7）数字化室分系统的组成架构是（　　）。

A. RRU+天线　　B. RHUB+pRRU　　C. BBU+RRU　　D. BBU+AAU

（8）5G 站点最新引入的线缆是（　　）。

A. 馈线　　B. 光纤　　C. 电源线　　D. 光电复合缆

（9）在密集城市中心区域，一般常用的塔桅类型是（　　）。

A. 美化方柱　　B. 角钢塔　　C. 三管塔　　D. 拉线塔

（10）下面不属于验收投产阶段的是（　　）。

A. 参数验收　　B. 试运行观察期　　C. 传输建设　　D. 站点测试

【拓展训练】

请观察并拍照记录附近机房与塔桅类型和天线安装方式，分组讨论在不同地理环境和应用场景下使用的机房与塔桅类型，并分析相关原因。

模块2 网络规划

02

【学习目标】

1. 知识目标

- 学习无线链路预算流程
- 学习峰窝小区原理与蜂值速率计算
- 学习小区基础参数与邻区规划方法

2. 技能目标

- 掌握不同场景下适用的 5G 网络传播模型
- 掌握 5G 峰值速率的计算方法
- 掌握网络规划中关键网络参数规划、邻区规划等方法

3. 素质目标

- 培养热爱劳动、锐意进取的精神
- 培养刻苦钻研、不畏艰难的品质
- 培养举一反三、自主学习的能力

【模块概述】

站点规划是站点建设的基础和前提，通过网络规划合理确定站点数量、位置、带宽和小区参数，进而确定站点、承载网以及核心网参数。本模块聚焦 5G 全网规划，包括无线网、承载网和核心网的网络规划。

通过模块 1，我们学习了 5G 的发展情况、网络架构、网络设备和站点工程流程。任何一个城市、一张网络的站点在建设之前都需要进行整体规划，本模块通过对 5G 网络传播模型、蜂窝小区组网架构、5G 峰值速率计算、5G 基础参数规划等基础知识的介绍，说明如何完成一张网络的各项参数规划和计算。

【思维导图】

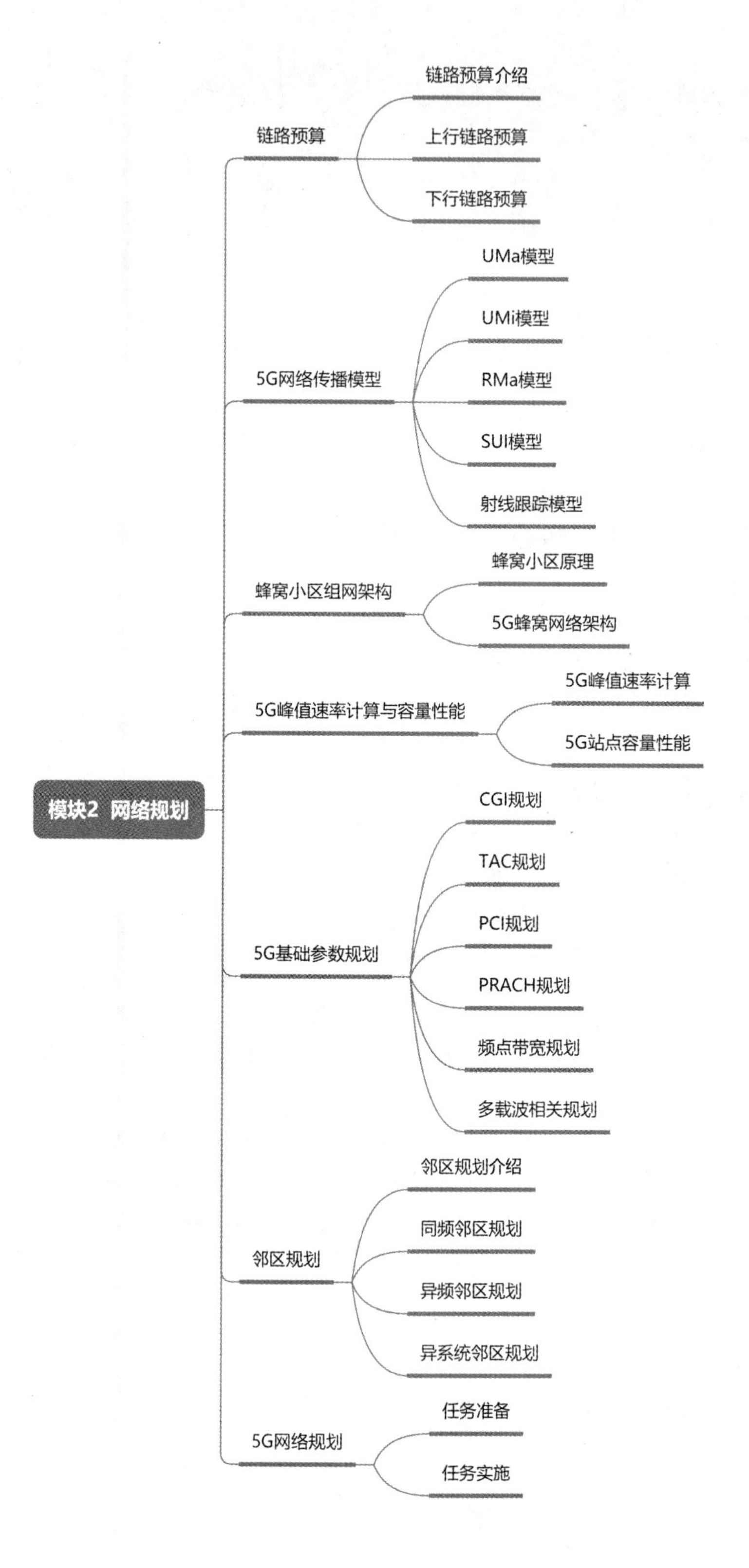
模块2 网络规划
链路预算
链路预算介绍
上行链路预算
下行链路预算
5G网络传播模型
UMa模型
UMi模型
RMa模型
SUI模型
射线跟踪模型
蜂窝小区组网架构
蜂窝小区原理
5G蜂窝网络架构
5G峰值速率计算与容量性能
5G峰值速率计算
5G站点容量性能
5G基础参数规划
CGI规划
TAC规划
PCI规划
PRACH规划
频点带宽规划
多载波相关规划
邻区规划
邻区规划介绍
同频邻区规划
异频邻区规划
异系统邻区规划
5G网络规划
任务准备
任务实施

【知识准备】

本模块知识主要包括覆盖、容量的规划计算以及基础参数和邻区参数的设定，其中覆盖、容量规划是从不同角度对站点整体数量进行计算，基础和邻区参数设定则是小区层面的参数设定。覆盖规划涉及链路预算和 3GPP 标准规定的 5G 网络传播模型，我们从链路预算开始学习。

2.1 链路预算

链路预算是网络规划的重要环节，主要评估系统的覆盖能力，简单地说就是计算小区能覆盖多远。

2.1.1 链路预算介绍

基站和移动终端之间通过电磁波传递信息，相同的条件下，两者距离越远，接收到的功率就越低，这种因为距离导致的电磁波损耗称为路径损耗。最大允许路径损耗（Maximum Allowable Path Los，MAPL）就是计算特定条件下所能允许的因距离而产生的最大功率损失。这个值与发射参数、接收参数和传输参数相关联，有的对于结果起正向作用，如发射功率、天线增益等，有的对于结果起反向作用，如损耗、余量等。链路预算思路是在保证最低接收灵敏度的前提下，得到无线传播所能容忍的最大允许路损。得到最大允许路损值后，结合传播模型公式，就可以计算得到单小区的覆盖半径。

链路预算

链路预算分为下行链路预算和上行链路预算。在实际中，由于手机功率是定值，上行受限情况较多，我们优先考虑计算上行链路预算，然后计算下行的链路预算。不同信道的链路预算过程基本一致，计算结果略有差别，下文我们主要以业务信道链为例说明链路预算过程和方法。

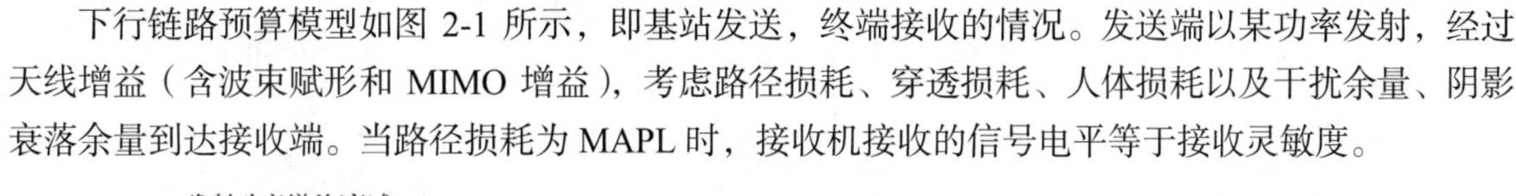
下行链路预算模型如图 2-1 所示，即基站发送，终端接收的情况。发送端以某功率发射，经过天线增益（含波束赋形和 MIMO 增益），考虑路径损耗、穿透损耗、人体损耗以及干扰余量、阴影衰落余量到达接收端。当路径损耗为 MAPL 时，接收机接收的信号电平等于接收灵敏度。

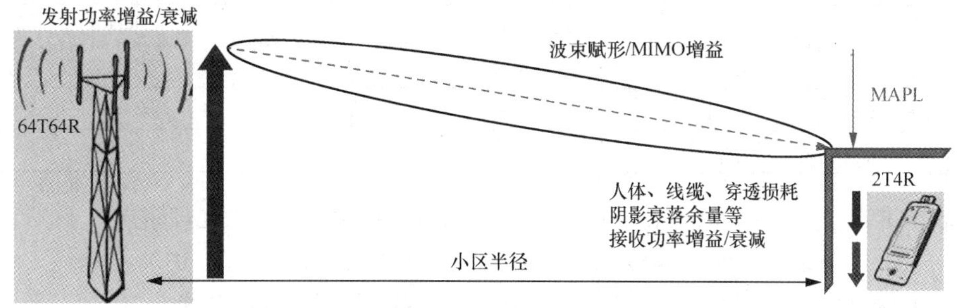

图 2-1 链路预算模型

链路预算公式可以计算出 MAPL，当发射功率和接收灵敏度以 dBm，天线增益以 dBi，增益、损耗、衰减和余量等以 dB 表示时，可得到典型计算方法如下：

$$\text{MAPL} = \text{Effective Tx Power} + \text{Rx Gain} - \text{Rx Sensitivity} - \text{Margin} - \text{Loss}$$

式中各参数的含义见表 2-1。

表 2-1　链路预算参数含义

参数英文名	含义
MAPL	最大允许路径损耗
Effective Tx Power	有效发射功率
Rx Gain	接收增益
Rx Sensitivity	接收灵敏度
Margin	余量
Loss	损耗

2.1.2　上行链路预算

结合 5G 网络无线信号传播的具体路径，5G 网络中宏站场景下的链路预算可参考如下公式。其中上行链路预算公式：

MAPL=UE Tx Power+UE Antenna Gain+Hand off Gain+gNB Antenna Gain – gNB Sensitivity – UL Interference Margin – Cable Loss – Body Loss – Penetration Loss – Shadow fading Margin

式中各参数含义见表 2-2，表中同时给出了 NR 3.5GHz 下 PUSCH 信道边缘速率满足 1Mbit/s 时链路预算的各参数的推荐取值，该组取值下终端收发模式为 2T4R，基站收发模式为 64T64R。

表 2-2　上行链路预算参数

参数英文名	含义	参数推荐取值
UE Tx Power	终端发射功率	26dBm
UE Antenna Gain	终端天线增益	0dBi
Hand off Gain	对接增益	4.52dB
gNB Sensitivity	基站灵敏度	−125.08dBm
gNB Antenna Gain	基站天线增益	11dBi
UL Interference Margin	上行干扰余量	2dB
Cable Loss	线缆损耗	0dB
Body Loss	人体损耗	0dB
Penetration Loss	穿透损耗	26dB
Shadow fading Margin	阴影衰落余量	11.6dB

根据表中推荐取值，可以计算出 NR 3.5GHz 下 PUSCH 信道的最大允许路损：

$$MAPL=26+0+4.52+11-(-125.08)-2-0-0-26-11.6=127\ (dB)$$

若采用 UMa 模型非视距（Non-Line-Of-Sight，NLOS）场景，根据公式

$$PL_{3D\text{-}UMa\text{-}NLOS} = 161.04 - 7.1\log_{10}(W) + 7.5\log_{10}(h) - (24.37 - 3.7(h/h_{BS})^2)\log_{10}(h_{BS}) + [43.42 - 3.1\log_{10}(h_{BS})][\log_{10}(d_{3D}) - 3] + 20\log_{10}(f_c) - \{3.2[(\log_{10}(17.625)]^2 - 4.97\} - 0.6\times(h_{UT} - 1.5)$$

可得到

$$127=161.04-7.1\times\log_{10}(W)+7.5\times\log_{10}(h)-[24.37-3.7\times(h/h_{BS})^2]\log_{10}\times(h_{BS})+[43.42-3.1\times\log_{10}(h_{BS})]\times(\log_{10}(d_{3D})-3)+20\times\log_{10}(f_c)-\{3.2\times[\log_{10}(17.625)]^2-4.97\}-0.6\times(h_{UT}-1.5)$$

当平均街道宽度 W=20m，平均建筑物高度 h=20m，基站高度 h_{BS}=25m，终端高度 h_{UT}=1.5m，工作载频 f_c=3.5GHz 时，代入上式得到

$127=161.04-7.1\times\log_{10}(20)+7.5\times\log_{10}(20)-[24.37-3.7\times(20/25)^2]\times\log_{10}(25)+[43.42-3.1\log_{10}(25)]\times[\log_{10}(d_{3D})-3]+20\times\log_{10}(3.5)-\{3.2\times[\log_{10}(17.625)]^2-4.97\}-0.6\times(1.5-1.5)$

由此得到基站与终端之间的距离 d_{3D}=421m，根据 d_{2D} 与 d_{3D} 转换关系：

$$421=\sqrt{d_{2D}^2+(25-1.5)^2}$$

可以得到 $d_{2D}\approx$420m。

若以 PUSCH 信道链路预算为例，单小区的覆盖半径为 420m。

2.1.3 下行链路预算

可根据无线环境的上下行互易性，参考上行链路预算的传播路径，5G 网络中宏站场景下的下行链路预算公式：

MAPL=gNB Tx Power+gNB Antenna Gain+UE Antenna Gain+Hand off Gain – Cable Loss – UE Sensitivity – DL Interference Margin – Body Loss – Penetration Loss – Shadow fading Margin

式中各参数含义见表 2-3，表中同时给出了 NR 3.5GHz 下 PDSCH 信道边缘速率满足 50Mbit/s 时链路预算的各参数的推荐取值，该组取值下终端收发模式为 2T4R，基站收发模式为 64T64R。

表 2-3 下行链路预算参数

参数英文名	含义	参数推荐取值
gNB Tx Power	基站发射功率	53dBm
gNB Antenna Gain	基站天线增益	11dBi
Hand off Gain	对接增益	4.52dB
UE Sensitivity	终端灵敏度	−104.25dBm
UE Antenna Gain	终端天线增益	0dBi
DL Interference Margin	下行干扰余量	7dB
Cable Loss	线缆损耗	0dB
Body Loss	人体损耗	0dB
Penetration Loss	穿透损耗	26dB
Shadow fading Margin	阴影衰落余量	11.6dB

根据表中推荐取值，可以计算出 NR 3.5GHz 下 PDSCH 信道的最大允许路损：

$$\text{MAPL}=53+11+4.52-(-104.25)-7-0-0-26-11.6=128.17\ (\text{dB})$$

与上行一样采用 UMa 模型 NLOS 场景，根据公式

$\text{MAPL}_{3D\text{-}UMa\text{-}NLOS}=161.04-7.1\log_{10}(W)+7.5\log_{10}(h)-[24.37-3.7(h/h_{BS})^2]\log_{10}(h_{BS})+[43.42-3.1\log_{10}(h_{BS})][\log_{10}(d_{3D})-3]+20\log_{10}(f_c)-\{3.2[\log_{10}(17.625)]^2-4.97\}-0.6(h_{UT}-1.5)$

可得到：

$128.17=161.04-7.1\times\log_{10}(W)+7.5\times\log_{10}(h)-[24.37-3.7\times(h/h_{BS})^2]\log_{10}\times(h_{BS})+[43.42-3.1\times\log_{10}(h_{BS})]\times[\log_{10}(d_{3D})-3]+20\times\log_{10}(f_c)-\{3.2\times[\log_{10}(17.625)]^2-4.97\}-0.6\times(h_{UT}-1.5)$

当平均街道宽度 W=20m，平均建筑物高度 h=20m，基站高度 h_{BS}=25m，终端高度 h_{UT}=1.5m，工作载频 f_c=3.5GHz 时，代入上式得到

$128.17=161.04-7.1\times\log_{10}(20)+7.5\times\log_{10}(20)-[24.37-3.7\times(20/25)^2]\times\log_{10}(25)+[43.42-3.1\log_{10}(25)]\times[\log_{10}(d_{3D})-3]+20\times\log_{10}(3.5)-\{3.2\times[\log_{10}(17.625)]^2-4.97\}-0.6(1.5-1.5)$

由此得到基站与终端之间的距离 d_{3D}=451m，根据 d_{2D} 与 d_{3D} 转换关系：

$$451=\sqrt{d_{2D}^2+(25-1.5)^2}$$

可以得到 $d_{2D}\approx$450m，与 PUSCH 信道的结果综合取两者的较小值，得到小区覆盖半径为 420m。

若以 PDSCH 信道链路预算为例，单小区的覆盖半径为 450m。不同参数规划下小区覆盖半径预算结果不同，可在“IUV-5G 全网部署与优化”软件规划计算模块进一步了解不同参数取值对链路预算结果的影响。

通过上、下行链路预算可以发现，在 NR 3.5GHz 下，运用 UMa NLOS 模型（具体参见 2.2 节）计算得到的上、下行信道对应的小区覆盖半径差距为 30m，差距较小，说明在宏站场景下，UMa 模型的准确度符合 5G 网络的上、下行信道要求，可作为后续规划参考。当得到多组小区半径后，需选择最小值作为小区覆盖规划半径，以满足所有信道的业务需求。

本模块链路预算实例为 3.5GHz 下的估算结果，5G 高频毫米波也可以通过上面的上下行链路预算流程进行小区半径的估算。通过多组实验数据的对比分析，在 5G 采用 UMa 模型，4G 采用 Cost231-Hata 模型的前提条件下，得到了 5G 低频、高频与 4G 链路预算的各影响参数的比较，对比内容如表 2-4 所示。

表 2-4　链路预算对比

链路预算参数	4G	NR 3.5GHz	NR-高频毫米波
馈线损耗	RRU 形态，天线外接存在馈线损耗	AAU 形态无外接天线馈线损耗，RRU 形态天线外接存在馈线损耗	AAU 形态无外接天线馈线损耗
基站天线增益	单个物理天线仅关联单个 TRX，单个 TRX 天线增益即为物理天线增益	MM 天线阵列，链路预算里面的天线增益仅为单个 TRX 代表的天线增益。 5G RAN1.0 C-band 64T64R，64TRX，每个 TRX 天线增益为 10dBi，整体单极化天线增益为 25dBi，其中 15dBi 为 BF 波束赋形，体现在解调门限里	MM 天线阵列，链路预算里面的天线增益仅为单个 TRX 代表的天线增益。 5G RAN1.0 mmWave 4T4R，4TRX，每个 TRX 天线增益为 28dBi，整体单极化天线增益为 31dBi，其中 3dBi 为 BF 增益，体现在解调门限里
传播模型	Cost231-Hata	UMa	UMa
穿透损耗	相对较小	更高频段，更高穿损	损耗最大
干扰余量	相对较大	MM 波束天然带有干扰避让效果，干扰较小	MM 波束天然带有干扰避让效果，干扰较小，频段较高
人体遮挡损耗	可忽略	可忽略	需要考虑
雨衰	可忽略	可忽略	WTTX 场景需要考虑
树衰	可忽略	可忽略	LOS 场景需要考虑

2.2 5G 网络传播模型

5G 无线信号属于高频段信号，因此信号传播中会出现衍射和穿透能力弱、散射多的情况，原有 2G、3G、4G 的中低频模型无法满足 5G 覆盖规划需求，3GPP 标准针对 5G 信号特点和应用场景给出了不同的传播模型建议。

2.2.1 UMa 模型

UMa 模型是一种适合高频的传播模型，适用频率为 0.8G～100GHz，基站一般安装在居民楼等较高建筑的楼顶上。3GPP 协议 TR36.873 中规定了标准的 3D-UMa 模型公式，如表 2-5 所示。表 2-5～表 2-11 中的 f_c 表示载波频率，以 GHz 为单位，计算公式中的距离、高度均以 m 为单位。

表 2-5　标准 3D-UMa 模型公式

场景	路损/dB	阴影衰落/dB	适用范围/m	天线高度默认值/m
LOS（视距范围）	$PL = 22.0\log_{10}(d_{3D}) + 28.0 + 20\log_{10}(f_c)$ $PL = 40\log_{10}(d_{3D}) + 28.0 + 20\log_{10}(f_c) - 9\log_{10}[(d'_{BP})^2 + (h_{BS} - h_{UT})^2]$	$\sigma_{SF} = 4$ $\sigma_{SF} = 4$	$10 < d_{2D} < d'_{BP}$ $d'_{BP} < d_{2D} < 5000$	$h_{BS} = 25$, $1.5 \leqslant h_{UT} \leqslant 22.5$
NLOS（非视距范围）	$PL = \max(PL_{3D\text{-}UMa\text{-}NLOS}, PL_{3D\text{-}UMa\text{-}LOS})$ $PL_{3D\text{-}UMa\text{-}NLOS} = 161.04 - 7.1\log_{10}(W) + 7.5\log_{10}(h) - [24.37 - 3.7(h/h_{BS})^2]\log_{10}(h_{BS}) + [43.42 - 3.1\log_{10}(h_{BS})][\log_{10}(d_{3D}) - 3] + 20\log_{10}(f_c) - \{3.2[\log_{10}(17.625)]^2 - 4.97\} - 0.6(h_{UT} - 1.5)$	$\sigma_{SF} = 6$	$10 < d_{2D} < 5\,000$ h = 平均建筑高度 W = 街道宽度 $5 < h < 50$ $5 < W < 50$ $10 < h_{BS} < 150$ $1.5 \leqslant h_{UT} \leqslant 22.5$	

主要参数含义如表 2-6 所示。

表 2-6　UMa 模型参数含义

参数名	含义	典型配置/m
h	平均建筑物高度	20
W	平均街道宽度	20
h_{UT}	终端高度	1.5
h_{BS}	基站高度	25

相关高度之间的关系如图 2-2 所示，公式表示为 $d_{3D} = \sqrt{(d_{2D})^2 + (h_{BS} - h_{UT})^2}$。其中 d_{3D} 表示天线与移动终端的距离，d_{2D} 表示基站覆盖半径，h_{BS} 表示基站高度，h_{UT} 表示终端高度。

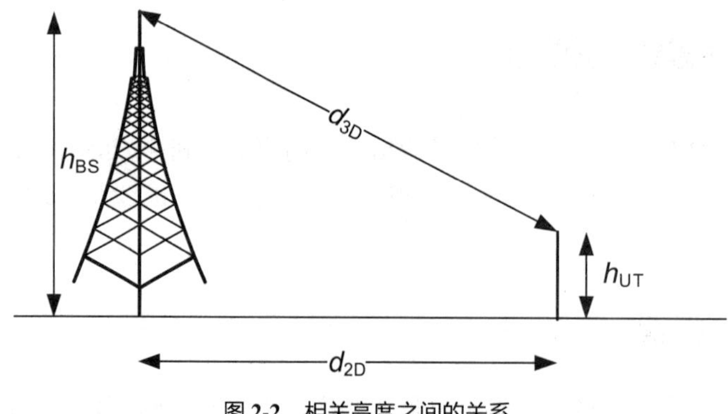

图 2-2　相关高度之间的关系

从表 2-5 的模型定义可知，LOS 场景与 h 和 W 无关，NLOS 与 h 和 W 有关。根据 NLOS 传播模型的公式可知，h 越大路损越大，W 越大路损越小，相比较而言 h 对路损的影响更大。

平均建筑物高度 h 为区域内建筑物的加权平均建筑高度，计算公式：

$$h=\frac{\sum_{i=0}^{n}S_i\times h_i}{\sum_{i=0}^{n}S_i}$$

其中，S_i 为第 i 个建筑物水平面面积，h_i 为第 i 个建筑物高度。

平均街道宽度 W 为区域内街道的宽度，包含各建筑之间的距离，计算公式：

$$W=\frac{\sum_{i=0}^{n}W_i}{n}$$

其中，W_i 为第 i 条街道或建筑物之间的宽度。

TR38.901 中对 UMa 模型做了一定简化，简化模型与平均街道宽度 W、平均建筑物高度 h 无关，仅与频率、接收天线高度、天线间距有关。LOS 和 NLOS 场景下简化的 UMa 模型公式如表 2-7 所示。

表 2-7　简化 UMa 模型公式

场景	路损/dB	阴影衰落/dB	适用范围，天线高度默认值/m
LOS	$PL_{\text{UMa-LOS}}=\begin{cases}PL_1 & 10\text{m}\leqslant d_{2D}\leqslant d'_{BP}\\ PL_2 & d'_{BP}\leqslant d_{2D}\leqslant 5\text{km}\end{cases}$ $PL_1=28.0+22\log_{10}(d_{3D})+20\log_{10}(f_c)$ $PL_2=28.0+40\log_{10}(d_{3D})+20\log_{10}(f_c)-9\log_{10}((d'_{BP})^2+(h_{BS}-h_{UT})^2)$	$\sigma_{SF}=4$	$1.5\leqslant h_{UT}\leqslant 22.5$ $h_{BS}=25$
NLOS	$PL_{\text{UMa-NLOS}}=\max(PL_{\text{UMa-LOS}},PL'_{\text{UMa-NLOS}})$ $PL'_{\text{UMa-NLOS}}=13.54+39.08\log_{10}(d_{3D})+20\log_{10}(f_c)-0.6(h_{UT}-1.5)$	$\sigma_{SF}=6$	$1.5\leqslant h_{UT}\leqslant 22.5$ $h_{BS}=25$
	$PL=32.4+20\log_{10}(f_c)+30\log_{10}(d_{3D})$	$\sigma_{SF}=7.8$	

通过曲线拟合，两种不同的 UMa 模型的路损与距离关系的曲线基本重合，在进行模型选择时，需综合考虑场景特征与需求精度选择合适的传播模型公式，在“IUV-5G 全网部署与优化”软件中采

用完整版 3D-UMa 模型下的 NLOS 场景进行网络规划，在网络规划计算时需合理进行相关高度与基站频率的规划设计。

UMa 与 UMi 模

2.2.2 UMi 模型

UMi 模型一般用于城市道路小基站场景，基站高度一般低于周边建筑物高度。3GPP 协议 TR36.873 中规定的通用 3D-UMi 模型公式如表 2-8 所示。

表 2-8 通用 3D-UMi 模型公式

场景	路损/dB	阴影衰落/dB	适用范围，天线高度默认值
LOS	$PL = 22.0\log_{10}(d_{3D}) + 28.0 + 20\log_{10}(f_c)$ $PL=40\log_{10}(d_{3D})+28.0+20\log_{10}(f_c)-9\log_{10}[(d'_{BP})^2+(h_{BS}-h_{UT})^2]$	$\sigma_{SF} = 3$	$10m < d_{2D} < d'_{BP}$ $d'_{BP} < d_{2D} < 5000m$ $h_{BS} = 10m$ $1.5m \leqslant h_{UT} \leqslant 22.5m$
NLOS	$PL = \max(PL_{3D\text{-}UMi\text{-}NLOS}, PL_{3D\text{-}UMi\text{-}LOS})$ $PL_{3D\text{-}UMi\text{-}NLOS} = 36.7\log_{10}(d_{3D}) + 22.7 + 26\log_{10}(f_c) - 0.3(h_{UT}-1.5)$	$\sigma_{SF} = 4$	$10\ m < d_{2D} < 2000m$ $h_{BS} = 10m$ $1.5m \leqslant h_{UT} \leqslant 22.5m$

TR38.901 中对 UMi 模型做了一定修改，使其更加适配 5G 的频率特性，修改后的模型公式如表 2-9 所示。

表 2-9 修改后 UMi 模型公式

场景	路损/dB	阴影衰落/dB	适用范围，天线高度默认值/m
LOS	$PL_{UMi-LOS} = \begin{cases} PL_1 & 10m \leqslant d_{2D} \leqslant d'_{BP} \\ PL_2 & d'_{BP} \leqslant d_{2D} \leqslant 5km \end{cases}$ $PL_1 = 32.4 + 21\log_{10}(d_{3D}) + 20\log_{10}(f_c)$ $PL_2 = 32.4 + 40\log_{10}(d_{3D}) + 20\log_{10}(f_c) - 9.5\log_{10}[(d'_{BP})^2 + (h_{BS} - h_{UT})^2]$	$\sigma_{SF} = 4$	$1.5 \leqslant h_{UT} \leqslant 22.5$ $h_{BS} = 10$
NLOS	$PL_{UMi-NLOS} = \max(PL_{UMi-LOS}, PL'_{UMi-NLOS})$ 适用于 $10m \leqslant d_{2D} \leqslant 5km$ $PL'_{UMi-NLOS} = 35.3\log_{10}(d_{3D}) + 22.4 + 21.3\log_{10}(f_c) - 0.3(h_{UT} - 1.5)$	$\sigma_{SF} = 7.82$	$1.5 \leqslant h_{UT} \leqslant 22.5$ $h_{BS} = 10$

根据传播模型公式进行拟合发现两种模型随着收、发天线的距离增大，其结果差值越大，由于 5G 小基站规划覆盖距离一般较小，在一定覆盖规划距离内，若两者差距在合理范围之内，均可作为小基站场景下无线网络规划参考。

2.2.3 RMa 模型

RMa 模型是 5G 郊区宏站的适配模型，一般用于农村、城市郊区等开阔且用户相对分散的场景。3GPP 协议 TR36.873 中规定了标准的 3D-RMa 模型公式，如表 2-10 所示。

表 2-10　标准的 3D-RMa 模型公式

场景	路损/dB	阴影衰落/dB	默认值与适用范围/m
LOS	$PL_1 = 20\log_{10}(40\pi d_{3D} f_c/3) + \min(0.03h^{1.72},10)\log_{10}(d_{3D}) - \min(0.044h^{1.72},14.77) + 0.002\log_{10}(h)d_{3D}$ $PL_2 = PL_1(d_{BP}) + 40\log_{10}(d_{3D}/d_{BP})$	$\sigma_{SF}=4$ $\sigma_{SF}=6$	$10 < d_{2D} < d_{BP}$ $d_{BP} < d_{2D} < 10\,000$ $h_{BS}=35$ $h_{UT}=1.5$ $W=20$ $h=5$ 适用范围： $5 < h < 50$ $5 < W < 50$ $10 < h_{BS} < 150$ $1 < h_{UT} < 10$
NLOS	$PL = 161.04-7.1\log_{10}(W) + 7.5\log_{10}(h) - (24.37-3.7(h \div h_{BS})^2)\log_{10}(h_{BS}) + [43.42-3.1\log_{10}(h_{BS})][\log_{10}(d_{3D})-3] + 20\log_{10}(f_c) - \{3.2[\log_{10}(11.75h_{UT})]^2 - 4.97\}$	$\sigma_{SF}=8$	$10 < d_{2D} < 5\,000$ $h_{BS}=35$ $h_{UT}=1.5$ $W=20$ $h=5$ 适用范围： $5 < h < 50$ $5 < W < 50$ $10 < h_{BS} < 150$ $1 < h_{UT} < 10$

TR38.901 中 LOS 场景下传播模型公式与 TR36.873 中的一致，仅对 NLOS 场景下传播模型进行了修改，使得 NLOS 场景下模型取值与 LOS 相关联，如表 2-11 所示。

表 2-11　修改后的 RMa 模型公式

场景	路损/dB	阴影衰落/dB	默认值与适用范围/m
LOS	$PL_{RMa-LOS} = \begin{cases} PL_1 & 10m \leqslant d_{2D} \leqslant d_{BP} \\ PL_2 & d_{BP} \leqslant d_{2D} \leqslant 10km \end{cases}$ $PL_1 = 20\log_{10}(40\pi d_{3D} f_c/3) + \min(0.03h^{1.72},10)\log_{10}(d_{3D}) - \min(0.044h^{1.72},14.77) + 0.002\log_{10}(h)d_{3D}$ $PL_2 = PL_1(d_{BP}) + 40\log_{10}(d_{3D}/d_{BP})$	$\sigma_{SF}=4$ $\sigma_{SF}=6$	$h_{BS}=35$ $h_{UT}=1.5$ $W=20$ $h=5$ 适用范围： $5 \leqslant h \leqslant 50$ $5 \leqslant W \leqslant 50$ $10 \leqslant h_{BS} \leqslant 150$ $1 \leqslant h_{UT} \leqslant 10$
NLOS	$PL_{RMa-NLOS} = \max(PL_{RMa-LOS}, PL'_{RMa-NLOS})$ 适用于 $10m \leqslant d_{2D} \leqslant 5km$ $PL'_{RMa-NLOS} = 161.04 - 7.1\log_{10}(W) + 7.5\log_{10}(h) - [24.37 - 3.7(h/h_{BS})^2]\log_{10}(h_{BS}) + [43.42 - 3.1\log_{10}(h_{BS})](\log_{10}(d_{3D}) - 3) + 20\log_{10}(f_c) - \{3.2[\log_{10}(11.75h_{UT})]^2 - 4.97\}$	$\sigma_{SF}=8$	

2.2.4 SUI 模型

SUI 模型为电气与电子工程师学会（Institute of Electrical and Electronics Engineers，IEEE）802.16 小组和美国斯坦福大学的研究成果，是 3.5GHz 频率下宏基站的重要规划方法之一，针对不同的区域类型，可分为 SUI A、SUI B 和 SUI C，各自特点如下。

- SUI A：中到重度植被覆盖的丘陵地形，路径损耗最大。
- SUI B：植被稀少的丘陵地形，典型的传播路损。
- SUI C：多为平坦地形，树木密度小，路径损耗最小。

3 种类型的一般情况包括小区半径 < 10km；接收端天线高度范围为 2～10m；基站天线高度范围为 15～40m；小区覆盖率（80%～90%）要求高。

SUI 模型公式：

$$L = A + 10\gamma \log_{10}\frac{d}{d_0} + X_f + X_h + s$$

式中，$A = 20\log_{10}\left(\frac{4\pi d_0}{\lambda}\right)$；$\gamma = a - bh_b + \frac{c}{h_b}$，$h_b$是基站高度，$a$、$b$、$c$ 取值如表 2-12 所示。

表 2-12　SUI 模型参数取值

参数	SUI A	SUI B	SUI C
a	4.6	4.0	3.6
b	0.0075	0.0065	0.005
c	12.6	17.1	20

L 是路径损耗，单位为 dB。

d 是终端与基站的距离，单位为 m。

d_0 是参考距离，取值 100m，同时需满足 $d > d_0$。

X_f是频率修正项，$X_f = 6\log_{10}\frac{f}{2000}$，$f$是频率，单位为 MHz。

X_h是高度修正项，对于 SUI A 和 SUI B，$X_h = -10.8\log_{10}\frac{h_m}{2}$；对于 SUI C，$X_h = -20\log_{10}\frac{h_m}{2}$。

h_m 是终端高度，单位为 m。

s 是阴影效应（Shadowing Effect），一般取值 $8.2\text{dB} < s < 10.6\text{dB}$。

2.2.5　射线跟踪模型

Rma、SUI 与射线跟踪模式

射线跟踪模型是确定性模型，区别于传统经验模型，射线跟踪模型没有固定的经验公式，而是通过对无线信号的传播路径的跟踪来评估信号传播的路损和长度，其基本原理是几何绕射理论与标准衍射理论。常用的射线跟踪模型有 Volcano、Crosswave、WinProp 等。Volcano 是由法国 Siradel 公司开发的射线追踪技术传播模型，包括宏蜂窝（Macrocell）、微蜂窝（Microcell）和 Mini 蜂窝（Minicell）3 种传播场景。宏蜂窝场景模型是一种传统的垂直面模式传播模型，计算垂直剖面上的绕射损耗，微蜂窝场景模型采用的是标准的二维射线追踪算法，Mini 蜂窝场景采用一种改进射线追踪算法。3 种场景都在场强预测结果中增加了经验校正因子，可以使用测试数据对参数进行校正。Crosswave 由 Orange Labs 开发，Forsk 公司发布和支持。该模型能模拟垂直衍射、水平导向传播、山脉反射 3 种传播现象，支持多种无线网络制式，主要支持 20M～5GHz 的频段范围。Winprop 是由德国 AWE 公司开发的三维传播模型，有标准射线追踪和智能射线追踪两种标准算法。标准射线追踪是传统的镜像射线追踪算法，智能射线追踪通过对数据库进行预处理而实现运算加速。综合来说，Volcano 模型由于在地图支持、模型校正、穿透损耗等方面处理更合理，商用化程度更高。

射线跟踪模型如图 2-3 所示。将从发射源辐射出的电磁波看作一条条射线，基于几何光学原理，就可通过模拟射线的传播路径来确定反射、折射和阴影等。整个传播环境中，通常有 3 类射线：第一类是由发射源产生的直射线，如图中 L_1 射线；第二类是由建筑物墙角发生衍射时所产生的绕射线，如 L_1 射线在建筑物尖角产生绕射，变成 L_2 射线；第三类是由镜像反射所产生的反射线，如 L_3 和 L_4 射线。由镜像理论可知，这些反射线可以看作是由一个实际的发射源或者镜像源（如图中镜像源 1 和镜像源 2）所产生的射线，而绕射线也可以看作是由一个绕射源所产生的射线。因此整个传播环境中的射线就相当于由 3 类源产生。射线追踪就是对每一条射线的传播进行跟踪（直到射线到达目标点或射线能量低于需要考虑限度时），求得所有到达场点的射线后，采用矢量叠加的方法计算电场的损耗。

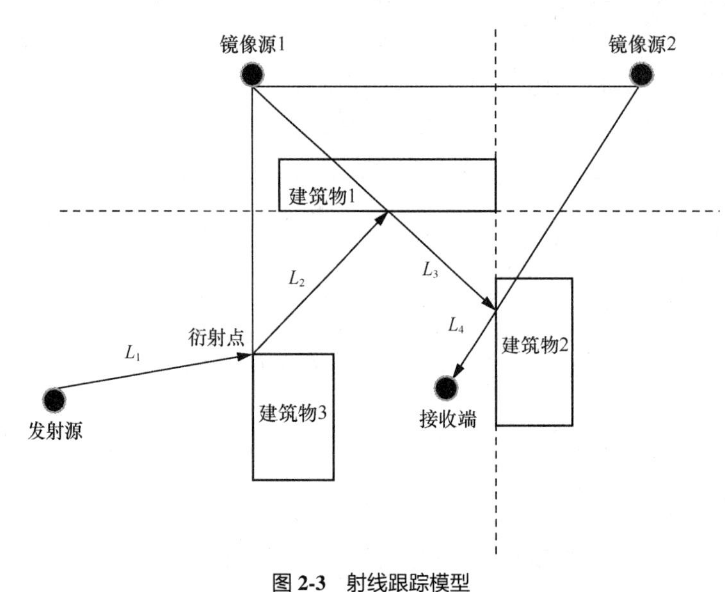

图 2-3 射线跟踪模型

经过图中的衍射、反射，最终确定发射源与接收端之间的传播路径为 $L_1 \to L_2 \to L_3 \to L_4$。

射线跟踪模型中典型的 Volcano 模型公式：

$$\text{PathLoss} = A + B\log_{10} d + \alpha L_{\text{DET}} + L_{\text{FS}} + L_{\text{ANT}} + L_{\text{c}}$$

式中：

A，B——自由空间校正项系数。

α——确定性计算权重。

d——每条信号传播径上信号源与接收点的距离。

L_{DET}——射线跟踪模型计算得到的路径损耗。

L_{FS}——自由空间传播 1m 距离的路径损耗。

L_{ANT}——针对基站和终端天线的校正因子。

L_{c}——基站和终端所处位置的地貌校正因子。

在仿真应用中，相比传统经验模型，射线跟踪模型计算精度大大提高，但其仿真运行相对比较耗时，且不适用于链路预算，因此链路预算建议用经验模型，5G 仿真，尤其是高频传播仿真，建议优选射线跟踪模型。

2.3 蜂窝小区组网架构

早期的移动通信系统通过使用安装在高塔上的大功率发射机实现大面积的信号覆盖。虽然这种方式可获得大面积的覆盖范围，但受限于同频干扰，在系统中不能重复地使用相同的频率。随着移动通信的发展，用户量呈爆发式增长，既能用有限的无线频率获得最大的系统容量和实现较大面积连续覆盖的网络模型便迫在眉睫，在此情况下，蜂窝小区组网和频率复用技术便应运而生。

蜂窝小区组网架构

2.3.1 蜂窝小区原理

在规划小区覆盖时，一般采用正六边形作为单小区的覆盖范围，由于服务小区形状与蜂窝类似，这种网络被称为蜂窝式网络。蜂窝式网络通常先由若干邻接的无线小区组成一个无线区群（Cluster），再由若干无线区群构成整个服务区。为了防止同频干扰，要求每个区群（单位无线区群）中的小区，不得使用相同的频率，只有在不同的无线区群中，才可使用相同的频率。

单位无线区群的构成应满足以下两个基本条件：

① 若干单位无线区群彼此邻接组成蜂窝式服务区域；

② 邻接单位无线区群中的同频无线小区的中心间距相等。

传统的蜂窝式网络由宏蜂窝小区构成，每个小区的覆盖半径大多为 1km 以上，基站天线尽可能做得很高。微蜂窝小区的覆盖半径一般在 500m 以内，基站天线高度较低或放置在灯杆等近地场景，传播主要沿着街道的视线进行，因此，微蜂窝最初被用来加大无线电覆盖，消除宏蜂窝中的“盲点”。由于低发射功率的微蜂窝基站允许较小的频率复用距离，每个单元区域的信道数量较多，因此业务密度得到了巨大的增长，且射频（Radio Frequency，RF）干扰很低。

2.3.2 5G 蜂窝网络架构

在 5G 网络时代，大流量、低时延、大连接均是网络质量面临的重要挑战，传统的蜂窝小区架构已无法满足日益增长的高质量的业务要求，在此基础上的超密集组网（Ultra-Denge Network，UDN）架构成为 5G 时代发挥小区最大化性能的主要手段。UDN 通过更加“密集化”的无线网络基础设施部署，可获得更高的频谱复用效率，从而在局部热点区域实现百倍、千倍量级的系统容量的提升。

图 2-4 UDN

UDN 是由微基站组成的密集网络，如图 2-4 所示。当低网络负载时，微基站组成虚拟宏基站，可共享部分资源进行控制面承载的传输，此时终端获得接收分集增益，提升接收信号质量。当高网络负载时，则每个微基站分别成为独立的小区，发送各自的数据信息，实现了小区分裂，提升网络容量。通过引入多用户分布式 MIMO（Distribute MIMO, D-MIMO）、虚拟小区、多连接等关键技术，将多个基站的干扰转化为有用信号，且服务集合随小区移动不断更新，使用户始终处于小区中心。

UDN 小区的组网方式由异构网络演进而来，但与传统异构网络的组网方式有着本质不同，在进行网络设计时应当格外注意。

① 基站和用户的密度不同。在传统的异构网络中，用户的密度要远大于基站的密度。因此，在传统的异构网络中，基站时刻处在开放的状态。但在 UDN 中，当基站周围没有用户时，为了减少干扰并节约能量，可以选择将基站关闭。

② 干扰的种类不同。在传统的异构网络中，干扰主要是非视距（NLOS）干扰，而在 UDN 中，干扰主要是视距（LOS）干扰。因此，在传统的异构网络中，通常采用的是单斜率路径损耗模型；而在 UDN 中，通常采用的是更加复杂的经验路径损耗模型。

③ 分集不同。在传统的异构网络中有非常丰富的用户分集，而在 UDN 中，用户分集非常有限。

2.4 5G 峰值速率计算与容量性能

2.4.1 5G 峰值速率计算

高速率是 5G 网络的重要标签之一，也是衡量无线网络优劣性的关键要素。5G 峰值速率计算方式与 LTE 的类似，与资源分配、收发模式、调制方式、载波数等参数相关，3GPP TS38.306.4.1.2 中提到了 UE 最大速率计算方式：

5G 峰值速率计算

$$\text{data rate} = 10^{-6} \cdot \sum_{j=1}^{J}\left(v_{\text{Layers}}^{(j)} \cdot Q_{\text{m}}^{(j)} \cdot f^{(j)} \cdot R_{\max} \cdot \frac{N_{\text{PRB}}^{\text{BW}(j),\mu} \cdot 12}{T_{\text{s}}^{\mu}} \cdot \left(1-\text{OH}^{(j)}\right)\right)$$

式中，J 是载波数，$R_{\max}$ 为常数，数值=948/1024。

对于某个分量载波，$v_{\text{Layers}}^{(j)}$ 上下行取决于不同的参数，下行方向由高层参数下行链路 PDSCH 信道 MIMO 层数配额（maxNumberMIMO-LayersPDSCH）决定，上行方向由基于竞争和非竞争的上行链路 PUSCH 信道 MIMO 层数配额（maxNumberMIMO-LayersCB-PUSCH、maxNumberMIMO-LayersNonCB-PUSCH）两个高层参数共同决定。

$Q_{\text{m}}^{(j)}$ 由调制方式决定，取值方式如表 2-13 所示。

表 2-13　调制方式与 $Q_{\text{m}}^{(j)}$ 关系

调制方式	$Q_{\text{m}}^{(j)}$
QPSK	2
16QAM	4
64QAM	6
256QAM	8

调制方式的选取由多点通信服务（Multipoint Communication Service，MCS）决定，3GPP TS38.306.4.1.2 中规定了 3 种 MCS 与调制阶数的对应关系，实际上 MCS 映射表是在 CQI 标识的基础上基于频谱通过附庸和插值等方式得来的，具体表格的选择与高层参数 PDSCH-Config 中的

mcs-Table 的取值有关。

当 mcs-Table 配置为默认值时，最高的调制阶数为 6，即最高可支持 64QAM 调制，MCS 取值根据表 2-14 所示的关系确定。

表 2-14　MCS 与 Q_m 关系 1

MCS 索引 I_{MCS}	调制阶数 Q_m	目标编码速率 R_x	频谱效率
0	2	120	0.2344
1	2	157	0.3066
2	2	193	0.3770
3	2	251	0.4902
4	2	308	0.6016
5	2	379	0.7402
6	2	449	0.8770
7	2	526	1.0273
8	2	602	1.1758
9	2	679	1.3262
10	4	340	1.3281
11	4	378	1.4766
12	4	434	1.6953
13	4	490	1.9141
14	4	553	2.1602
15	4	616	2.4063
16	4	658	2.5703
17	6	438	2.5664
18	6	466	2.7305
19	6	517	3.0293
20	6	567	3.3223
21	6	616	3.6094
22	6	666	3.9023
23	6	719	4.2129
24	6	772	4.5234
25	6	822	4.8164
26	6	873	5.1152
27	6	910	5.3320
28	6	948	5.5547
29	2	预留	
30	4	预留	
31	6	预留	

当 mcs-Table 配置为“qam256”时，最高的调制阶数为 8，即最高可支持 256QAM 调制，采用表 2-15 所示的取值。

表 2-15　MCS 与 Q_m 关系 2

MCS 索引 I_{MCS}	调制阶数 Q_m	目标编码速率 R_x	频谱效率
0	2	120	0.2344
1	2	193	0.3770
2	2	308	0.6016
3	2	449	0.8770
4	2	602	1.1758
5	4	378	1.4766
6	4	434	1.6953
7	4	490	1.9141
8	4	553	2.1602
9	4	616	2.4063
10	4	658	2.5703
11	6	466	2.7305
12	6	517	3.0293
13	6	567	3.3223
14	6	616	3.6094
15	6	666	3.9023
16	6	719	4.2129
17	6	772	4.5234
18	6	822	4.8164
19	6	873	5.1152
20	8	682.5	5.3320
21	8	711	5.5547
22	8	754	5.8906
23	8	797	6.2266
24	8	841	6.5703
25	8	885	6.9141
26	8	916.5	7.1602
27	8	948	7.4063
28	2	预留	
29	4	预留	
30	6	预留	
31	8	预留	

当 mcs-Table 配置为“qam64LowSE”时，最高的调制阶数为 6，即最高可支持 64QAM 调制，采用表 2-16 所示的取值。

表 2-16　MCS 与 Q_m 关系 3

MCS 索引 I_{MCS}	调制阶数 Q_m	目标编码速率 R_x	频谱效率
0	2	30	0.0586
1	2	40	0.0781

续表

MCS 索引 I_{MCS}	调制阶数 Q_m	目标编码速率 R_x	频谱效率
2	2	50	0.0977
3	2	64	0.1250
4	2	78	0.1523
5	2	99	0.1934
6	2	120	0.2344
7	2	157	0.3066
8	2	193	0.3770
9	2	251	0.4902
10	2	308	0.6016
11	2	379	0.7402
12	2	449	0.8770
13	2	526	1.0273
14	2	602	1.1758
15	4	340	1.3281
16	4	378	1.4766
17	4	434	1.6953
18	4	490	1.9141
19	4	553	2.1602
20	4	616	2.4063
21	6	438	2.5664
22	6	466	2.7305
23	6	517	3.0293
24	6	567	3.3223
25	6	616	3.6094
26	6	666	3.9023
27	6	719	4.2129
28	6	772	4.5234
29	2	预留	
30	4	预留	
31	6	预留	

$f^{(j)}$ 为缩放因子，由高层参数 scalingFactor 给定，可取值 1、0.8、0.75 和 0.4。

μ 为对应子载波间隔的参数集。

T_s^{μ} 是子帧中的平均 OFDM 符号长度。由于每个子帧长度均为 1ms，包含 2^{μ} 个时隙，常规循环前缀（Normal Cyclic Prefix，Normal CP）情况下每个时隙中包含 14 个 OFDM 符号，所以子帧中符号的平均长度的计算公式：

$$T_s^{\mu}=\frac{10^{-3}}{14\cdot 2^{\mu}}$$

$N_{PRB}^{BW(j),\mu}$ 是载波带宽所包含的最大的 RB 数，与 μ 相关。

$OH^{(j)}$ 为开销，取值如下：FR1 频率范围，下行取值 0.14，上行取值 0.08；FR2 频率范围，下行取值 0.18，上行取值 0.10。

对于配置了 SUL 的小区，只计算主载波或 SUL 载波中的 1 个。

n41 频段下当子载波间隔为 30kHz 时，下行调制方式为 256QAM，系统 RB 为 273，终端收发模式为 2T4R，下行 MIMO 最大层数为 4，若上行 $f^{(j)}$ 为 0.8，则

$$最大下载速率=10^{-6}\times 4\times 8\times 0.8\times 948\div 1024\times 273\times 12\div (10^{-3}\div 14\div 2)\times (1-0.14)\approx 1869.9\ (\text{Mbit/s})$$

根据上述方法，可以计算出上、下行速率的理论最大值，但在一般情况下，尤其在 NR TDD 系统中，资源不可能全部分配给上行或者下行使用，计算最大速率时根据实际的上、下行可用资源，并考虑编码效率，得到的计算值会更接近测试结果。在部分工程现场，也存在简化的速率估算方法，粗略的速率计算方式如下：

峰值速率=系统 RB 数×子载波数×每时隙可传输数据的符号数×每毫秒中上/下行时隙数×位数×流数

若采用标准算法同等配置，在 2.5ms 双周期 DDDSUDDSUU 帧结构（D 表示下行时隙，U 表示上行时隙，S 表示特殊时隙）情况下，平均每下行时隙有 11 个符号用于传输数据。5ms 中有 5 个 D 时隙和 2 个 S 时隙，如果特殊时隙配置为 10：2：2，每毫秒中的下行时隙数=（5+2×10÷14）÷5 ≈1.286 个，则

$$下行峰值速率=273\times 12\times 11\times 1.286\times 8\times 4\div 1024\approx 1448.2\ (\text{Mbit/s})$$

从上述两种算法的结果来看，理论算法和经验算法差距为 421.7Mbit/s，但理论算法未考虑符号开销。无论是协议定义的标准速率计算或是粗略的速率计算，都是理想的结果，现实中由于终端的硬件性能、服务器、现场的无线环境、签约速率等多种因素的影响，一般不能达到计算的峰值速率，如果要达到最大速率，可以考虑采用载波聚合的方式。

2.4.2 5G 站点容量性能

基站容量是制约 5G 系统容量的关键节点之一，一般分为控制面容量和用户面容量。

1. 控制面容量

控制面容量主要涉及同时在线用户数和同时激活用户数计算。

（1）单小区同时在线用户数

在 5G 系统中，eMBB 与 mMTC 场景下数据业务对时延的敏感度较低，且基于 IP 的数据业务的突发情况较少，只要 gNodeB 保持用户的信令连接，不需要每帧进行上行或下行业务就可以保证用户在线，因此最大同时在线并发用户数与 5G 系统协议字段的设计以及设备能力有更大的相关性，只要协议设计支持，并且不超过系统设备的负载能力，就可以保障尽可能多的用户同时在线。

（2）单小区同时激活用户数

激活用户表示当前用户正在通过上下行共享信道进行上行或下行业务，其 RRC 层连接处于激活态，并且时刻保持上行同步。单小区同时激活用户数表示系统最大同时可调度的用户数，指的是在一定的时间间隔内，在调度队列中有数据的用户较单小区同时在线用户数更能准确地反映控制面容量。

5G 能同时调度的最大用户数受限于控制信道的可用资源数，即 PDCCH 信道可用的控制信道单元（Control Channel Element，CCE）数。因为 5G 的 PDCCH 容量可以通过高层参数不受限制地控制调节，因此在网络中控制面的容量可认为是无限的，本书重点关注用户面的容量。

2. 用户面容量

用户面容量主要涉及最大系统容量、实际系统容量和传输块大小（Transport Block Size，TBS）容量计算。

（1）最大系统容量

最大系统容量是在不考虑信道开销、在分配资源最大化的情况下得到的系统容量，也可理解为基站的最大下行速率。根据容量的定义，单位时间内系统最大吞吐量 $\text{Throughput}_{\max}$ 的计算方式如下。

① 计算频谱效率：

$$\text{Eff}_{\text{spe}}=\text{Eff}_{\text{cod}}\times Q_{\text{m}}^{(j)}\times \text{Str}_{\text{ant}}$$

式中：

Eff_{spe}——频谱效率；

Eff_{cod}——目标编码效率；

$Q_{\text{m}}^{(j)}$——调制阶数；

Str_{ant}——天线流数。

② 计算帧周期内符号数：

$$\max N_{\text{symb}}=273\times 12\times N_{\text{symb}}\times N_{\text{slot}}$$

式中：

$\max N_{\text{symb}}$——最大符号数；

N_{symb}——1 个时隙包含的符号数；

N_{slot}——时隙数。

③ 计算最大系统吞吐量：

$$\text{Throughput}_{\max}=\text{Eff}_{\text{spe}}\times \max N_{\text{symb}}\div \text{Time}$$

式中：

Time——帧周期。

当系统 RB 为 273 个，在 2.5ms 双周期 DDDSUDDSUU 帧结构情况下，特殊时隙配置为 10：2：2，调制方式为 256QAM，天线 MIMO 流数为 8，目标编码效率为 0.9257 时：

$$\text{Eff}_{\text{spe}}=0.9257\times 8\times 8=59.2448\ (\text{bit}\cdot \text{s}^{-1}\cdot \text{Hz}^{-1})$$

$$\max N_{\text{symb}}=273\times 12\times 14\times (5+10\div 14\times 2)=294840\ (\text{个})$$

$$\text{Throughput}_{\max}=59.2448\times 294840\div (2.5\times 2)\times 1000\div 1024\div 1024\approx 3331.71(\text{Mbit/s})$$

比较 5G 单站在上述配置下的极限吞吐量和 5G 终端的峰值速率计算结果可知，单站吞吐量比峰值速率数值要大很多。

（2）实际系统容量

在实际网络中，计算系统容量必须考虑信道开销和信号的开销。基站吞吐量计算时，下行开销涉及的信道和信号包含 PDCCH、SSB、PDSCH DMRS、PT-RS 和 CSI-RS。

① 计算 PDCCH 信道开销。

PDCCH 信道在一个 TTI 内占用的 RE 资源数：

$$N_{\text{PDCCH}}=12\times P-Q$$

式中，P 为 PDCCH 时域符号数，由高层参数 coreset-time duration 给出，可以为 1、2、3。当更高层参数 DL-DMRS-typeA-pos 取值为 3 时，PDCCH 占用 3 个符号数，其他情况占用 1 或 2 个符号；Q 为 PDCCH 信道的 DMRS 占用的 RE 数。

接下来计算 PDCCH 信道开销：

$$OH_{PDCCH} = \frac{N_{PDCCH}}{N_{TTI} \times 12 \times N_{symb}}$$

式中：

N_{TTI}——1 个 TTI 包含的时隙数；

N_{symb}——1 个时隙包含的符号数。

当 P=3、Q=3 时，PDCCH 信道 RE 资源数：

$$N_{PDCCH} = 12 \times 3 - 3 = 33$$

当 μ=1 时，1 个 TTI 包含 2 个时隙，1 个时隙包含 14 个符号，则 PDCCH 信道开销：

$$OH_{PDCCH} = \frac{33}{2 \times 12 \times 14} \approx 9.82\%$$

② 计算 SSB 开销。

5G 中 SSB 块由主同步信号 PSS、辅同步信号 SSS 和 PBCH 信道与其 DMRS 组成，SSB 在时域上占用 4 个 OFDM 符号，频域上占用 20 个 RB、240 个子载波。SSB 块的开销计算公式：

$$OH_{SSB} = \frac{N_{SSB}}{N_{OFDM}}$$

式中：

N_{SSB}——1 个时隙内 SSB 块时域符号数；

N_{OFDM}——相同时隙内的总符号数。

若系统频段为 n41，系统带宽为 273RB，μ=1 时，SSB 时域起始符号配置为 2,8,16,22,30,36,44,50，在 2.5ms 双周期 DDDSUDDSUU 帧结构情况下，特殊时隙配置为 10：2：2 时，共有 7 个 SSB 块，1 个时隙中大约有 2 个 SSB 块，SSB 开销：

$$OH_{SSB} = \frac{4 \times 20 \times 12 \times 2}{273 \times 12 \times 14} \approx 4.19\%$$

③ 计算 PDSCH DMRS 信道开销。

由于 PDCCH 信道和 PBCH 信道的 DMRS 开销已包含在 PDCCH 信道开销和 SSB 开销内，此处仅需关注 PDSCH 信道的 DMRS 信道开销即可。PDSCH DMRS 开销计算公式：

$$OH_{PDSCH\ DMRS} = \frac{N_{PDSCH\ DMRS}}{N_{symb}}$$

式中：

$N_{PDSCH\ DMRS}$——DMRS 配置的符号数，可以在每个时隙配置 0.5,1,2,3,4；

N_{symb}——1 个时隙包含的符号数。

当 PDSCH DMRS 配置为 2 个符号时，DMRS 开销：

$$OH_{PDSCH\ DMRS} = \frac{2}{14} \approx 14.29\%$$

④ 计算 PT-RS 开销。

PT-RS 在 1 个 RB 的 1 个时隙上占用 1 个符号，其开销：

$$OH_{PTRS} = \frac{N_{PTRS}}{12 \times N_{symb}}$$

式中：

N_{PTRS}——PT-RS 占用的符号数；

N_{symb}——1 个时隙包含的符号数。

代入计算：

$$OH_{PTRS} = \frac{1}{12 \times 14} = 0.60\%$$

⑤ 计算 CSI-RS 开销。

每个天线端口在 1 个 RB 上占用 1 个符号，CSI-RS 开销：

$$OH_{CSIRS} = \frac{N_{CSIRS} \times N_{MIMO}}{1 \times 12 \times N_{symb}}$$

式中：

N_{CSIRS}——CSI-RS 占用的符号数；

N_{MIMO}——天线端口数；

N_{symb}——1 个时隙包含的符号数。

当天线端口数为 8 时，代入可得：

$$OH_{CSIRS} = \frac{1 \times 8}{1 \times 12 \times 14} \approx 4.76\%$$

综上，下行信道的总开销 OH_{DL}=9.82%+4.19%+14.29%+0.60%+4.76%=33.66%。根据最大吞吐量的计算结果，可得到实际吞吐量 $Throughput_{act}$：

$$Throughput_{act} = Throughput_{max} \times (1 - OH_{DL})$$

代入计算结果可得：

$$Throughput_{act} = 3331.71 \times (1 - 33.66) = 2210.26（Mbit/s）$$

（3）TBS 容量

传输块大小 TBS 表示在 1 个传输时间间隔（Transmisson Time Interval，TTI）内传输的位数。TBS 的大小主要取决于业务信道的有效资源数量和频谱效率，区别于 LTE 中有明确的 TBS 表，5G 系统的 TBS 计算需要更加灵活和有效的计算方法，3GPP TS 36.213 中给出了标准的 TBS 计算方法，相关流程如下。

① 确定时隙内的分配给 PDSCH 信道的 RE 数量 N_{RE}。

首先需要计算 PRB 内初始分配给 PDSCH 的 RE 数量 N'_{RE}，计算公式：

$$N'_{RE} = N_{SC}^{RB} \times N_{symb}^{sh} - N_{DMRS}^{PRB} - N_{oh}^{PRB}$$

式中：

N_{SC}^{RB}——PRB 中子载波数，等于 12；

N_{symb}^{sh}——1 个时隙内分配给 PDSCH 的符号数；

N_{DMRS}^{PRB}——调度期内每个 PRB 内的 DMRS 的 RE 数；

N_{oh}^{PRB}——CSI-RS 与 CORSET 开销，采用 PDSCH=ServingCellConfig 中的高层参数 xOverhead 进行配置。

假设 1 个下行时隙内所有符号均分配给 PDSCH 信道使用，在 N_{oh}^{PRB} 为 0 时，代入上述公式可得：

$$N_{RE}^{'} = 12 \times 14 - 12 - 0 = 156$$

得到 $N_{RE}^{'}$ 后，UE 需要确定承载 PDSCH 的每个可用时隙上的 RE 总数 N_{RE}，计算方法：

$$N_{RE} = \min\left(156, N_{RE}^{'}\right) \times n_{PRB}$$

式中：

n_{PRB}——分配给 UE 的 PRB 的总数。

当 n_{PRB} 取 273 时，将 $N_{RE}^{'}$ 值代入上述公式可得：

$$N_{RE} = \min\left(156,156\right) \times 273 = 42588$$

② 获取信息比特的中间数 N_{info}。

获取信息比特的中间数 N_{info} 的计算公式：

$$N_{info} = N_{RE} \cdot R \cdot Q_m \cdot v$$

式中：

R——码率，同 Eff_{cod}；

Q_m——调制阶数；

v——MIMO 天线层数。

根据前序参数规划，当天线下行层数为 8，目标编码效率为 0.9257，调制方式为 256QAM 时，代入计算得：

$$N_{info} = 42588 \times 0.9257 \times 8 \times 8 = 2523117.5424$$

③ 根据 N_{info} 计算 TBS。

3GPP 规定，根据 N_{info} 和 3824 之间的大小关系，采用不同的 TBS 计算方法。

a. $N_{info} \leqslant 3824$

获取 N_{info} 的量化中间数 $N_{info}^{'}$：

$$N_{info}^{'} = \max\left(24, 2^n \times \frac{N_{info}}{2^n}\right)$$

式中，$n = \max\left(3, \log_2 N_{info} - 6\right)$，$2^n \times \frac{N_{info}}{2^n}$ 表示采用 2^n 对 N_{info} 进行量化，将 N_{info} 近似到 2^n 以缩小 TBS 的取值范围，进而提高初传和重传的调度效率。

当 N_{info} 为 3824 时，$\log_2 N_{info} = 11$，则 n 的取值范围为 3～5。

根据 $N_{info}^{'}$ 计算结果，在表中找到不小于 $N_{info}^{'}$ 的最接近的 TBS，参考 3GPP TS38.214 中 5.3.1.2 节，内容如表 2-17 所示。

表 2-17　TBS 索引

Index	TBS	Index	TBS	Index	TBS	Index	TBS
1	24	31	336	61	1288	91	3624
2	32	32	352	62	1320	92	3752
3	40	33	368	63	1352	93	3824
4	48	34	384	64	1416		
5	56	35	408	65	1480		
6	64	36	432	66	1544		
7	72	37	456	67	1608		

续表

Index	TBS	Index	TBS	Index	TBS	Index	TBS
8	80	38	480	68	1672		
9	88	39	504	69	1736		
10	96	40	528	70	1800		
11	104	41	552	71	1864		
12	112	42	576	72	1928		
13	120	43	608	73	2024		
14	128	44	640	74	2088		
15	136	45	672	75	2152		
16	144	46	704	76	2216		
17	152	47	736	77	2280		
18	160	48	768	78	2408		
19	168	49	808	79	2472		
20	176	50	848	80	2536		
21	184	51	888	81	2600		
22	192	52	928	82	2664		
23	208	53	984	83	2728		
24	224	54	1032	84	2792		
25	240	55	1064	85	2856		
26	256	56	1128	86	2976		
27	272	57	1160	87	3104		
28	288	58	1192	88	3240		
29	304	59	1224	89	3368		
30	320	60	1256	90	3496		

b. $N_{\text{info}} > 3824$

获取 N_{info} 的量化中间数 N_{info}'：

$$N_{\text{info}}' = \max\left(3480, 2^n \times \text{round}\left(\frac{N_{\text{info}} - 24}{2^n}\right)\right)$$

式中 $n = \log_2\left(N_{\text{info}} - 24\right) - 5$ 并向上取整。代入步骤②中计算结果可得 $n = 16$，则：

$$N_{\text{info}}' = \max\left(3480, 2^{16} \times \text{round}\left(\frac{2523117.5424 - 24}{2^{16}}\right)\right) = 2555904$$

如果 $R \leqslant 1/4$，则 $\text{TBS} = 8 \times C \times \left\lceil \frac{N_{\text{info}}' + 24}{8 \times C} \right\rceil - 24$，其中 $C = \left\lceil \frac{N_{\text{info}}' + 24}{3816} \right\rceil$；

如果 $R > 1/4$，且 $N_{\text{info}}' > 8424$，则 $\text{TBS} = 8 \times C \times \left\lceil \frac{N_{\text{info}}' + 24}{8 \times C} \right\rceil - 24$，其中 $C = \left\lceil \frac{N_{\text{info}}' + 24}{8424} \right\rceil$；

如果 $R > 1/4$，且 $N_{\text{info}}' \leqslant 8424$，则 $\text{TBS} = 8 \times \left\lceil \frac{N_{\text{info}}' + 24}{8 \times C} \right\rceil - 24$。

参考前文中 R=0.9257，根据 N_{info}' 结果，可得 1 个时隙中：

$$\text{TBS} = 8 \times \left\lceil \frac{2555904 + 24}{8424} \right\rceil \times \left\lceil \frac{2555904 + 24}{8 \times 304} \right\rceil - 24 = 2556008$$

计算 TBS 容量：

$$\text{Throughput}_{\text{TBS}} = \text{TBS} \times N_{\text{slot}} \div \text{Time}$$

式中：

N_{slot}——时隙数；

Time——帧周期。

在 2.5ms 双周期 DDDSUDDSUU 帧结构情况下，当天线流数为 8 时，TBS 容量为：

$$\text{Throughput}_{\text{TBS}} = 2556008 \times (5 + 10 \div 14 \times 2) \div (2.5 \times 2) \times 1000 \div 1024 \div 1024 \approx 3134.06\ (\text{Mbit/s})$$

2.5 5G 基础参数规划

合理的参数规划是网络质量的基础保障，5G 网络基础参数规划包含频段、PCI、PRACH、跟踪区码（TAC）、邻区等内容，在进行规划时不同参数需遵循各自的规划原则，在理解参数原理的基础上，结合网络的实际情况，实现最优的参数规划。

2.5.1 CGI 规划

NR 公共网关接口（Common Gateway Interface，CGI）由 gNB ID （基站标识）和 Cell ID（小区标识）组成，总共 36 位，gNB 的位数为 22～32。具体编号由运营商统一编制。目前比较合理的分配是 gNB ID 24 位和 Cell ID 12 位。

gNB ID 24 位，可表示为 X1X2X3X4X5X6（6 位十六进制数），其中 X1X2（前两位）由集团网络部统一分配，X3X4X5X6 由各省自行分配，每一个 X1X2 号段包含 65536 个 gNodeB ID 码号资源，原则上可满足 65536 个逻辑基站规划建设需求。取值范围为 0x000000～0xFFFFFF，全部为 0 的编码不用。

Cell ID 12 位，不同运营商对 Cell ID 的编制不尽相同，中国移动和中国联通原则如下。

（1）中国移动

预留高两位作为标识小区类型（初始值设置为 00），可用作未来扩展 gNodeB ID 空间或区分不同类型小区。Cell ID 的范围为 0～1023，共计 1024 个。

2.6GHz 频段基站小区号范围为 1～200。

4.9GHz 频段基站小区号范围为 201～400。

小区号 401～1023 预留后续分配使用。

（2）中国联通

用二进制位数表示尽量多的信息，具体原则如下。

b0b1：共 2 位，表示基站类型。00 表示宏站，01 表示室分信源，10 表示异地拉远小区（C-RAN 中的拉远小区或 D-RAN 中单独拉远至其他物理站址的小区），11 表示小微基站。

b2：共 1 位，表示覆盖类型。0 表示主要覆盖室外，1 表示主要覆盖室内。

b3：共 1 位，表示是否与其他运营商共享载波。0 表示不共享或独立载波，1 表示共享载波。

b4b5b6b7：共 4 位，表示工作频段和载波代号。0000 表示 3.5GHz 联通载波（3500M～3600MHz），0001 表示 3.5GHz 电信载波（3400M～3500MHz）（注：在基站共享时使用），其他数值保留，待中国联通现有频段重耕 5G 或国家分配新的频段（如毫米波频段等）之后再指定。

b8b9b10b11：共 4 位，表示扇区号。对于室分信源，采用编号 0～15 表示不同小区。对于宏站，表示扇区号，取值 0～15，并且有以下要求。

同一个载波的不同小区，由朝北（或接近朝北）的小区开始编号，扇区编号部分顺时针依次递增。

相同朝向的不同载波的小区，扇区编号部分尽量相等。

对于同一个载波，全向小区配置的优先采用编号 15；两小区配置的优先采用编号 13 和 14；三小区配置的采用编号 0～2；其他多扇区情形（如 4 扇区、6 扇区等）的考虑编号 3～12（如 4 扇区使用 3～6，6 扇区使用 7～12）。

2.5.2 TAC 规划

跟踪区（Tracking Area，TA）是系统为 UE 位置管理设立的概念。和 LTE 网络一样，NR 覆盖区根据跟踪区码（TAC）被划分成许多个 TA，TA 被定义为 UE 不需要更新服务的自由移动区域。当 UE 处于空闲状态时，核心网能够知道 UE 所在的 TA；当处于空闲状态的 UE 需要被寻呼时，核心网必须在 UE 所注册的 TA 的所有小区进行寻呼。

TAC LTE 为 16 位，十六进制编码 X1X2X3X4；NR 扩展到 24 位，十六进制编码 X1X2X3X4X5X6。TAC 码一般由运营商集团和省公司统筹规划分配。

每个小区除了需要配置 TAC，还需要具体将哪些站点规划为一个 TA 范围。TA 边界划分主要考虑以下原则：

- TA 边界应尽量规划在话务量较低的区域，有利于降低系统的负荷和减小 TAU 信令开销；
- 在规划 TA 边界时应借助用户数少的山体、河流、海湾等天然屏障来减小不同 TA 下不同小区的覆盖交叠深度；
- 应尽量避免以街道特别是主要干道作为 TA 边界；
- NR 初期考虑 4/5G 核心网合建，弱覆盖区域 5G 信号回落到 4G，建议 4/5G 保持相同 TA 范围，即初期 NR 建设 1∶1 4G 站址，保持和 4G 相同的 TA 边界。随着商用后网络规模扩大和 5G 用户数增长，可以考虑在原有 TA 基础上进行 TA 分裂（根据网络实际情况将原有的 TA 一分为二或一分为多）。

2.5.3 PCI 规划

PCI 是小区的物理层小区标识号，5G NR 系统共有 1008 个 PCI，取值范围为 0～1007，4G 有 504 个 PCI，取值范围为 0～503。将 PCI 分成 336 组，每组包含 3 个小区 ID。组标识为 $N_{\mathrm{ID}}^{(1)}$，取值范围为 0～335，组内标识为 $N_{\mathrm{ID}}^{(2)}$，取值范围为 0～2。主同步信号 PSS 承载 $N_{\mathrm{ID}}^{(2)}$（0～2），辅同步信号 SSS 承载 $N_{\mathrm{ID}}^{(1)}$（0～335）。PCI 的计算公式：

CGI、TAC、PCI 规划

$$N_{\mathrm{ID}}^{\mathrm{Cell}} = 3N_{\mathrm{ID}}^{(1)} + N_{\mathrm{ID}}^{(2)}$$

站点开通前，需要按照一定的 PCI 规划原则给每个小区分配 PCI，如图 2-5 所示。

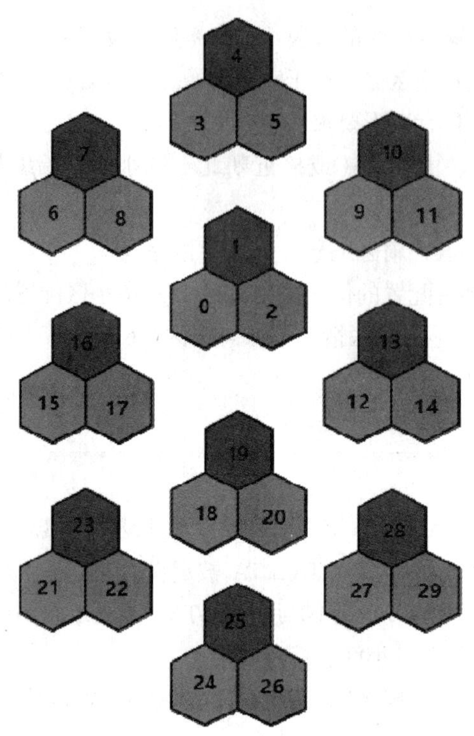

图 2-5　PCI 分配

在规划 PCI 时，需要遵循以下原则：

- 小区 ID 不能冲突，即相邻小区的 ID 不能相同；
- 小区 ID 不能出现混淆，即同一个小区的所有相邻小区中，不能有相同的小区 ID；
- 相邻小区的 PCI 模 3 不同（考虑主同步序列错开）；
- PCI 模 30 复用距离最大化（考虑 SRS 序列错开）；
- PCI 复用距离最大化；
- 满足 PCI 相关性和邻区功率泄漏比门限；
- 预留部分 PCI 用于不同场景的应用。

2.5.4　PRACH 规划

PRACH 前导序列 Preamble 有长格式（序列长度为 839）和短格式（序列长度为 139）两种，长格式包括 Format 0/1/2/3，短格式包括 Format A1/A2/A3/B1/B2/B3/B4/C0/C2，总共有 13 种 Preamble 格式。

前导序列 Preamble 时域结构如图 2-6 所示，分别由循环前缀 CP、前导序列 seq 和保护间隔 GP 组成，不同前导格式下这 3 个参数的时长不同。其中，推荐使用的 Format 0 格式长度为 1ms，Format B4 格式长度为 12 个符号，具体时域结构参考协议 38.211（6.3.3 节）。

T_{CP}	T_{seq}	T_{GP}

图 2-6　前导序列 Preamble 时域结构

每个前导序列对应一个根序列 μ。协议 38.211 中规定在一个小区中总共有 64 个前导序列（和 4G 的个数一样）。

一个根序列 μ 通过多次的循环移位（位数由随机接入循环偏移 Ncs 决定）产生多个前导序列。如果一个根序列不能产生 64 个前导序列，那么利用接下来的连续的根序列继续产生前导序列，直到 64 个前导序列全部产生。

类似 PCI 规划，根序列索引规划需要给每个小区分配根序列 μ，简要步骤如下。

根据覆盖场景（半径/移动速度），选择零相关区间配置（Zero Correlation Zone Config，ZcZc）及对应的 Ncs。

根据 Ncs 计算生成 64 个前导需要的逻辑根序列。下面通过两个案例说明。

短格式 B4、30kHz，Ncs 取 46，Preamble 格式长度为 139，可以生成 3（139/46 向下取整）个前导，通过循环偏移，生成 64 个前导需要的根序列个数为 22（64/3 向上取整）个。

长格式 Format 0，Ncs 取 46，序列长度为 839，按照上述计算方式，则每个小区配置 4 个根序列即可生成 64 个前导序列。

给每个小区分配根序列索引值，如按照第一步短格式示例结果，第一个小区分配 0～21，第二个小区为 22～44，第三个小区为 44～65……，实际每个小区配置只要给定 Ncs 和每组的第一个逻辑根序列索引值即可，如图 2-7 所示。类似 PCI 分配，相同根序列复用距离最大化。

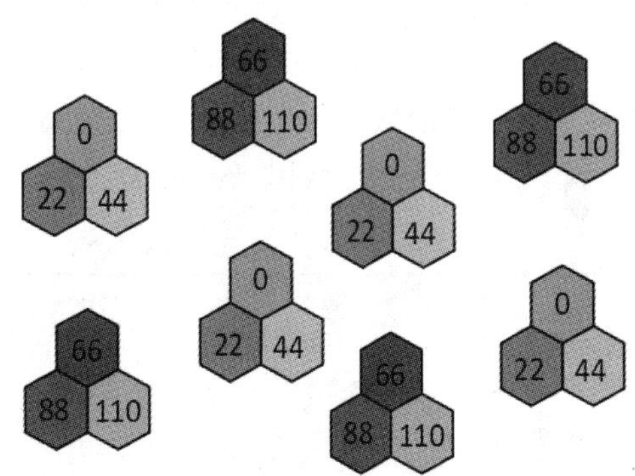

图 2-7　根序列索引分配

PRACH 根序列规划需要关注多个参数，如表 2-18 所示，其余相关参数一般采用默认设置即可。

表 2-18　PRACH 参数规划说明

英文字段	中文说明	配置建议
prachFormat	PRACH 格式	2.5ms 双周期和 5ms 周期：Format 0； 2.5ms 单周期：Format B4
restrictedSetConfig	跟高低速移动场景有关	低速：非限制集； 高速：限制集 A/B
zeroCorrelationZoneConfig	基于逻辑根序列的循环移位参数（Ncs）	Format 0：32（对应网管配置 6）。 Format B4：46（对应网管配置 14）
rootSequenceIndex	根序列索引	根据前导格式和 Ncs 规划
prachConfigIndex	PRACH 时域资源配置索引	Format 0：17 Format B4：162

具体说明如下。

PRACH 格式：2.5ms 双周期和 5ms 周期帧结构，初始规划推荐长格式 Format 0，长格式相比短格式，接入半径更大，可复用根序列个数更多；2.5ms 单周期帧，DDDSU 结构，所以无法使用长度 1ms 的 Format 0 格式，初始规划使用 Format B4 30kHz 格式。

限制集配置：小区可标识为高速小区和中低速小区，默认门限速度为 120km/h，超过门限速度的为高速小区，目前大部分小区标识设置为中低速小区。当 UE 静止或者中低速移动时，多普勒频移的影响较小，循环移位的使用没有限制。当 UE 高速移动时，多普勒频移效应会导致基站检测到多个峰值，给信号处理带来不利影响。此时需要针对不同的根序列索引，限制某些循环移位以规避这个问题。限制集 A 可应对 1.25kHz 的多普勒频移，支持移动速度达到 350km/h；限制集 B 可应对 2.5kHz 的多普勒频移，支持移动速度达到 500km/h。

Ncs 循环移位参数：Format 0 格式下可以继承 4G 配置参数，4G 外场一般配置为 32、38 或 46（对应 ZcZc 为 6、7 或 8，小区接入半径约 3.8km、4.6km 和 5.8km），对应每个小区配置根序列索引个数为 3 个、3 个和 4 个。

一般情况下，可推荐 ZcZc 为 6，Ncs 配置 32，对应小区接入半径约 3.8km，根序列索引个数为 3 个，可复用根序列个数为 279 个（个别超远覆盖小区根据接入范围再适当调大 Ncs）。

Format B4 格式，Ncs 推荐 46（对应 ZcZc 14，小区接入半径约 1.5km），每个小区配置根序列索引个数为 22 个（个别接入半径受限小区，需要再调大 Ncs 为 69，接入半径约 2.4km）。

PRACH 时域资源配置索引 prachConfigIndex：时域资源配置，原则上需要考虑随机接入时延、负荷等因素，初始规划中 Format 0 推荐 17，Format B4 推荐 162，表 2-19 所示为推荐配置。

表 2-19　prachConfigIndex 推荐配置

PRACH 配置索引	前导格式	$n_{SFN} \bmod x = y$		PRACH 资源所在的子帧号	PRACH 资源在 RACH slot 中的起始符号	一个子帧内 PRACH 时隙数	$N_t^{RA,slot}$	N_{dur}^{RA}
		x	y					
0	17	1	0	4,9	0	—	—	0
B4	162	1	0	4,9	2	1	1	12

表中 PRACH 配置索引 0 对应前导格式 17，配置索引 B4 对应前导格式 162。具体 PRACH 周期和资源位置由参数 x 和 y 来确定，$n_{SFN} \bmod x = y$，n_{SFN} 为 PRACH 资源所在的无线帧，x 为以 SFN0 作为起点的 PRACH 周期（单位 10ms），y 用来计算 PRACH 资源所在无线帧在 PRACH 周期内的位置，mod 表示取余。当 x 取 1 时，意味着 PRACH 周期为 10ms，此时 y 值为 0，表示 PRACH 无线帧与周期一致，均为 10ms。

一个无线帧包含 10 个子帧，配置索引为 0 和 B4 时 PRACH 资源所在的子帧号为 4 和 9，PRACH 资源在 PRACH 时隙中的起始符号分别为 0 和 2。

一个子帧中 PRACH 时隙的数目与子载波间隔 SCS 有关。当 SCS = 15 kHz 时，在 1 个子帧中只有 1 个 PRACH 时隙；当 SCS = 30kHz 时，在 1 个子帧中可以有 1 个或 2 个 PRACH 时隙。其中，如果值为 1，则子帧的第 2 个时隙为 PRACH 时隙；如果值为 2，则子帧的两个时隙都是 PRACH 时隙。

$N_t^{RA,slot}$ 表示一个 PRACH 时隙内时域 PRACH occasion 发送时机数目，根据 3GPP 标准，配置索引为 B4 时发送时机数目为 1。

N_{dur}^{RA} 表示一个 PRACH 时域长度，对于不同的前导格式，占用的符号长度不同，例如对于配置索引为 B4 时，占 1 个符号长度；配置索引为 A1 时，占 2 个符号长度。

2.5.5 频点带宽规划

根据 3GPP 协议规范，5G 工作频段可被分为两个部分：FR1 和 FR2，如表 2-20 所示。FR1 指中低频段，范围为 450M～6000MHz；FR2 指高频段，范围为 24250M～52600 MHz。

表 2-20 5G 工作频段定义

频段名称	频段范围/MHz
FR1	450～6000
FR2	24250～52600

FR1 的优点是频率低、绕射能力强、覆盖效果好，是当前 5G 的主力频段。FR1 作为基础覆盖频段，最大支持 100MHz 带宽。其中低于 3GHz 的部分，包括现网在用的 2G、3G、4G 的频谱，在建网初期可以利用旧站址的部分资源实现 5G 网络的快速部署。FR1 包含的具体的工作频段如表 2-21 所示。

表 2-21 5G FR1 工作频段

工作频段	上行/MHz	下行/MHz	双工模式
n1	1920～1980	2110～2170	FDD
n2	1850～1910	1930～1990	FDD
n3	1710～1785	1805～1880	FDD
n5	824～849	869～894	FDD
n7	2500～2570	2620～2690	FDD
n8	880～915	925～960	FDD
n12	699～716	729～746	FDD
n20	832～862	791～821	FDD
n25	1850～1915	1930～1995	FDD
n28	703～748	758～803	FDD
n34	2010～2025	2010～2025	TDD
n38	2570～2620	2570～2620	TDD
n39	1880～1920	1880～1920	TDD
n40	2300～2400	2300～2400	TDD
n41	2496～2690	2496～2690	TDD
n51	1427～1432	1427～1432	TDD
n66	1710～1780	2110～2200	FDD
n70	1695～1710	1995～2020	FDD
n71	663～698	617～652	FDD
n75	N/A	1432～1517	SDL
n76	N/A	1427～1432	SDL
n77	3300～4200	3300～4200	TDD
n78	3300～3800	3300～3800	TDD
n79	4400～5000	4400～5000	TDD
n80	1710～1785	N/A	SUL
n81	880～915	N/A	SUL

续表

工作频段	上行/MHz	下行/MHz	双工模式
n81	880～915	N/A	SUL
n82	832～862	N/A	SUL
n83	703～748	N/A	SUL
n84	1920～1980	N/A	SUL
n86	1710～1780	N/A	SUL

FR2 的优点是超大带宽、频谱干净、干扰较小，作为 5G 后续的扩展频段。FR2 作为容量补充频段，最大支持 400MHz 的带宽，未来很多高速应用会基于此频段实现。FR2 包含的具体的工作频段如表 2-22 所示。

表 2-22　5G FR2 工作频段

工作频段	上行/MHz	下行/MHz	双工模式
n257	26500～29500	26500～29500	TDD
n258	24250～27500	24250～27500	TDD
n260	37000～40000	37000～40000	TDD
n261	27500～28350	27500～28350	TDD

在进行频率规划时，包含中心频点、SSB 测量频点和 PointA 频点 3 种，三者的关联如图 2-8 所示。

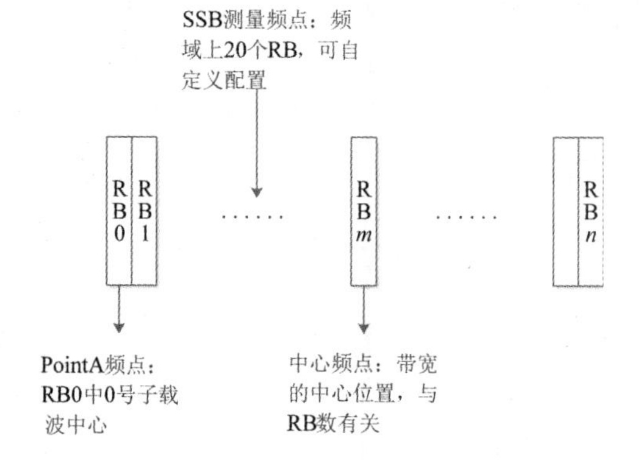

图 2-8　3 种频点关联

在进行频率规划时，相关参数说明如表 2-23 所示。

表 2-23　5G 频率规划参数说明

参数名称	参数说明	示例
频段指示	5G 系统具体的工作频段	78
中心载频	5G 系统工作频段的中心频点，配置为绝对频点	630000
下行 PointA 频点	5G 系统下行 RB0 中子载波 0 的位置	626724
上行 PointA 频点	5G 系统上行 RB0 中子载波 0 的位置	626724
SSB 测量频点	SSB 块的中心位置	630000
测量子载波间隔	SSB 块的子载波间隔	30kHz
系统子载波间隔	5G 系统的子载波间隔	30kHz

由于 SSB 块最小带宽要求 20RB，因此 SSB 所在 DL BWP 的 RB 数应大于或等于 20 个。

2.5.6 多载波相关规划

多载波规划一般也可称为异频组网规划，即在同一区域内部署不同频点的小区，一般用于不同业务的分层。在 5G 网络部署中，高低频组网规划是多载波规划的重要内容，一般选择低频站点作为区域内连片覆盖打底，高频站点则用于重点区域容量补热，可采用的高低频组网方式有 FR1+FR2、中低频 NR FDD+高频 TDD NR 两种类型。由于国内毫米波暂未商用，当前主流的高低频混合发展方向为中低频 NR FDD+高频 TDD NR。

以 2.1GHz 为例，当前中国联通和中国电信在这个频段分别有 25MHz、20MHz 的频谱资源。这些资源暂时被 4G LTE 网络占用，既可通过频率重新部署 5G，也可以通过动态频谱共享（DSS）技术，让 4/5G 网络共享同一个频谱资源，如图 2-9 所示。当前 4G 用户基数大，网络规模成熟，短时间内将继续作为主要的服务网络，因而基于 DSS 技术的高低频组网策略是当前主推的方向。

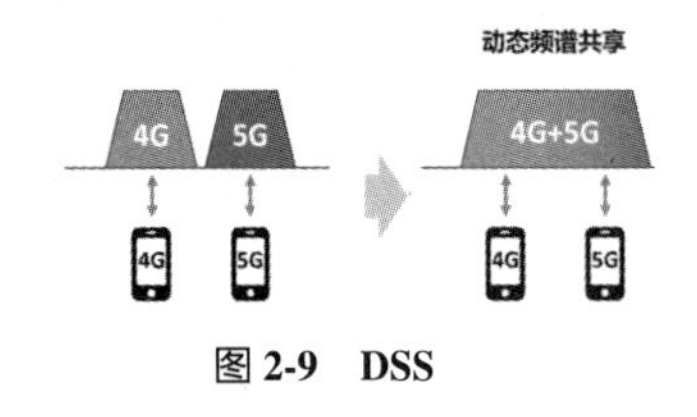

图 2-9　DSS

在进行高低频组网规划时，在同一规划区域一般规划 1 个 NR FDD 小区与 1 个 NR TDD 小区。在进行 FDD 小区参数规划时，需预留合适的保护带宽，以避免其他系统干扰。下行方向上在 LTE/NR OFDM 参数相同的情况下，当 LTE 和 NR 的 OFDM 符号对齐时，LTE 和 NR 的子载波相互正交，从而有效地避免了 LTE 和 NR 之间的载波间干扰（由于频域严格对齐，NR SSB 与 LTE CRS 之间的干扰也很小）；下行方向上当 LTE 和 NR 的 OFDM 参数（如子载波间隔）不相同时，两者的子载波之间不完全正交，需用频域保护间隔等手段进行规避。另外，NR SSB 与 LTE CRS 之间的相互干扰也不能忽略，需要通过时域规避等手段来减弱干扰。上行方向上频谱共存较下行更为简单，很大程度上可以通过调度、协调和限制来支持。应当协调 NR 和 LTE 的上行调度，以避免 LTE 和 NR 的 PUSCH 传输冲突。NR 调度器应当限制不使用 LTE 上行控制信令（PUCCH）的资源，同样 LTE 调度器应当限制不使用 NR 控制信令资源。

通过 NR FDD 实现补充覆盖和上行增强。5G NR FDD 除了弥补 TDD NR 的上行短板、增强农村地区覆盖等作用之外，还有增强城区深度覆盖的作用。城区宏站采用高低频结合，可以提升室外覆盖率。其更强的穿透能力，可以帮助覆盖室内，降低对 5G 室分系统的投资。

2.6 邻区规划

2.6.1 邻区规划介绍

5G 邻区规划包含以下场景。

- 4G 侧添加系统间 5G 邻区：SA 组网，用于 UE 从 4G 系统切换到 5G 系统服务；NSA 组网，用于 UE 做 EN-DC 双连接。
- 5G 侧添加系统间 4G 邻区：SA 组网，用于 UE 从 5G 弱覆盖或者没有 5G 覆盖的区域切换到 4G 系统服务；NSA 组网，无须配置。

- 5G 侧添加系统内 5G 邻区：SA 和 NSA 组网，包括同频和异频，用于保持 UE 在 5G 系统内部的移动连续性。

邻区配置的一般原则如下。

- 同一站点小区必须配为邻区，地理位置上直接相邻的小区一般要作为邻区。
- 一般要求互配为邻区。在一些特殊场合，可能要求配置单向邻区。
- 邻区应该根据路测情况和实际无线环境而定。尤其对于市郊和郊县的基站，即使站间距很大，也尽量要把位置上相邻的作为邻区，能够保证及时做可能的切换。
- 邻区个数要适当。邻区不是越多越好，也不是越少越好，应该遵循适当原则。太多，可能会加重手机终端测量负担；太少，可能会因为缺少邻区导致不必要的掉话和切换失败。初始配置建议在 20 个左右。

在双连接中，通常所说的锚点配置即某 4G 小区侧添加 5G 小区作为邻区，则相应 5G 小区把该 4G 小区作为锚点小区。

2.6.2 同频邻区规划

同频邻区规划是当前 5G NR 邻区规划的主要邻区规划，在规划配置时需重点关注的参数如图 2-10 所示。

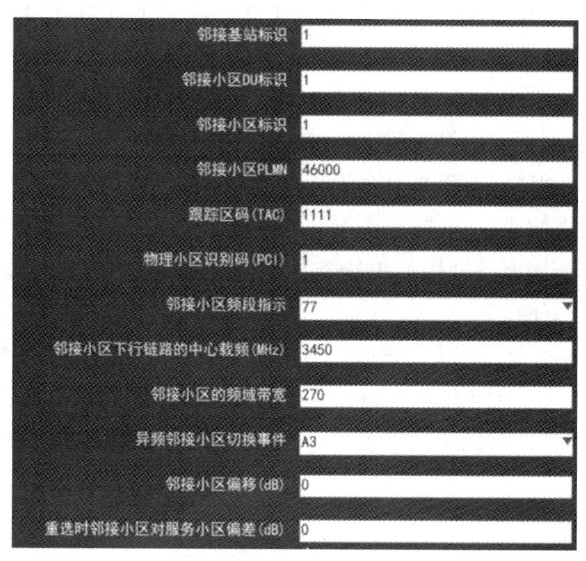

图 2-10　邻接小区配置

同频邻区规划时，需保证邻区与服务小区的 PCI 模 3、模 4 与模 30 不同，任一结果相同都将产生较大的干扰。此外，邻区的 PRACH 根序列与本小区的 PRACH 根序列需保证不同，否则会影响 UE 的随机接入成功率。

同频邻区规划时，应该遵循以下原则。

- 同 gNodeB 内的同频小区需互为邻区。
- 地理位置相邻的同频小区需互为邻区。
- 测试时能搜索到的信号较强的其他同频小区与本小区需互为邻区。

邻区应该根据路测情况和实际无线环境而定。尤其对于市郊和郊县的基站，即使站间距很大，也尽量要把位置上相邻的作为邻区，保证能够及时做可能的切换。

特殊场景下，如高速、室分与室外小区、规划越区覆盖小区可能要求配置单向邻区。

邻区配置时，可通过导入表格、脚本语言或手动配置的方式进行，配置完邻接小区后，还需配置邻接关系以激活邻区对，邻接关系配置如图 2-11 所示。

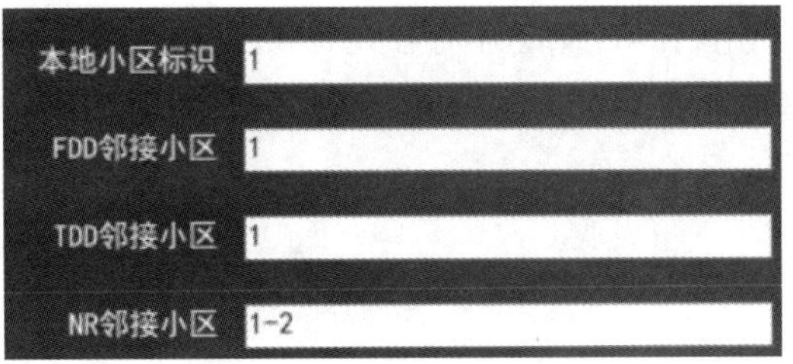

图 2-11　邻接关系配置

2.6.3　异频邻区规划

异频邻区规划多用在区域内存在多载波混合组网的场景。由于异频小区的频点不同，无须考虑 PCI 的区别，但 PRACH 根序列仍需保持不同。异频邻区规划的参数、规划原则以及配置方式与同频小区基本相同，除同频规划需要遵循的原则外，还需注意以下内容。

- 异频邻区用作业务分层如语数分层时，需为不同的业务配置不同的切换事件与切换门限以进行差异化区分。
- 异频邻区与同频邻区的总和不可超过 32 个。
- 在分层小区中，如果采用异频配置，需要将宏小区配置为微小区的异频邻区，否则可能会导致离开微小区时掉话。

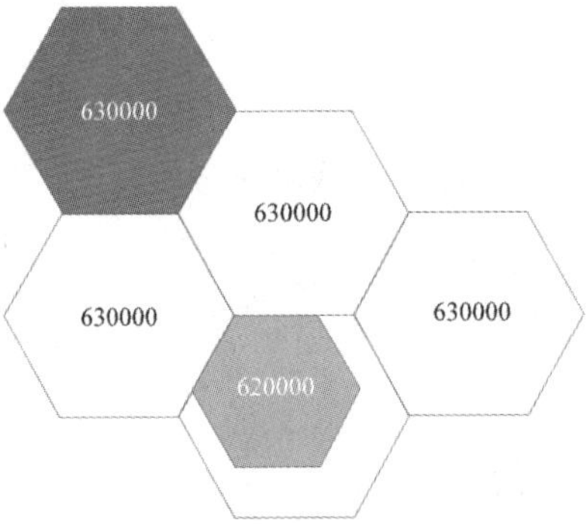

图 2-12　异频邻区规划

异频邻区规划如图 2-12 所示，数字为小区的绝对频点，若浅灰色 620000 为补热小区，则深灰色 630000 与浅灰色 620000 无须配置邻区。

2.6.4　异系统邻区规划

当前商用的 5G 版本暂不支持 5G 小区直接切换至 2/3G 小区，5G 异系统邻区规划一般以 4G 邻区为主，多用于双连接主辅节点绑定、语音 eSRVCC 回落、5G 网络弱覆盖等场景。5G 异系统邻区规划时，一般遵循以下原则：

- 必须添加共站的 4G 邻区；
- 优先添加第一圈 4G 邻区，需参考网管中重定向或重选的 TOP4G 小区；
- 可继承同站址的 4G 小区的邻区关系；
- 添加异系统邻区时，最多可添加 32 个邻区；
- 在某些室内外切换点，若室内无 5G 小区，则需配置室内 4G 小区和室外 5G 小区的邻区关系。

异系统邻区配置与系统内邻区配置流程基本一致，均需配置好邻接小区与邻接关系，如图 2-13 所示。5G 异系统邻区规划完成后，当前 5G 网络多采用 ANR 自动邻区配置，由于最大邻区条目的限制，可能存在异系统邻区漏配情况。在进行异系统邻区检查时，需认真核对异系统邻区条目，保障双连接主辅节点、5G 边缘小区的异系统邻区无缺失、无错配。

由于 4G 邻区不存在先后顺序问题，且检测周期非常短，只需考虑无邻区遗漏，而不需严格按照信号强度来排序相邻小区。

图 2-13　异系统邻区

【项目实施】

5G 网络规划包含无线网、承载网和核心网的规划，以下将通过具体项目实施介绍 5G 网络的规划和计算，其中以 5G 无线网规划为主，承载网与核心网参数按照图示配置即可，具体原理不在本书详述。

2.7　5G 网络规划

某城市需要建设 5G 网络，建网之前先进行网络规划，根据任务要求完成网络参数设计，主要任务包括以下几个：

①无线网规划计算；

②承载网规划计算；

③核心网规划计算。

2.7.1　任务准备

实训采用仿真软件进行，所需实训环境参考表 2-24。

表 2-24　5G 室外站点设计实训设备及工具材料

序号	软硬件名称	规格型号	单位	数量	备注
1	IUV 5G 全网部署与优化	V1.5	套	20	仿真软件
2	计算机	—	台	20	已安装仿真软件，须联网

2.7.2　任务实施

1. 无线网规划计算

登录“IUV-5G 全网部署与优化”的客户端，打开网络规划的规划计算模块，如图 2-14 所示。选择一个城市（如建安市）并选择一种组网方式（如独立组网的 Option 2），单击“下一步”进入规划计算，在下拉列表中选择“无线网”，单击“无线覆盖”后即可进行无线覆盖规划计算。

在左侧菜单栏中选择“PUSCH”，根据左侧提供的参数值，结合软件页面中的步骤与公式，完成本页面所有 PUSCH 无线覆盖参数规划计算，如图 2-15 所示。

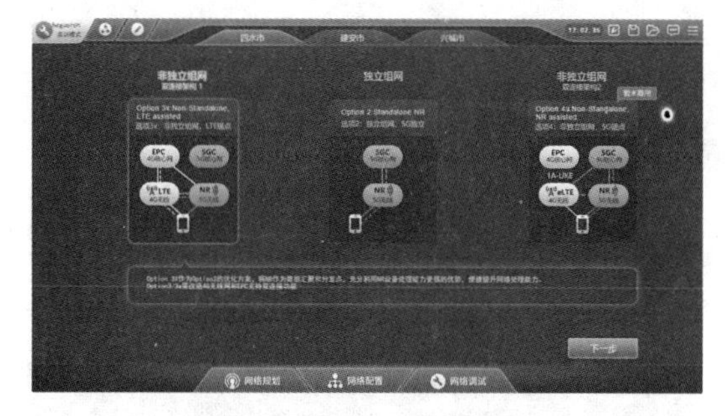

图 2-14　登录客户端后的界面

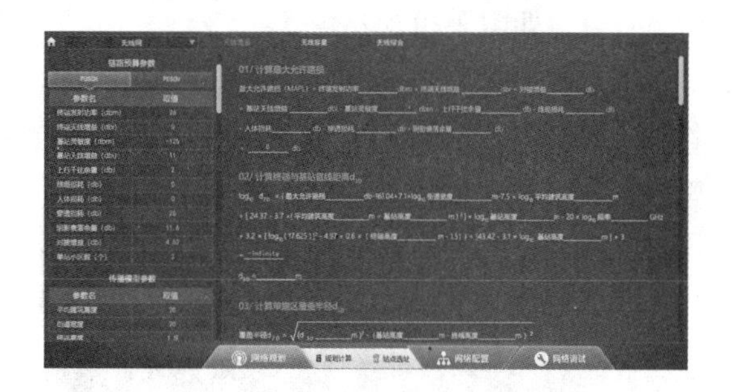

图 2-15　PUSCH 无线覆盖参数规划

在左侧菜单栏中选择“PDSCH”，根据左侧提供的参数值，结合软件页面中的步骤与公式，完成本页面所有 PDSCH 无线覆盖参数规划计算，如图 2-16 所示。

进入“无线容量”选项卡，在左侧菜单栏中选择“UP”，根据左侧提供的参数值，结合软件页面中的步骤与公式，完成本页面所有上行无线容量参数规划计算，如图 2-17 所示。

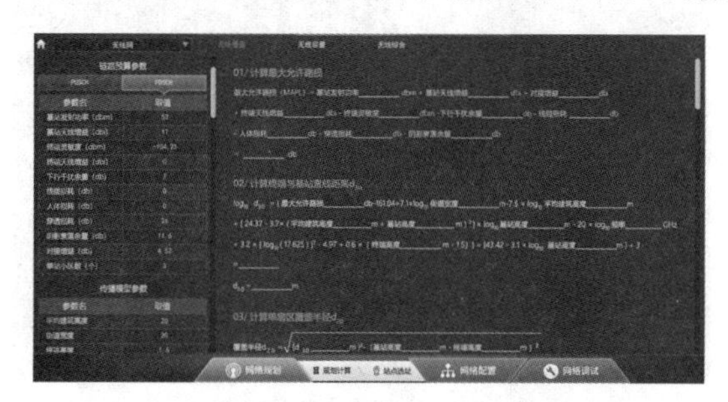

图 2-16　PDSCH 无线覆盖参数规划

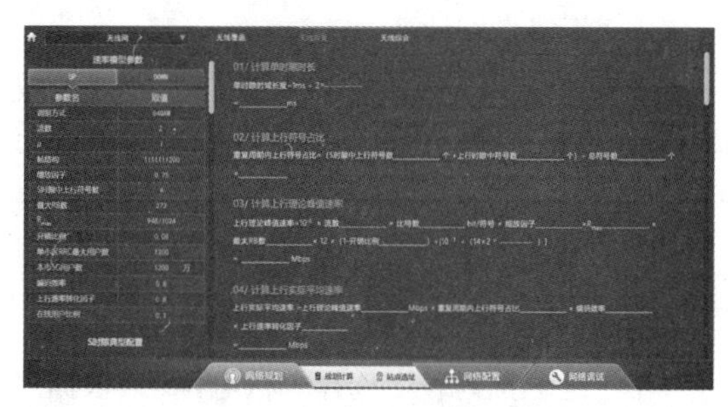

图 2-17　上行无线容量计算

进入“无线容量”选项卡，在左侧菜单栏中选择“DOWN”，根据左侧提供的参数值，结合软件页面中的步骤与公式，完成本页面所有下行无线容量参数规划计算，如图 2-18 所示。

进入“无线综合”选项卡，根据之前无线覆盖与无线容量计算的结果，结合软件页面中的步骤与公式，完成本页面所有无线容量综合规划计算，如图 2-19 所示。

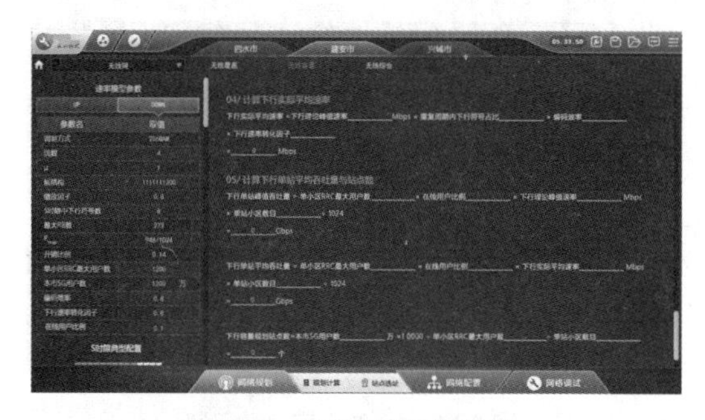

图 2-18　下行无线容量计算

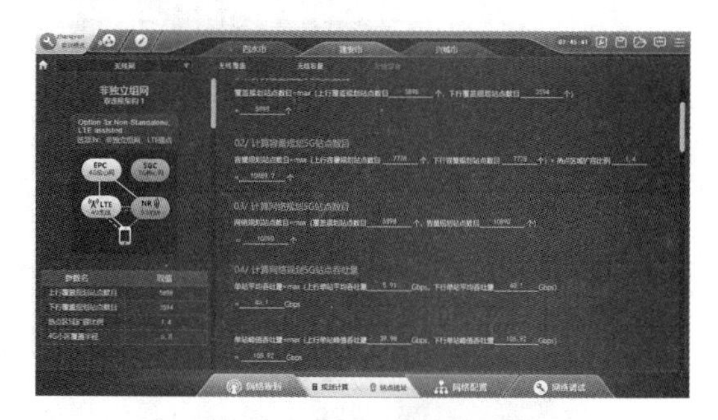

图 2-19　无线容量综合规划

按照以上的步骤，完成另外两个城市（四水市、兴城市）的无线网规划计算。

2. 承载网规划计算

在左上下拉列表选择“承载网”，进入“承载接入”选项卡，根据之前无线网计算的结果与给定参数设置，选择对应频段与接入环方式，结合软件页面中的步骤与公式，完成本页面所有承载接入带宽计算，如图 2-20 所示。

进入“承载汇聚”选项卡，根据之前无线网与承载接入的计算结果，结合软件页面中的步骤与公式，完成本页面所有承载汇聚带宽计算，如图 2-21 所示。

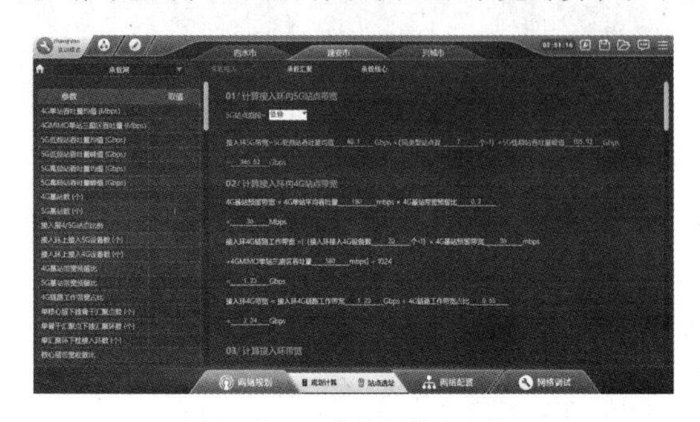

图 2-20　承载接入带宽计算

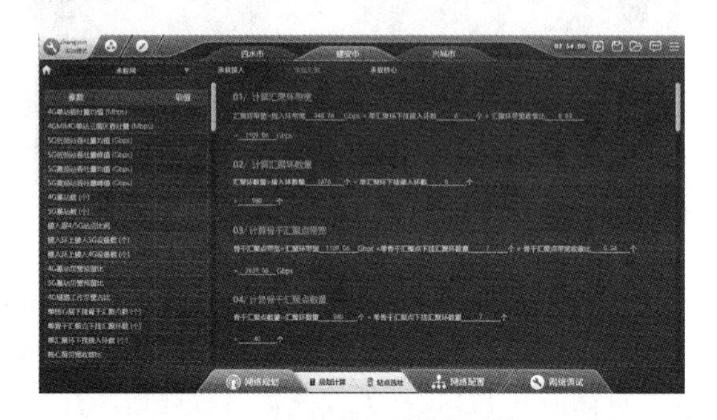

图 2-21　承载汇聚带宽计算

按照同样步骤，完成另外两个城市的承载接入与承载汇聚带宽计算。

进入“承载核心”选项卡，根据之前无线网与承载网的计算结果，结合软件页面中的步骤与公式，完成本页面所有承载核心带宽计算，如图 2-22 所示。

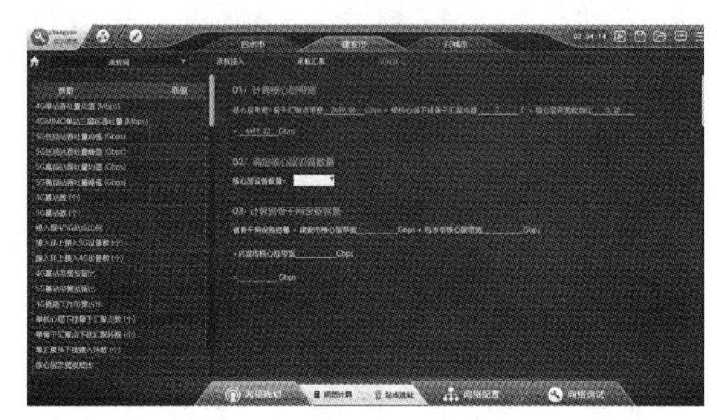

图 2-22　承载核心带宽计算

3. 核心网规划计算

在左上下拉列表中选择“核心网”，根据之前无线网计算结果与本页面左侧给定参数配置，结合软件页面中的步骤与公式，完成本页面所有 5G 核心网参数规划计算，如图 2-23 所示。

在左上下拉列表中选择“核心网”，根据之前无线网计算结果与本页面左侧给定参数配置，结合软件页面中的步骤与公式，分别完成本页面所有 4G 核心网（包含 MME、PGW、SGW）参数规划计算，如图 2-24 所示。

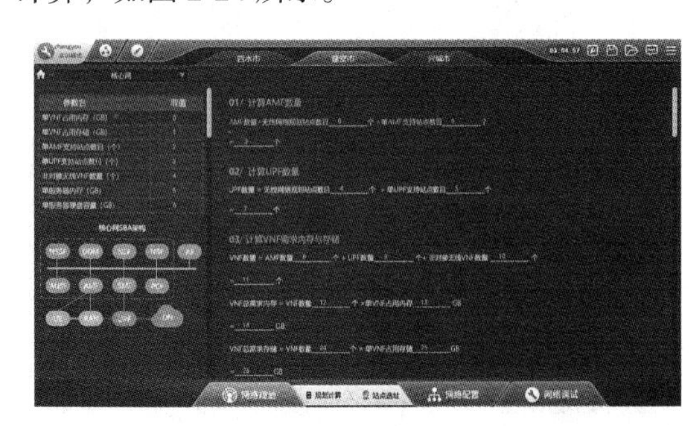

图 2-23　5G 核心网参数规划

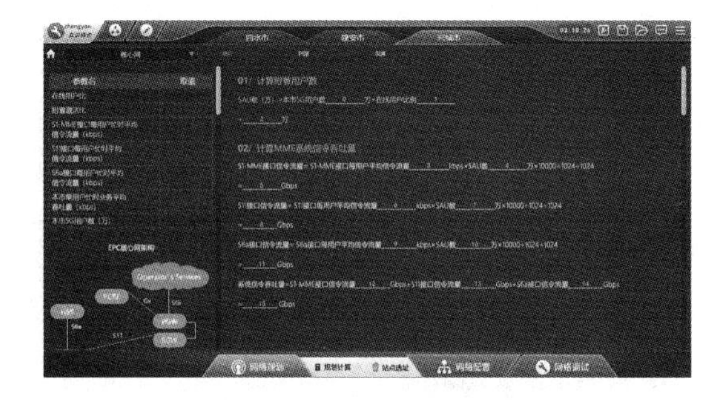

图 2-24　4G 核心网参数规划

【模块小结】

本模块主要介绍了 5G 网络规划常用的覆盖规划和容量规划的方法。其中覆盖规划部分对 5G 典型的传播模型和链路预算方法做了详细介绍，包含 UMa、RMa、UMi 等经验模型，也包含以射线跟踪模型为代表的确定性模型。确定传播模型后，根据链路预算方法即可快速得到单小区覆盖面积，从而确定最终区域内覆盖规划站点数目。容量规划部分主要对终端峰值速率、基站容量的计算方法进行了详细介绍。

此外，除了站点数目规划外，无线参数规划也是无线网络规划中的重要内容，需保证标识类参数不重复、干扰类参数不冲突、邻区类参数无遗漏。整体而言，5G 无线网络规划是后续站点建设和网络业务优化的重要前提，需满足站点数目合理、站点参数规范两个基本要求。

在介绍了这些基础知识之后，我们在项目实验中首先介绍了如何完成无线网参数规划计算，然后介绍了如何完成承载网与核心网的参数规划计算。根据项目实施我们可以详细了解 5G 不同组网方式的网络架构、各组网方式下网络规划流程与涉及的各项参数，进一步加深对 5G 网络知识的理解与掌握。

【课后习题】

（1）下列传播模型中，适用于郊区场景的是（　　）。

A. UMa　　B. RMa　　C. UMi　　D. InF

（2）某处信号正常，若发现终端下载速率偏低，可采用的优化方法是（　　）。

A. 增加小区功率　　B. 调整小区中心载频

C. 采用下行载波聚合　　D. 采用小区合并技术

（3） 5G 网络在 PCI 规划时，相邻同频小区需避免（　　）冲突。

A. 模 3　　B. 模 4　　C. 模 6　　D. 模 30

（4）协议 38.211 中规定在一个小区中总共有（　　）个前导序列。

A. 16　　B. 32　　C. 64　　D. 128

（5）UMa 模型适用频率为（　　）。

A. 0.7G～100GHz　　B. 0.8G～90GHz

C. 0.8G～100GHz　　D. 2G～26GHz

【拓展训练】

使用手机下载 Speedtest App，测试一下当前的网速，分组讨论并总结不同运营商、不同网络制式、不同信号强度下的网速差异，分析相关原因。

模块3 5G站点工程勘察

03

【学习目标】

1. 知识目标

- 掌握 5G 各种勘察工具使用方法
- 掌握 5G 室外站点与室分站点的勘察信息
- 掌握 5G 站点选址的方法
- 熟悉 5G 站点各种机房与塔桅的建设要求

2. 技能目标

- 掌握站点选址方法
- 掌握勘察工具使用方法
- 掌握勘察信息记录方法

3. 素质目标

- 培养乐于奉献的精神
- 培养爱岗敬业的品质
- 培养严谨务实的作风

【模块概述】

近年来，随着国家经济快速发展，移动网络得到了大力发展，给各行业注入了新的生命力。作为新一代移动网络，5G 网络应用了各项关键技术，因而对站点建设提出了更高的要求。站点勘察是站点工程实施的第一环，勘察所得信息是工程设计时的基本参考，因此 5G 站点勘察的准确和完备程度将直接影响后续设计、预算、实施和验收等环节。本模块以实际工作流程为主线，聚焦 5G 站点工程勘察。

【思维导图】

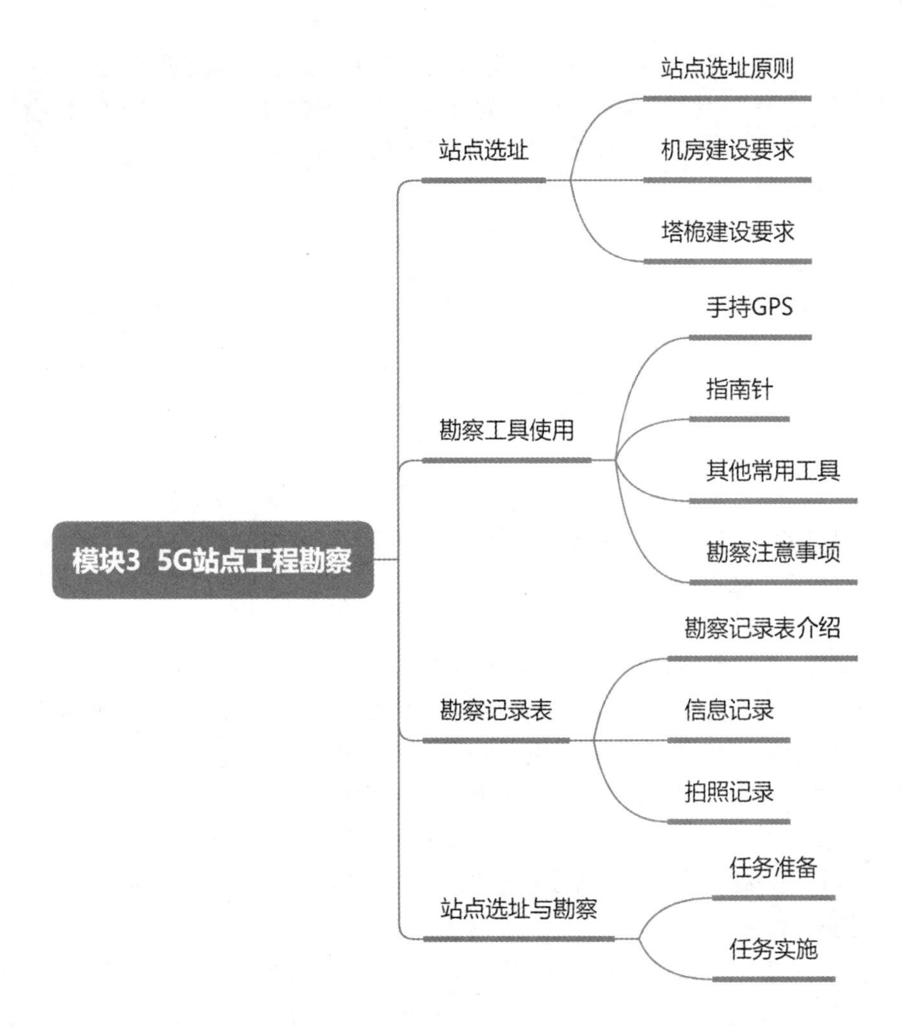

【知识准备】

站点勘察工作是基站工程的起始环节，勘察工作的结果将直接影响接下来的方案设计、工程概预算、工程施工，应该秉持严谨、务实、细致的态度去对待。站点勘察需要先完成站点选址，再详细勘察站址的具体情况。

3.1 站点选址

站点选址又称为选点，需要充分考虑基站的环境、覆盖、抗干扰和建设成本等方面的要求，选择基站的机房和天线建设地点。其中机房选址要充分考虑基础的土建工作和机房质量，以确保后续的设备安装简单、便捷，整体工程进展顺利，基站质量才能得以长久保证。反之则会给后续设备安装带来困难，严重影响工程进度。所以基站选址与土建是基站工程开始的第一步，需要严格把控，确保稳定可靠，保证工程顺利进行。

3.1.1 站点选址原则

图 3-1 基站选址原则

基站选址主要是为基站天线和基站设备选择一个合理的放置位置，需要综合基站建设情况和对周边其他基站的影响，是一项复杂而困难的工作。

站点选址原则

因为地理环境比较复杂，地面不平整、建筑物不规则导致信号覆盖不均匀，同时现在各种制式的网络比较多，加上一些其他无线信号混杂，无线电磁波传播环境十分复杂，各种系统内和系统外干扰给移动通信信号的接收和解调带来不利影响。基站选址除了考虑覆盖和干扰因素外，还需要考虑配套设施、建设成本等其他一系列因素，如图 3-1 所示。

1. 覆盖因素

基站都会有具体的覆盖需求，选择站址时，首先要考虑满足信号覆盖需求及用户分布。站址的选择必须能覆盖更多的人口和人口密集区，同时要保证重要区域的覆盖。基站部署位置应尽量靠近业务集中点，避免将小区边缘设置在用户密集区，良好的覆盖应该是一个扇区有且仅有一个主力覆盖区域。

选址之前通常会有一个规划中的理想站点，应尽量使用网规网优工程师已经规划好的站址作为站址。现实当中规划站点可能与实际建站位置有偏差，中兴通讯股份有限公司一般要求两者偏差尽量小于基站覆盖半径的 1/4，华为技术有限公司要求偏差不得高于 1/8。

需要指出的是，真实建站之前只能做覆盖模型仿真评估，与实际建设效果会有一定的偏差，所以要预留好一部分可调整空间。在此基础上需要考虑好天线高度、方位角、下倾角等与覆盖强弱相关的信息，尽量让用户处于覆盖中心信号强的位置，使之获得更好的业务体验。

2. 干扰因素

在站点选址的过程中需要测试现场的干扰情况。由于干扰对无线通信各项业务都有很强的影响，基站选址时一定要远离大功率无线电发射台、大功率电视发射台、大功率雷达站、大型变电站和具有电焊设备、X 射线设备或生产强脉冲干扰的热合机、高频炉以及高压电线等高干扰源，尽量选择无干扰或者干扰较少的地方作为站址。

3. 地理因素

站点选址中需要重点考虑地理情况，天线高度需要高于周边建筑物，在水平方向上，应保证 150m 内、拟定天线指向 30° 方向无建筑物的阻挡，避免信号被建筑物阻挡。另外基站不能选在地势低洼、易积水或易塌方的地方，并且远离易燃、易爆及腐蚀性物品，远离地质灾害区（洪水、泥石流等），尽量远离雷击区，与加油站、加气站保持 20m 以上距离。如果在机场、火车站、核电站、部队驻点等附近建站，还需要征求相关部门意见，获批后才可以建站。

4. 配套因素

站点选址中需要考虑配套情况，为建设过程与后期的优化维护带来便利。例如，交通方便可以提高建设及维护的速度；供电稳定可以保证基站稳定运行；环境安全，能避免设备被盗或其他损害；协调简单可避免引起一些其他问题。

5. 成本因素

站点选址中需要考虑建设成本，在满足建设需求的条件下，尽量利用已有资源，节省成本，还可以提高建设效率。优先选择合适的建筑物安装抱杆、拉线塔等楼顶塔桅，在不得已的情况下才使用美化天线。充分利用现有的机房，两个网络系统的基站尽量共址或靠近选址建站。若附近无现有机房，则优先选择租赁机房。

3.1.2 机房建设要求

根据相关规定，机房建设要求分为 3 类，第一类为土建机房和租赁机房改造，第二类为彩钢板机房、一体化（集装箱）机房，第三类为一体化机柜。下面主要介绍前两类机房的建设要求。

彩钢板机房、一体化（集装箱）机房的铁甲、防静电地板配置情况如表 3-1 所示。

表 3-1　彩钢板机房、一体化（集装箱）机房的铁甲、防静电地板配置情况

机房类型	产品类型	铁甲	防静电地板
彩钢板机房	五面体	—	—
	六面体	—	配置
	五面体铁甲	配置	—
	六面体铁甲	配置	配置
一体化（集装箱）机房	六面体	—	配置
	六面体铁甲	配置	配置

机房建设具体标准来源如下，凡标准未做出规定的，应符合现行国家标准及相关行业标准的有关规定。

- GB/T 700—2006《碳素结构钢》。
- GB 8624—2012《建筑材料及制品燃烧性能分级》。
- GB/T 10801.1—2002《绝热用模塑聚苯乙烯泡沫塑料》。
- GB/T 21558—2008《建筑绝热用硬质聚氨酯泡沫塑料》。
- GB/T 12754—2019《彩色涂层钢板及钢带》。
- GB/T 12755—2008《建筑用压型钢板》。
- GB/T 23932—2009《建筑用金属面绝热夹芯板》。
- GB 17565—2007《防盗安全门通用技术条件》。
- GB 50007—2011《建筑地基基础设计规范》。
- GB 50011—2010《建筑抗震设计规范（2016 年版）》。
- GB 50016—2014《建筑设计防火规范（2018 年版）》。
- GB 50034—2013《建筑照明设计标准》。
- GB 50054—2011《低压配电设计规范》。
- GB 50189—2015《公共建筑节能设计标准》。
- GB 50222—2017《建筑内部装修设计防火规范》。
- GB 50223—2008《建筑工程抗震设防分类标准》。

- GB 50352—2019《民用建筑设计统一标准》。
- YD/T 1624—2007《通信系统用室外机房》。
- YD/T 5054—2019《通信建筑抗震设防分类标准》。
- GB 51348—2019《民用建筑电气设计标准》。
- 公安部、住房和城乡建设部文件　公通字〔2009〕46 号《民用建筑外保温系统及外墙装饰防火暂行规定》。

因相关标准条例较多，此处只列出部分重要规定，主要包括各类机房的基本规定、建筑设计、结构设计、电气设计和防雷接地等方面的规定。以下未明确指明适用范围的规定同时适用于土建机房、彩钢板机房和一体化（集装箱）机房。

1. 基本规定

机房结构安全等级为二级。抗震设防类别为两类：在非地震区，结构设计可不考虑抗震；在设防烈度 6～9 度地区，按相应地区设防烈度计算地震作用并采取抗震措施。

与周边建筑物、储罐区、堆场等的防火间距，须严格遵照 GB 50016—2014《建筑设计防火规范》的规定。

机房的耐火等级不应低于二级。构件的耐火极限应符合 GB 50016—2014《建筑设计防火规范》5.1.2 条规定。

建筑设计应符合 GB 50189—2015《公共建筑节能设计标准》和 YD/T 5184—2018《通信局（站）节能设计规范》的相关规定。

2. 建筑设计

（1）平面布局

合理控制机房的建筑形体和体型系数，应采用矩形平面，平面布置紧凑、合理，最大限度提高设备安装数量。

机房空调室外机平台宜紧邻机房，开敞设置，朝向宜为北或东。

基站机房征地应尽量方正，以利于基站机房的摆布，场地内宜有畅通的雨水排水系统。场地内无组织排水时，场地应高于基地周围地面，并有不小于 0.2%的排水坡度，且应考虑出水的通畅。

（2）机房规格

土建机房室内平面净尺寸宜为 5m×4m 或 5m×3m（长×宽），彩钢板机房室内平面净尺寸宜为 5.7m×3.8m 或 4.85m×2.85m，一体化（集装箱）机房室内平面净尺寸宜为 5.7m×2.1m 或 2.7m×2.1m。也可根据征地面积、远期需求等情况适当调整机房尺寸。

机房净高应按地面完成面至梁底面之间的垂直高度计算，土建机房宜为 3.0m，不得低于 2.8m；彩钢板机房宜为 2.8m；一体化（集装箱）机房宜为 2.6m。

机房室内外高差宜设为 0.30m，可根据建设地点防汛水位及地形情况以 0.15m 为模数酌情调整，但不得低于 0.15m。

（3）室内外装修

室内装修以土建机房为例，彩钢板机房、一体化（集装箱）机房类似，不赘述。

室内装修材料应采用 A 级防火等级的材料。建筑材料燃烧性能的分级应符合 GB 8624—2012《建筑材料及制品燃烧性能分级》的相关规定。

机房室内装修设计应满足 GB 50222—2017《建筑内部装修设计防火规范》的相关规定。装修材料应采用光洁、耐磨、不燃烧、耐久、不起灰、环保的材料，不应设置吊顶。

机房的墙面和顶棚的抹灰、涂料，应按建筑有关设计及施工规范中规定的中级标准要求设计。

对机房地面应进行找平和防潮处理，踢脚线应与周边平滑衔接，连接紧密平直。

室内装修可参考表 3-2 的相关要求。

表 3-2　土建机房室内装修技术要求参考

	楼/地面	墙面	踢脚	顶棚	备注
机房	水泥地面， 地砖地面， 防静电地板	无机涂料	水泥踢脚， 地砖踢脚， 防静电踢脚	无机涂料	所有材料的防火等级均为 A 级
备注	水泥地面可刷防静电漆	—	材料与楼地面材料一致	不刮腻子，清理板面后直接涂刷涂料	—

室外装修以土建机房为例，彩钢板机房、一体化（集装箱）机房类似，不赘述。

外墙装修及保温材料应满足国家有关防火方面的规定，保温材料应为 B1 级及以上。

外墙装修必须与主体结构连接牢靠。外墙外保温材料应与主体结构和外墙饰面连接牢固，并应防开裂、防水、防冻、防腐蚀、防风化和防脱落。

建筑外装饰材料选用普通涂料、面砖或热反射涂料，热反射涂料宜选用水溶性白色涂料。

（4）建筑构造

机房不设外窗；通信线缆与电力电缆应分设不同的走线孔洞；外开孔洞宜设置一定的倾斜角或存水弯，以防止雨水渗入机房内部。

穿过维护结构的孔洞应采取防火、防水等措施，防火封堵应满足 GB/T 51410—2020《建筑防火封堵应用技术规程》和有关通信机房防火封堵安全的技术要求，同时满足消防组件的最大填充率要求。

土建机房围护结构应采取防结露措施，以防止区域温差引起表面结露、滴水。

彩钢板机房或一体化（集装箱）机房组件、部件、零件、附属设备及其安装接口应标准通用。主体结构设计应具有承受风、雨、雪、冰雹、沙尘、太阳辐射的能力，应具有隔热、密闭、防火等性能。机房墙面因需要开孔后，应采取措施，保证其强度及防护性能。机房应具有加固装置，能牢固地将机房与地基加固。

设备、走线架不应直接安装在彩钢板上，应采用钢结构框架作为承重构件，钢材应满足 GB/T 700—2006《碳素结构钢》中 Q235B 型钢材的相关技术要求。

机房结构件应采用钢质型材或相同性能的金属构件，钢材应满足 GB/T 700—2006《碳素结构钢》中 Q235B 型钢材的相关技术要求。

屋顶和墙体外表面宜采用符合 GB/T 12755—2008《建筑用压型钢板》要求的压型彩钢板（瓦楞板）型材。

（5）墙身与门/夹芯板

土建机房墙身材料应因地制宜，采用新型建筑墙体材料，外墙应根据地区气候和建筑要求，采取保温、隔热和防潮等措施。机房采用甲级防火保温防盗门（门宽宜≥900mm），应符合 GB17565—2007《防盗安全门通用技术条件》要求。因消防要求需要将机房外墙设为防火墙时，其耐火等级应大于 3 小时，且该墙上不能开设门洞，如必须开设应采用甲级防火保温防盗门。

彩钢板机房或一体化（集装箱）机房板材应选用夹芯板材料，夹芯板面材应选用金属材料，芯材选用隔热性、强度及稳定性好的材料，宜选用无氯氟烃泡沫的聚氨酯（Polyurethane，PU），也可采用可发性聚苯乙烯（Expandable Polystyrene，EPS）或同等性能的保温材料。

（6）馈线窗、电（光）缆洞

① 馈线窗。

馈线窗位置应根据设备列摆放位置及铁塔与机房相对位置综合进行确定，尽量减少馈线在室内的长度、转弯和扭转。馈线孔洞尽量不要开在楼顶，以防漏水。馈线孔洞位置应考虑室内外施工的方便性。

馈线窗应与房体可靠连接，并应严格密封，以防雨水、灰尘进入。

馈线窗下沿与走线架上沿同高，孔洞尺寸推荐 400mm × 250mm 或 400mm × 400mm。

馈线窗宜采用模块化结构设计，方便扩容。

② 电（光）缆洞。

新建机房宜预留电（光）缆洞，采用埋地方式接入电（光）缆。

引入建筑物的各种线路及金属管道宜采用全线埋地引入，并应在入户端将电缆的金属外皮、钢导管及金属管道与接地网连接。当采用全线埋地电缆确有困难而无法实现时，可采用一段长度不小于 2m 的铠装电缆或穿钢导管的全塑电缆直接埋地引入，电缆埋地长度不应小于 15m，其入户端电缆的金属外皮或钢导管应与接地网连通。

电（光）缆可同其他通信光缆或电缆同沟敷设，同沟敷设时应平行排列，不得重叠或交叉，缆间的平行净距应不小于 100 mm。

光缆或同轴电缆直接埋地引入时，入户端应将光缆的加强钢芯或同轴电缆金属外皮与接地网相连。

进出建筑物的架空和直接埋地的各种金属管道应在进出建筑物处与防雷接地网连接。

（7）屋面

机房屋面结构除应具有防渗漏、保温、隔热、耐久性能外，还应符合下列要求。

屋面隔热应根据不同地区、不同条件铺设保温层。

屋面排水采用外排水。

屋面宜采用材料找坡，坡度应≥2%。当采用结构找坡时，坡度应≥3%。

保温层宜选用吸水率低、密度和导热系数小、有一定强度且长期漫水不腐烂的材料。

平屋面宜按非上人平屋面进行设计，如有安装太阳能、卫星天线等设备的需求，应按实际需求进行设计。

面层材料应采用不燃烧体材料。

屋面保温层应采取轻质、保温隔热性能好的材料。围护结构及屋面系统传热系数（k）的限值宜符合 GB 50189—2015《公共建筑节能设计标准》的规定。

（8）挡雨棚、围墙、围栏

机房门顶可根据需求设置挡雨棚，机房四周宜设置围墙或围栏。

3. 结构设计

（1）一般要求

① 土建机房。

土建机房结构形式宜采用砖混结构。砖混机房材料选择应坚持墙材革新，因地制宜、就地取材，合理选用结构方案和砌体材料，做到技术先进、安全适用、经济合理；不应选用烧结黏土砖等国家明令禁止的墙体材料。

砌体材料：地面以下或防潮层以下的砌体、潮湿房间的墙、在潮湿的室内或室外环境（包括与无侵蚀性土和水接触的环境）的砌体，所用材料的最低强度等级应符合表 3-3 所示的规定。地面以上砌体宜采用 MU10 烧结普通砖或烧结多孔砖，用 M5 水泥砂浆砌筑。砖砌体施工质量控制等级要求不低于 B 级。

表 3-3　地面以下或防潮层以下的砌体等所用材料的最低强度等级

潮湿程度	烧结普通砖	混凝土普通砖、蒸压普通砖	混凝土 砌块	石材	水泥砂浆
稍潮湿的	MU15	MU20	MU7.5	MU30	M5
很潮湿的	MU20	MU20	MU10	MU30	M7.5
含水饱和的	MU20	MU25	MU15	MU40	M10

注：在冻胀地区，地面以下或防潮层以下的砌体，不宜采用多孔砖，如采用时其孔洞应用不低于 M10 的水泥砂浆预先灌实。当采用混凝土空心砌块时，其孔洞应采用强度不低于 Cb20 的混凝土预先灌实。

混凝土材料垫层不宜低于 C15，其他不低于 C25。钢筋材料要求纵向受力钢筋宜选用不低于 HRB400 级的热轧钢筋，也可采用 HRB335 级热轧钢筋；箍筋宜选用 HRB335 级热轧钢筋，也可采用 HPB300 级热轧钢筋。

土建机房宜采用现浇混凝土楼板，避免选择预制混凝土板和叠合楼板等结构形式。当条件受到限制必须采用预制混凝土板时，应按照国家规范要求进行设计和施工，相关抗震构造措施应被严格执行。机房按非上人屋面进行设计，屋面应设置保温、隔热层。如受场地条件限制需建设屋面桅杆或铁塔时，应由设计人员充分考虑塔桅荷载，且未经设计人员确认，不得擅自在屋面建设任何附属物。

② 彩钢板机房、一体化（集装箱）机房。

宜设置轻钢框架，对于高风压地区应采取必要的加固措施，且机房的主体结构及相关连接件设计均应满足风荷载要求。

宜根据需要预留安装点，在预留位置宜对侧板进行加强处理。

一体化（集装箱）机房除以上要求外，还应满足下列要求。

应设置底板，且应防滑、防静电、易清洁，在强度和结构上满足机房荷载要求。

应具有良好的整体运输性，保证在整体运输时不出现影响外形的变形或功能损坏。

（2）构造要求

构造要求主要针对土建或者租赁的砖混机房。应根据国家相应规范要求设置圈梁、构造柱等构件，其中圈梁应在墙底和墙顶设置两道；构造柱宜设置在外墙四角和对应的转角处。圈梁和构造柱截面尺寸、配筋构造等应由设计人员明确指定。

构造柱与墙体连接处应砌成马牙槎，沿墙高每隔 500mm 设 2 × Φ6 水平钢筋和Φ4 分布短筋平面内点焊组成的拉结网片或Φ4 点焊钢筋网片，每边伸入墙体内不宜小于 1m，此外应根据机房建设地的抗震设防烈度的不同，考虑沿墙体水平通长设置。施工顺序是先砌墙后浇构造柱。

构造柱可不单独设置基础，但应伸入室外地面下 500mm，或与埋深小于 500mm 的基础圈梁相连。

其他构造要求按 GB 50003—2021《砌体结构设计规范》和 GB 50011—2011《建筑抗震设计规范（2016 年版）》要求执行。

（3）基础要求

① 土建机房。

一般情况埋深不小于 0.5m，在满足要求的情况下宜尽量浅埋，基础底面宜埋置在同一标高，否则应增设基础圈梁并应按 1：2 的台阶逐步放坡。

宜选择条形基础，如地基土条件较差，宜采用换填等形式进行处理。

应按 GB 50007—2011《建筑地基基础设计规范》和 GB 50011—2010《建筑抗震设计规范（2016 年版）》要求执行。

对于湿陷性黄土、多年冻土、膨胀土以及在地震和机械振动荷载作用下的地基基础设计，应符合 GB 50025—2018《湿陷性黄土地区建筑规范》、GB 50112—2013《膨胀土地区建筑技术规范》、JGJ 118—2011《冻土地区建筑地基基础设计规范》、GB 50040—2020《动力机器基础设计标准》等现行规范的规定。

② 彩钢板机房、一体化（集装箱）机房。

地面以下或防潮层以下的砌体、潮湿房间的墙、在潮湿的室内或室外环境（包括与无侵蚀性土和水接触的环境）的砌体，所用材料的最低强度等级应与表 3-3 所示的规定一致。

在地面采用混凝土平板基础形式建设彩钢板机房、一体化（集装箱）机房时，机房基础底板的混凝土强度等级不应低于 C25，基础底板以下持力层需满足地基承载力等要求。

在建筑物屋面建设彩钢板机房，机房宜固定于钢梁顶面。具体要求为：钢梁宜可靠固定于原结构梁、柱顶面，并应对防水保温层进行修补；钢梁应能承载机房、机房内设备、电池等相应荷载；钢梁底座应采取可靠防腐措施；同时，原结构梁、柱等应经有资质的鉴定、设计单位进行鉴定及承载力复核。

彩钢板机房和一体化（集装箱）机房，需要考虑载荷设计，包括：①屋面活荷载，屋面按非上人屋面考虑，活荷载标准值为 0.5kN/m^2。当有较大施工、检修荷载或空调等其他设备荷载时需按实际计算；不上人的屋面均布活荷载，可不与雪荷载和风荷载同时组合；②风荷载，根据 GB 50009—2012《建筑结构荷载规范》的要求，选取建设地点空旷平坦地面上 10m 高度处 10min 平均的风速观测数据，经概率统计得出 50 年一遇最大值确定的风速，再考虑相应的空气密度计算确定的风压；③雪荷载，根据 GB 50009—2012《建筑结构荷载规范》的要求，选取建设地点空旷平坦地面上积雪自重的观测数据，经概率统计得出 50 年一遇最大值作为设计雪压；④机房荷载，机房结构应满足壁挂设备、落地机架及电池设备的安装要求。一般情况下，地面的均布活荷载标准值不应小于 6.0kN/m^2，局部摆放电池的区域不应小于 10.0kN/m^2，如有特殊需求应按实际的工艺要求进行设计。

彩钢板机房和一体化（集装箱）机房，还需要考虑抗震设计，机房的抗震设防烈度和抗震设计应按 YD/T 5054—2019《通信建筑抗震设防分类标准》执行。在地震区，机房应避开抗震不利地段；当条件不允许避开不利地段时，应采取有效措施；对危险地段，不应建造机房。

4．电气设计

（1）供电设计

供电电源一般分为市电电源和保证电源，市电电源和保证电源应为 380/220V 系统。

机房配套的空调、照明和检修插座等应自基站交流配电箱内的独立回路引接。

（2）机房照明

宜采用 T8 或 T5 系列三基色荧光灯作为主要照明光源，照度 200lx，参考平面为水平面或地面。

宜选择开敞式带反射罩的灯具，其效率应不小于 75%。

机架列间吸顶或管吊安装，且不应布置在电池组的正上方。

（3）检修插座

检修插座宜在机房四周墙壁明装。

检修插座应采用独立回路供电。

（4）导线选择及敷设

宜选用 0.45/0.75kV 铜芯聚氯乙烯绝缘聚氯乙烯护套阻燃 B 类电线，穿钢管或金属线槽明敷设。

线缆明敷采用的金属管壁厚不应小于 1.5mm。

5. 防雷与接地

（1）防雷

机房接地系统应采用联合接地方式进行设计。

机房的防雷、接地、雷电过电压保护应符合 GB 50689—2011《通信局（站）防雷与接地工程设计规范》的相关规定。

机房直击雷防护设计应符合 GB 50057—2021《建筑物防雷设计规范》的相关规定。

其他技术要求详见中国铁塔《通信基站防雷接地技术要求》的相关规定。

（2）接地保护

机房必须与建筑物的接地网相连接。若是独立建设的应符合中国铁塔《通信基站防雷接地技术要求》的相关要求，连接材料为 4mm×40mm（厚度 × 宽度）镀锌扁钢。接地铜排规格一般为 400mm×100mm×5mm（长度 × 宽度 × 厚度），并与地网连接。

3.1.3 塔桅建设要求

塔桅作为通信天线的支持物，是重要的通信传输基础设施。塔桅结构建设工作的好坏将直接影响通信传输系统能否正常工作。由于塔桅构件处于露天工作，长期经受各种自然气象和生态环境的作用，其性能结构必将深受影响，且塔桅构件还关系到人身安全，因此必须高度重视塔桅构件的建设工作。

塔桅建设要求

1. 强制要求

① 铁塔、桅杆的相关作业属高空作业，作业人员必须有登高证，必须严格执行安全制度，确保人身安全。登高作业人员应定期进行体格检查。

② 移动通信自立塔（高度大于 20m）的塔基设计前必须进行岩土工程勘察。

③ 在已有建筑物上加建移动通信工程塔桅结构时，8m 以上塔桅结构物必须经技术鉴定或设计许可，确保建筑物的安全。

④ 未经技术鉴定或设计许可，不得改变移动通信工程塔桅结构的用途和使用环境。

⑤ 所有构件均应进行热浸锌防腐，现场焊接部分应采用有效的防腐措施。

2. 塔桅标准

① 移动通信塔桅和基础应以国家标准 GB 50068—2018《建筑结构可靠度设计统一标准》为准

则，执行和引用以下技术规范：

a. GB 50135—2019《高耸结构设计标准》；

b. GB 50009—2012《建筑结构荷载规范》；

c. GB 55006—2021《钢结构通用规范》；

d. GB 50011—2010《建筑抗震设计规范（2016 年版）》；

e. GB 50007—2011《建筑地基基础设计规范》；

f. YD/T 5131—2019《移动通信工程钢塔桅结构设计规范》。

② 塔桅高度和桅杆的位置应符合施工图设计文件要求。

③ 主要焊缝质量、贴合率、螺栓质量符合工艺要求。

④ 铁塔基础位置正确，基础混凝土浇筑平直、无蜂窝、无裂缝、不露筋，外粉刷光洁。

⑤ 地脚螺栓的安装应符合施工图设计的要求，并对外露部分做防锈处理。

⑥ 铁塔铁件尺寸正确，符合施工图设计要求。

⑦ 铁塔结构部件正确安装，连接件正确紧固安装，符合施工图设计要求。天线固定杆应垂直安装，并且稳固结实。

⑧ 塔柱法兰螺栓必须用双螺母锁紧。

⑨ 螺栓穿入方向应一致朝外且合理，螺栓拧紧后外露丝扣不小于 2～3 扣。

⑩ 铁塔、桅杆的爬梯设置防小孩攀爬措施，并在明显位置悬挂或涂刷通信标志和“通信设备、严禁攀登”的警告标志牌。

⑪ 桅杆高于 4m 宜安装脚梯和角钢，便于维护和馈线卡子的固定。接地电阻应满足设计要求。

⑫ 所有悬空的天线固定杆必须在底部 20cm 处设置防止天线滑落的天线防滑销。

3. 防雷接地要求

① 铁塔上方应设避雷针，塔上的馈线和其他设施都应在其保护范围内。

② 避雷针可使用塔身作接地导体。当塔身金属结构电气连接不可靠时，应使用 40mm×4mm 的热镀锌扁钢设置专门的铁塔避雷针雷电引下线，雷电引下线应与避雷针及铁塔地网相互焊接连通。

③ 当设置专门的铁塔避雷针雷电引下线后，其雷电引下线应沿远离机房的一侧引下，并每隔 5m 固定一次。

④ 上人爬梯一侧的馈线接地可采用单根扁钢，应沿靠近机房馈线窗的一侧引下，并就近与接地系统可靠焊接。

⑤ 避雷针雷电引下线的热镀锌扁钢连接应采用焊接方式，其搭接长度为扁钢宽度的两倍，焊接时要做到三面焊接，并敲掉焊渣后做防锈处理。

⑥ 铁塔上的天线支架、航空标志灯架、馈线走线架都应良好接地。

⑦ 航空标志灯的控制线的金属外护层应在塔顶及进机房入口处的外侧就近接地。

⑧ 铁塔位于机房建筑物顶时，铁塔和避雷针引下线应至少在两个不同方向与楼顶的避雷带可靠连接。

⑨ 楼顶采用桅杆安装天线时，每根桅杆应分别就近接至楼顶避雷带。

⑩ 拉线塔可采用单根避雷针引下线。如拉线塔位于楼顶，则塔体和避雷针引下线应沿两个不同方向就近与楼顶的避雷带做两点以上的可靠连接。连接线宜采用 40mm×4mm 的热镀锌扁钢。

⑪ 单管塔不再单独设置避雷针引下线，但两节塔体之间应采用 95mm^2 以上铜导线进行两处以上

的可靠连接。单管塔的接地铜排孔洞数不得少于 18 个，且该铜排应竖直安装，其铜排底部必须与单管塔可靠连接。导线宜采用黄绿色铜导线。

⑫ 角钢塔、楼顶塔的避雷针雷电引下线可使用塔身作接地导体，通信杆、拉线塔、三角塔、桅杆架等应使用 40mm×4mm 的热镀锌扁钢设置专门的避雷针雷电引下线，雷电引下线应与避雷针及铁塔地网相互焊接连通。

4. 室外走线架

① 室外走线架位置正确，应在馈线窗下沿，并符合施工图设计要求。

② 室外走线架宽度正确，应在 300mm 以上。线架主材采用∠40mm×4mm 热镀锌角钢，扁铁采用 40mm×4mm 的热镀锌扁钢。

③ 从铁塔和桅杆到馈线窗之间必须有连续的走线架。

④ 室外走线架路径合理，以便于馈线安装并满足馈线转弯半径要求。

⑤ 走线架一侧应有维护用的人字梯，高度宜在馈线窗下沿以下 1.5～2m。

⑥ 室外垂直走线架横挡之间的最大距离是 800mm。

⑦ 室外垂直走线架横挡的材料用∠50mm×5mm 热镀锌角钢。

⑧ 室外走线架每节之间应通过包角钢可靠连接，并与接地系统可靠连接。

⑨ 室外走线架始末两端均应做接地连接，在机房馈线口处的接地应单独引接地线至地网，既不能与馈线接地排相连，也不能与馈线接地排合用接地线。

⑩ 室外走线架如采用落地托架形式固定，托架下方应用塑料皮做保护。

5. 桅杆

① 在热镀锌前钢材表面除锈应符合设计要求和国家现行有关标准的规定。处理后的钢材表面不应有焊渣、焊疤、灰尘、油污、水和毛刺等。

② 镀锌的锌层厚度应符合下列规定：镀件厚度小于 5mm 时，锌层厚度应不低于 65μm；镀件厚度大于或等于 5mm 时，锌层厚度应不低于 86μm 。

③ 应严格控制浸锌过程的构件热变形，每根构件的长度伸缩量≤L/5000，弯曲变形≤L/1000（L 为构件长度）。

④ 构件镀锌表面应平滑，无滴瘤、粗糙和锌刺，无起皮、漏镀，无残留的溶剂渣。

⑤ 镀锌后的锌层应与基本金属结合牢固，且锌层应均匀。

⑥ 桅杆一般采用Φ70mm×4m 以上的无缝钢管，长度一般为 3m。

⑦ 桅杆托架采用∠80mm×6mm 的角钢，撑铁采用∠63mm×5mm 的镀锌角钢。

⑧ 对运输和安装中被破坏部位，应采取可靠的补救措施。

3.2 勘察工具使用

站点勘察是为了获取站点相关的信息、资料、指标等，相关参数需要借助勘察工具来获取。常用勘察工具有手持 GPS（必备）、照相机（必备）、激光测距仪（必备）、卷/皮尺（必备）、指南针（必备）、纸笔（必备）、望远镜（可选）、地图（可选）、手电筒（可选）、登山杖（可选）等。必备工具为必须携带工具，可选工具可根据实际情况选择携带，本节介绍一些勘察必备工具的使用方法和注意事项。

勘察工具使用

3.2.1 手持 GPS

图 3-2 手持 GPS

手持 GPS，是指可手持使用的 GPS。GPS 是全方位、全天候、全时段、高精度的卫星应用系统，如图 3-2 所示。手持 GPS 可利用定位卫星，在卫星信号范围内进行实时定位、测量、导航。

手持 GPS 在勘察中一般用来测量经纬度与海拔高度。在使用之前，需要确定 GPS 质量完好、接收卫星信号正常、电量充足。如果涉及一些国外工程，需要确定当地地理归属（东经/西经，南纬/北纬）。用户可按以下流程使用手持 GPS。

（1）环境选择

使用手持 GPS 时，首先进行环境选择，选择一个空旷的环境，头顶及四周不能有阻挡，以免影响卫星信号质量，导致 GPS 测量结果偏差较大。

（2）数据设置

手持 GPS 经纬度显示一般有两种，分别为度数显示和数字显示，我们一般使用的是数字显示。如果不支持数字显示，可以先记录度数显示的数据，之后再进行单位换算。

（3）数据读取

不同的手持 GPS 性能不同，接收卫星信号情况不同。接收到的卫星信号越多，测量结果越准确，一般要确认手持 GPS 至少能收到 3 颗卫星的信号，测量结果才比较准确。数据读取时，经纬度至少要精确到 0.00001（小数点后 5 位），海拔高度精确到米。

（4）数据核对

数据读取后要做好记录，手持 GPS 开机第一次测量结束之后，在测量位置旁边再挑选两个点进行测试，对比数据结果的差距是否正常，确定数据是否准确。也可以使用计算机相关软件，在地图上标出测量经纬度与当前位置是否对应。

3.2.2 指南针

指南针，也叫指北针，古代叫司南，是中国古代四大发明之一。指南针的主要组成部分是一根装在轴上的磁针，磁针在天然地磁场的作用下可以自由转动并保持在磁子午线的切线方向上，磁针的南极指向地理南极（磁场北极），利用这一性能可以辨别方向。指南针常用于航海、大地测量、旅行及军事等方面。

指南针以正北方向为 0°，顺时针旋转正东方向为 90°，正南方向为 180°，正西方向为 270°，内部度数均分，如图 3-3 所示。

图 3-3 指南针

指南针在勘察中一般用来测量天线的方位角，天线方位角是指正北方向至天线主覆盖方向的顺时针夹角。在使用之前，需要先确定指南针质量完好、指针旋转正常、表盘刻度正常；另外如果涉及一些场景，如矿区、高压线附近等，在使用之前，需要确定当地是否存在强磁场。用户可按以下流程使用指南针。

（1）位置选择

使用指南针时，选择暂定的天线安装位置，确认附近没有强磁场或铁器等影响指南针磁性的物体，进行方位角测量。

（2）指针方位校验

将指南针水平放置，确保指针处于悬浮无阻力状态。旋转指南针使一端指针指向表盘标刻正北方向，确定指南针所指方向为正北方向，此时此端指针为已校验端。

（3）方位角测验

指针方位校验完成后，保持指南针水平且指针悬浮，水平旋转指南针，直到指针已校验端指向天线规划主覆盖方向，此时该指针所指方向的表盘刻度，为天线方位角。

（4）数据核对

方位角测量完成后，在之前已测量位置与主覆盖方向位置两点形成的直线上，往前或往后移动一些距离，再次进行方位角测量，核对与之前测量结果是否一致。

3.2.3 其他常用工具

1. 卷尺

卷尺用于测量物体的尺寸或物体之间的距离，常用的有钢卷尺和皮卷尺。皮卷尺体积较大、测量距离长，不容易失效，但由于携带不方便，在站点勘察中较少使用。钢卷尺体积小、重量轻，便于携带，属于常用工具。钢卷尺主要由尺带、发条弹簧和外壳 3 部分组成，一般还带有制动开关。卷尺尺带上标有刻度，一般会镀铬、镍或其他涂料，有的产品还在刻度上涂有发光材料，以便夜间或暗光时使用。当拉出刻度尺时，发条弹簧卷紧，产生回卷力。将刻度尺零点对应测量起始点，通过测量终点的刻度尺读数可知待测的距离或长度。使用时应小心拉出，缓慢退回，测量长度时应将制动开关打开，防止因操作不慎导致钢尺突然回弹对人体产生伤害。

2. 激光测距仪

激光测距仪与卷尺作用一样，主要用来测量长度或者距离，因精度更高、测量距离更远、读数方便直观、不需接触待测物和携带方便等优势成为基站勘察必不可少的工具。

激光测距仪集成了激光器、计时器、接收器和液晶显示器等关键部件，测距原理如下：激光测距仪开机后，以前端面瞄准待测目标。按下测试按钮后激光器向待测目标发射一束激光（通常为红色激光），同时启动计时器计时。待测目标被激光照射后将部分光束原路反射回去，接收器接收目标反射的激光束，计时器停止计时。由测定发射到接收的时间间隔和光速，计算出从观测位置到目标的距离，距离将以数字形式显示在液晶显示器上。

基站勘察通常使用手持式激光测距仪，测距距离可达 200m，精度可达到 2mm。野外勘察时会用到望远镜式激光测距仪，这种测距仪测量距离可达 3000m，精度在 1m，主要用于长距离测试。

3. 照相机

照相机用于拍照记录勘察现场照片，要求成像清晰，亮度适中，像素在 800 万像素以上。因现有相机均有防抖和自动聚焦功能，只需开机对准待拍摄物体拍照即可，操作简单，不详述。

相机拍摄的照片要求光线明亮，成像清晰。室内拍摄的照片最好光线充足，不可有太多噪声，关键信息需要拍摄清楚。室外照片要求包含地面和天面，以地面为主体，地面占据照片 2/3 以上。

站点勘察有时候根据情况，还会用到安全帽、手电筒、望远镜等工具，以上工具非勘察必需品且使用原理简单，此处不赘述。

3.2.4 勘察注意事项

勘察准备时，首先需要确定勘测任务地点，根据勘察任务提前确定好勘察路线。然后根据勘察任务地点情况与当前季节气候情况，准备好相应的勘察工具。如果涉及偏远山区等场景，还需要配备一些应急装备和防虫措施，夏天勘察需要配备防暑物资，冬天勘察需要配备防寒物资等。如果涉及一些少数民族区域，还需要注意当地风俗。

勘察时需要穿防滑鞋，严禁穿着拖鞋、短衣、短裤，如果需要向导，则要提前联系好。勘察还需注意天气变化情况。如果在勘察的过程中发现一些危险情况（蛇、马蜂窝、野猪、山火等），以保证人身安全为第一要务，立即停止勘察，远离危险后及时上报情况，待相关人员处理危险情况之后再进行勘察。

3.3 勘察记录表

站点勘察的目的是测量和记录基站的重要信息，需要根据当地运营商的要求，形成记录表格，作为站点后续工作的参照。勘察记录表是后期方案设计的重要参考资料，所以需要认真、翔实、客观和真实地测量和记录数据。

勘察记录表

室外站点和室分站点机房内勘察信息基本一致，机房外信息差别较大。各地运营商要求的勘察记录表的格式略有不同，但勘察相关信息需求大同小异。

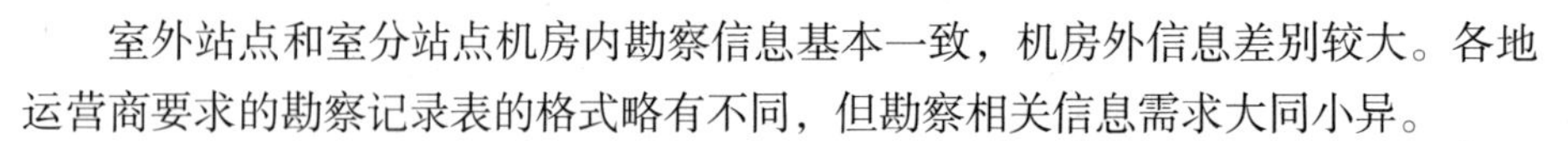

3.3.1 勘察记录表介绍

针对室外站点和室分站点，相应的勘测记录表内容有所不同。

室外站点勘测记录表内容一般包含基本信息、电源信息、传输信息、机房信息、塔桅信息、天线信息、拍照记录。

室分站点勘测记录表内容一般包含基本信息、电源信息、传输信息、机房信息、设备信息、拍照记录。

勘察时要注意设备标签，设备标签通常贴在设备上的显眼处，并保证整体环境的统一协调和美观，同时主机、电源会加挂警示牌。

3.3.2 信息记录

1. 基本信息

室外站点和室分站点的勘测记录表都需要记录基本信息，但具体内容有一定差别。

室外站点对于基本信息的要求一般是基于建筑物本身的一些信息，如行政归属、详细地址、经/纬度、海拔、层高、天面信息、区域类型、女儿墙信息等，如图 3-4 所示。这些信息可以通过查询调研、现场交流、勘察测试等方式获得。

室分站点主要覆盖区域为室内，基本信息相对室外站点内容更细致，如图 3-5 所示。在室外站点基础上，增加了覆盖区域的详细信息，如楼宇栋数（如果较多需要仔细描述），裙楼、塔楼信息，电梯信息等。

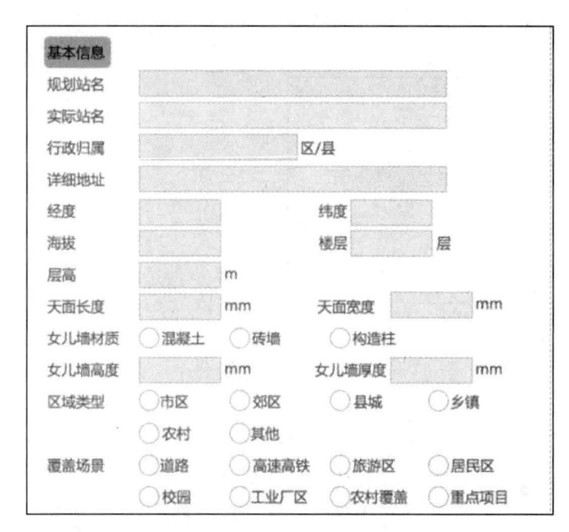

图 3-4　5G 室外站点基本信息

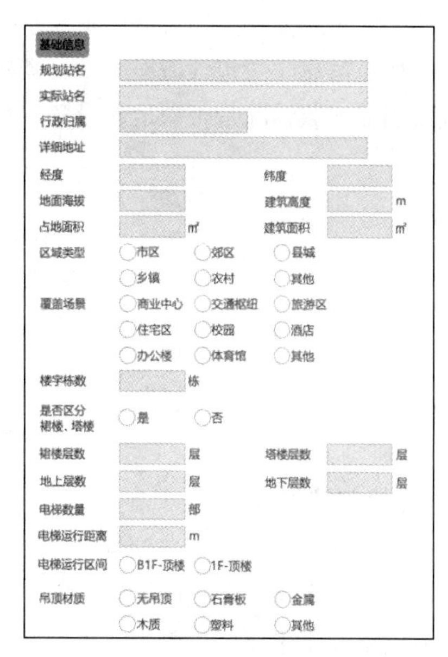

图 3-5　5G 室分站点基本信息

2. 机房信息

室外站点与室分站点的机房信息内容基本一致，一般包含机房类型、机房所在楼层、机房尺寸、机房门尺寸、机房窗尺寸等，如图 3-6 所示。

3. 电源信息

室外站点与室分站点的电源信息内容基本一致，一般包含引入类型、引入距离、设备使用电源情况等，如图 3-7 所示。由于室分站点设备类型较多，一般室分站点需要区分多种设备的电源信息。

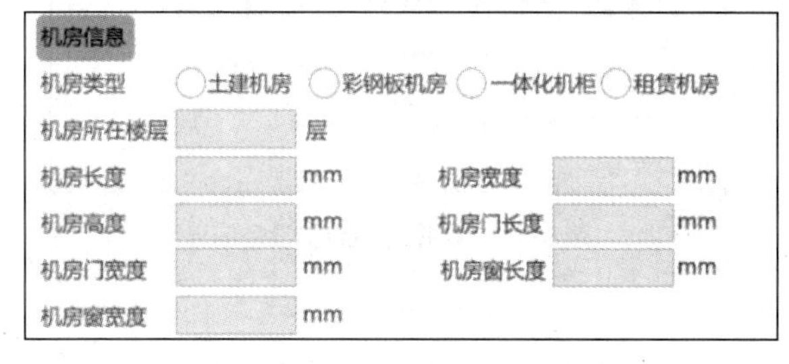

图 3-6　5G 站点机房信息

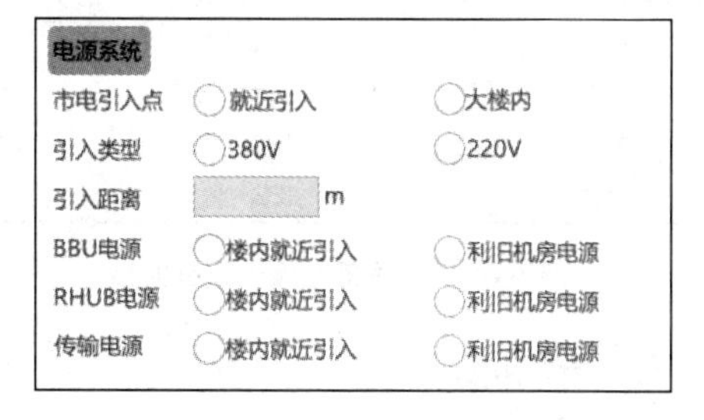

图 3-7　5G 站点电源信息

4. 传输信息

室外站点与室分站点的传输信息内容基本一致，一般包含上游机房、传输引入距离等，如图 3-8 所示。如果是利旧传输，则不需要考虑传输引入信息。

图 3-8　5G 站点传输信息

5. 塔桅信息

塔桅一般用来安放天馈设备，覆盖室外区域，所以只有室外站点需要勘察塔桅信息，室分站点不需要。塔桅信息一般包含塔桅类型、塔桅高度等，如图 3-9 所示。如果是利旧塔桅，需要考虑塔桅高度及当前安装情况是否满足新设备安装需求。

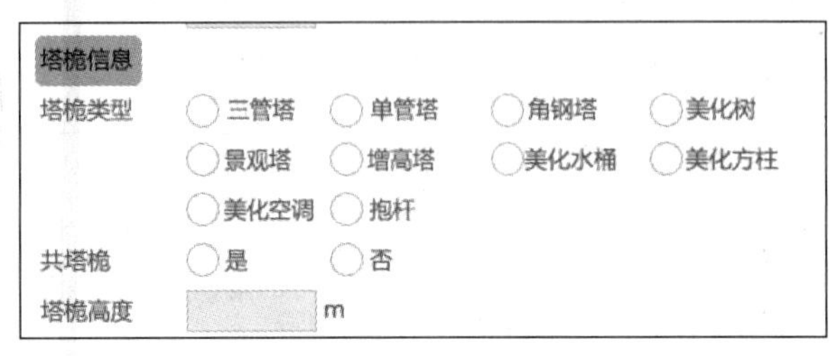

图 3-9　5G 站点塔桅信息

6. 主设备信息

基站主设备一般包含基带设备与射频天馈设备，室外站点与室分站点的基带设备一样，由于室外站点与室分站点覆盖区域场景不一样，所以需要使用的射频天馈设备不一样。

室外站点设备主要用于覆盖室外，一般包含射频拉远单元、天线类型、天线挂高、天线数量、天线方位角、天线下倾角等关键信息，如图 3-10 所示。通过天线挂高、方位角和下倾角等信息，可以计算室外信号覆盖情况。

室分站点设备主要用于覆盖室内，一般包含覆盖方式、各类设备安装位置及安装方式、设备数量等信息，如图 3-11 所示。

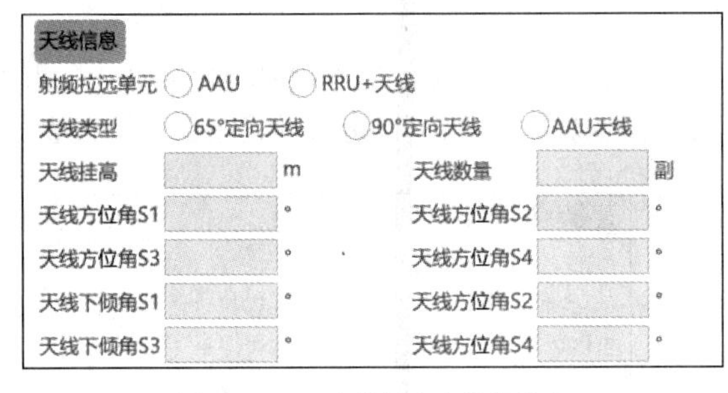

图 3-10　5G 室外站点主设备信息

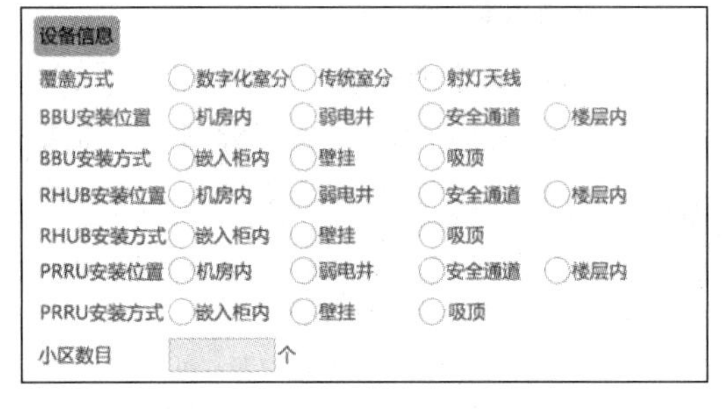

图 3-11　5G 室分站点主设备信息

7. 设备利旧

站点勘测的时候需要在满足建设要求的情况下，尽量考虑利旧一些原有设备，以节省成本，提高原有设备资源的利用率，同时加快工程进度。

设备利旧一般分为机房利旧、塔桅利旧、接地利旧、电源及防护利旧、传输利旧、基带设备利旧、天馈利旧等。勘测时可以根据建设要求，考虑如何使用利旧设备与新建设备相结合，在节省建设成本的情况下加快工程进展。

3.3.3　拍照记录

站点的选址往往带有一些主观和理想化的因素，为确保所选站址是合理而有效的，并且为规划和将来的优化提供依据，需要对站址周围的环境信息进行采集。在勘测的时候，对重要信息需要进行拍照留档。

室外站点与室分站点拍照内容大部分相同，一般需要拍摄环境、覆盖区域、建筑物、机房、设备安装位置等照片。

1. 室外站点拍照

室外站点设备一般安装在机房内或者室外塔桅等位置。机房内部环境拍照，利旧机房需要记录的信息较多，包括机房位置、入口信息，室内、天花板、地面及已有的设备和线槽等。如果是新建机房，需要记录的信息相对少一些，如图 3-12 所示，主要拍照记录站址信息、机房位置和机房内部。

室外天面拍照主要记录无线环境，考虑周围的传播环境对覆盖产生的影响，并根据周围环境特点合理规划天线的方位角和下倾角。如果所选站址周围传播环境不能满足要求，则要考虑重新选用备用站址或者重新选址。

无线环境拍照需要拍摄覆盖区域照和环境照，如图 3-12 所示。覆盖区域照一般为天线主打方向，根据天线方位角的指向拍摄实景。环境照是指以天线安装位置为中心的 8 个方向照片，记录天线安装平台周围的无线传播环境。

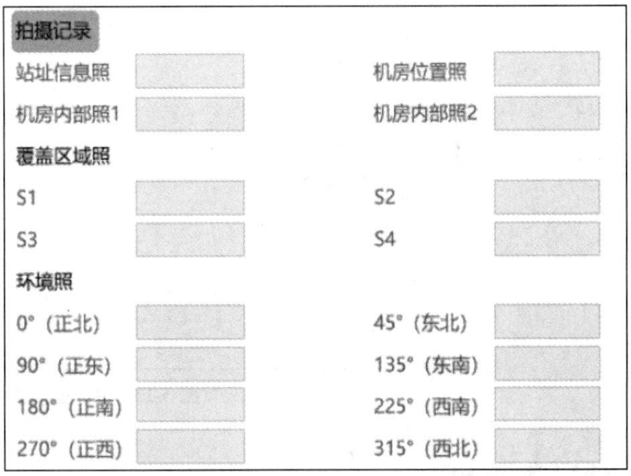

拍摄环境照以正北方向为 0°，以 45° 为增量，顺时针拍摄覆盖 360° 范围的照片总计 8 张。拍照时并不要求固定在某一点，而是根据天线的具体安装位置，尽量从架设天线的位置在天面各个方向的边缘分别拍照，照片应包括基站应覆盖的所有区域。拍摄时以拍摄角度为图片名称，以便于存档记录。拍摄环境照时需要注意以下几点要求。

拍摄记录

站址信息照　　机房位置照
机房内部照1　　机房内部照2

覆盖区域照

S1　　S2
S3　　S4

环境照

0°（正北）　　45°（东北）
90°（正东）　　135°（东南）
180°（正南）　　225°（西南）
270°（正西）　　315°（西北）

图 3-12　5G 室外站点拍照信息

① 原则上要求照片必须连贯，即 45° 方向的照片应该和 0° 方向的照片有重叠的地方。照片不连贯时，应该补拍一张照片，补拍的照片与不连贯照片应有重叠之处。

② 照片要求至少 2/3 的地面，天面占比小于或等于 1/3。

需要特别指出的是，由于勘察组勘察任务较重，经常一天要勘察五六个站点，因此在勘察多个站点并记录周围环境照时，为避免照片混乱，对于第一张照片（即 0° 方向的照片），有一个经验性而非强制性的要求：第一张照片最好将指南针和环境照一起拍进去，在照片上应清晰地显示指南针指示方向为 0°，即正北方向。这样做有两个好处：第一，指南针清晰地指示正北方向，可以在评审时消除评审专家对环境照准确性的质疑；第二，0° 方向的照片作为环境照的起始照，具有标志性的作用，在同时拍摄多个站点环境照的时候不会引起照片分组混乱。

除了覆盖区域照和环境照之外，有时还需要根据要求拍照记录以下内容。

① 记录基站周围比天线高的建筑物或者自然障碍物，如天线安装位置附近的阻挡。

② 拍摄天面照片，一般要求一个方向 1 张，能看出整个天面的情况。

③ 拍照记录天线安装位置。

④ 观察站址周围是否存在其他运营商的天馈系统，周围是否有高压线、建筑施工情况等，如果存在以上情况，需要拍照记录。

2. 室分站点拍照

室分站点设备一般安装在机房内或者室内弱电井等位置。机房内部环境拍照内容比室外站点略多，需要拍摄记录 BBU 和 RHUB 安装位置照，如图 3-13 所示。覆盖区域照一般为建筑物内部区域，如地下室、各楼层和电梯等需要覆盖的环境。环境照与室外站点相似，也是以建筑物为中心的 8 个方向照片。

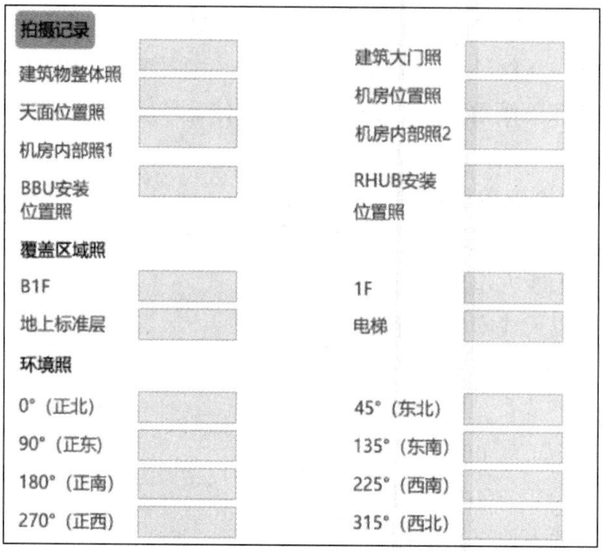

图 3-13　5G 室分站点拍摄信息

【项目实施】

为巩固所学理论，加强技能练习，学会将前文的选点原则、工具使用和站点勘察等理论知识灵活运用到工程场景，接下来将通过一个 5G 选点和勘察的具体项目实施来加深读者对本模块的理解和增强相关应用能力。

3.4 站点选址与勘察

某城市已完成 5G 网络整体架构规划，现计划开始 5G 站点建设试点，目前初步筛选了几个试点场景。请进入每个场景勘察，选择符合站点选址原则的场景作为站址，主要任务有以下几个：

①站点场景选择；

②站点天面信息勘察；

③站点室内信息勘察。

3.4.1 任务准备

实训采用仿真软件进行，所需实训环境参考表 3-4。

表 3-4　室外站点设计实训所需软硬件环境

序号	软硬件名称	规格型号	单位	数量	备注
1	IUV-5G 站点工程建设	V1.0	套	20	仿真软件
2	计算机	—	台	20	已安装仿真软件，须联网

3.4.2　任务实施

1. 站点场景选择

（1）阅读文件

阅读关于 5G 站点工程建设的相关文件，了解建设要求，如图 3-14 所示。

（2）场景选择

在主界面多个场景中，选择一个场景进入，如图 3-15 所示。

图 3-14　5G 站点建设文件

图 3-15　5G 站点建设场景选择

（3）场景信息查看

在主界面多个场景中，选择一个场景进入，查看此场景内所有提示信息。然后分别进入其他场景，查看提示信息，选择合适的场景进入摸底测试，如图 3-16 所示。

（4）摸底测试

进入摸底测试配置界面，选择正确的网络与测试设备开始摸底测试，如图 3-17 所示。

图 3-16　5G 站点建设场景信息查看

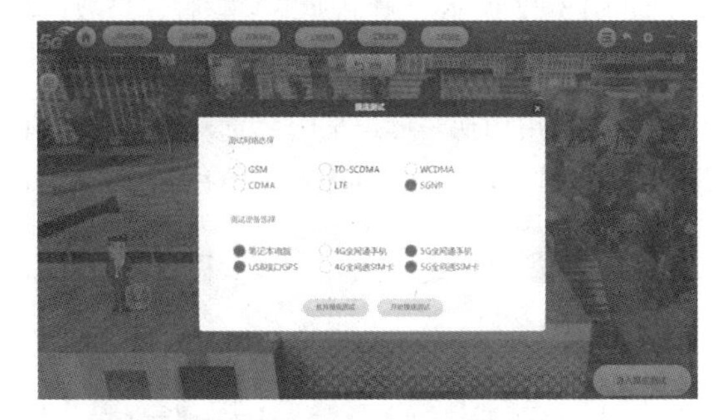

图 3-17　5G 站点建设摸底测试

（5）确定站址

查看摸底测试结果，确定站址，如图 3-18 所示。如果选择正确，进入工程规划界面，如图 3-19 所示；如果站址不正确，返回场景选择继续对其他场景选址。

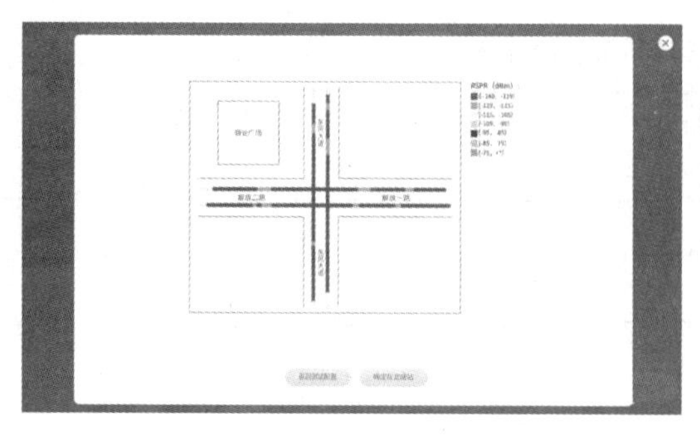

图 3-18　5G 站点建设确定站址

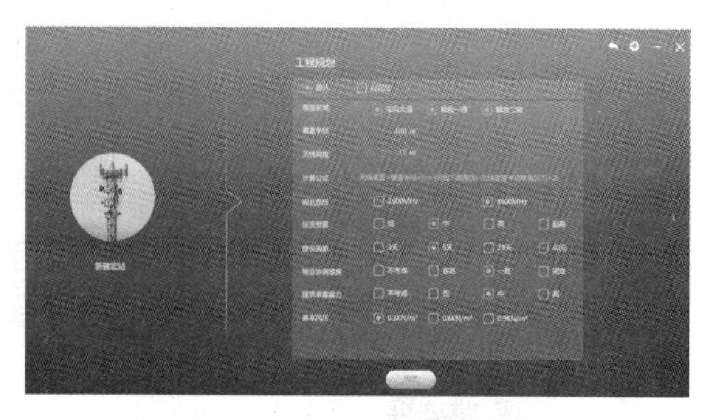

图 3-19　5G 站点建设工程规划

2. 站点天面信息勘察

（1）工程规划

进入工程规划界面后，选择合适的条件，进行工程规划。工程规划参数包括覆盖半径、天线高度、规划频段、投资预算和建设周期等，如图 3-20 所示。

（2）室外信息勘察

进入站点勘察界面后，移动鼠标指针至机房蓝色亮点提示处，即可出现相关勘察信息和工具箱，如图 3-21 所示。

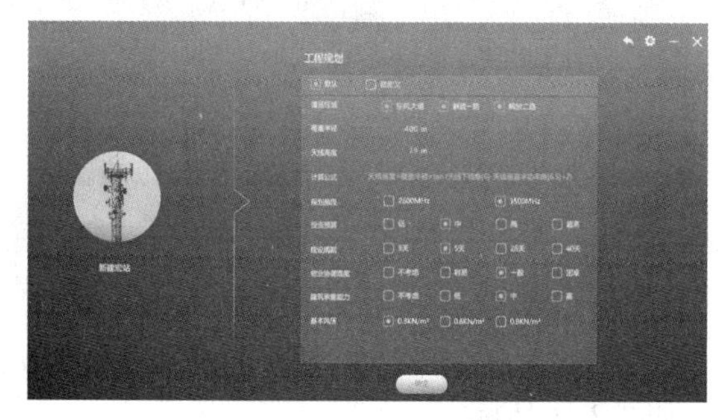

图 3-20　5G 站点建设工程规划

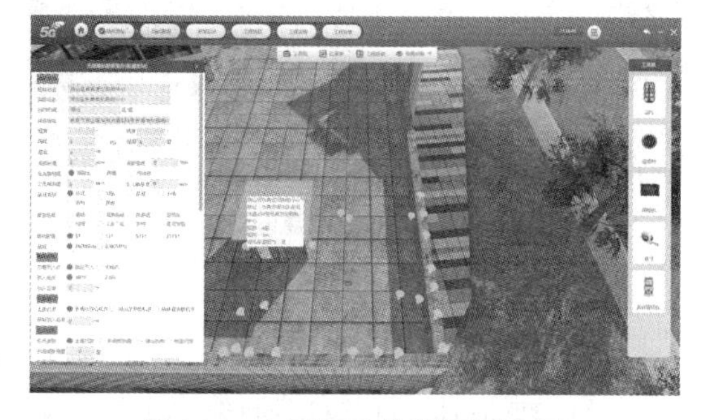

图 3-21　站点勘察室外蓝色亮点界面

根据提示在右侧工具箱中选择工具，将正确工具放入天面黄色亮点提示处即可确定相关勘察信息，如图 3-22 所示。确定所测参数后，将数值填写到勘察记录表相应位置。

3. 站点室内信息勘察

单击视角切换，选择室内全景视角，进入机房室内，室内勘察界面如图 3-23 所示。与室外信息勘察相似，选择相关工具拖放至黄色亮点提示处，勘察相关信息，填写到勘察记录表相应位置。

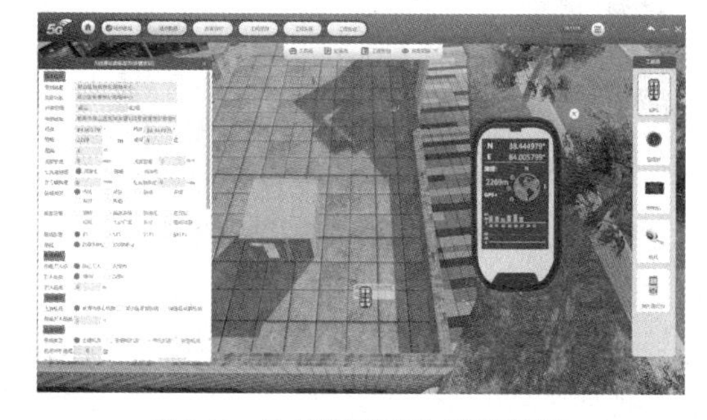

图 3-22　站点勘察室外拖放工具界面

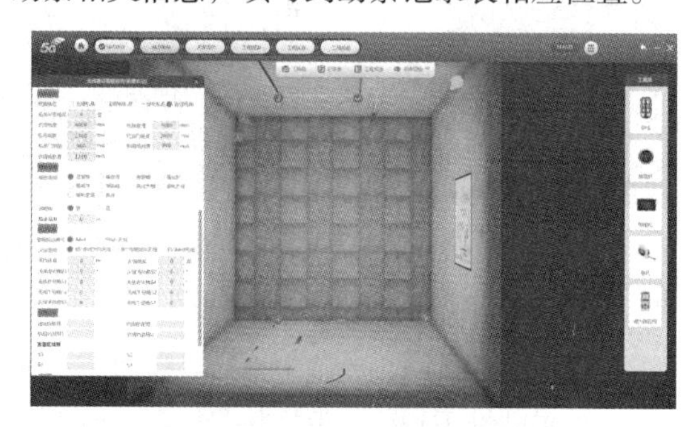

图 3-23　站点勘察室内勘察界面

【模块小结】

本模块 3.1 节首先介绍了 5G 站点的选址原则，接着从建筑、结构、电气、防雷接地等方面介绍了机房建设要求，最后介绍了塔桅的防雷接地、室外走线架以及桅杆要求等；3.2 节介绍了几种常见的站点勘察工具，如手持 GPS、指南针、激光测距仪等工具的原理和使用方法；3.3 节介绍了勘察时的拍照和信息记录方法，以及如何完成勘察记录表填写；最后通过站点勘察案例，强化训练读者勘察工具使用、勘察信息记录、环境照拍摄的专业技能。

【课后习题】

（1）使用手持 GPS 测量经纬度时，至少接收到（　　）颗卫星信号，才可以确定测量结果准确。

A. 2　　B. 3　　C. 4　　D. 5

（2）室分站点不需要勘察的信息是（　　）。

A. 基本信息　　B. 机房信息　　C. 塔桅信息　　D. 电源信息

（3）下面哪个位置不可以作为站点选址位置（　　）。

A. 居民楼　　B. 学校　　C. 变电站　　D. 酒店

（4）租赁客户的土建机房进行改造时，结构加固后一般按照使用（　　）年设计，但不超过原建筑的使用年限。

A. 30　　B. 40　　C. 50　　D. 60

（5）塔桅建设时，相关施工人员必须持有（　　）。

A. 驾驶证　　B. 教师证　　C. 电工证　　D. 登高证

【拓展训练】

选择某一个房间作为 5G 机房，选择一个楼顶天面作为天线安装地点，写出站点勘察流程。以小组为单位携带手持 GPS、相机、指南针和激光测距仪实地勘察，画出天面草图、标注勘察信息、拍摄环境照片。注意：实地勘察时要团队行动，注意人身安全，不得去危险区域。

模块4 5G室外覆盖系统设计

04

【学习目标】

1. 知识目标

- 学习室外站点设计流程
- 学习室外站点相关设备与参数设计
- 学习室外站点图纸设计方法

2. 技能目标

- 掌握室外站点土建设计方法
- 掌握室外站点室外设计方法
- 掌握室外站点室内设计方法

3. 素质目标

- 培养艰苦奋斗的精神
- 培养实事求是的品质
- 培养脚踏实地的作风

【模块概述】

2019 年 6 月 6 日，国家正式发布 5G 牌照，自此整个社会开始大规模建设 5G 网络，人们的生活逐渐步入 5G 时代。作为新一代移动网络技术，5G 应用了全新的关键技术以满足消费者日益增长的网络服务要求，同时这些关键技术也对网络建设提出了更高的要求。5G 室外覆盖系统是室外信号主要来源，也是 5G 建设初期的主要建设内容，室外覆盖率和连续性直接决定了 5G 信号在室外的可用程度。

室外覆盖系统设计是室外站点工程建设中非常重要的一环，不仅是工程预算的重要参考，也是施工建设的“指明灯”。因此，在进行站点工程预算和建设之前，学习 5G 室外覆盖系统设计非常必要。

【思维导图】

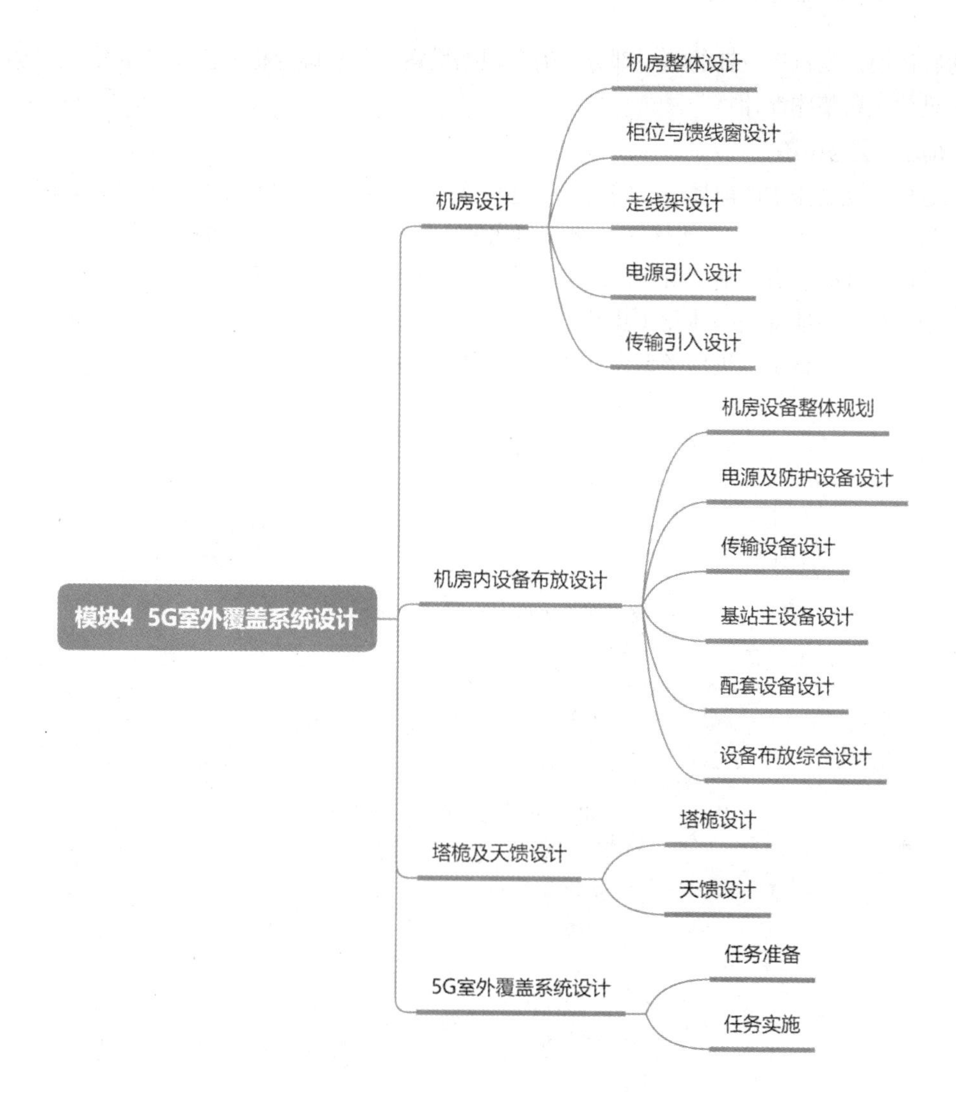

【知识准备】

在正式开始室外覆盖系统设计工作之前，需要了解室外覆盖站点的结构、各类设备及其相关规范，同时掌握设计流程与方法。在设计时，要严格遵守国家、运营商与设备商的相关规范，根据规范完成包含机房设计、机房内设备布放设计和塔桅及天馈设计在内的 5G 室外覆盖系统设计方案。

4.1 机房设计

机房设计是室外覆盖系统设计的基础，室外站点的大部分设备都需要布置在机房内，机房设计的优劣将直接影响后续的设备布放合理与否。所以机房设计是非常重要的一环，从最开始就需要考虑以下 5 个方面的内容。

4.1.1 机房整体设计

机房整体设计是机房设计的第一部分，需要根据勘察结果，确定机房内设备型号、配置等各种参数，再进行机房整体设计。

1. 机房类型与位置

在满足建设规划需求的前提下，需要综合建设成本、工期和便利情况考虑机房类型设计。如果有可用的利旧机房，优先使用利旧机房，利旧机房的电源配套等设备配置齐全，可以节省建设成本，加快建设进度。如果没有合适、可用的利旧机房，可以根据设备容量决定是否可以使用一体化（集装箱）机柜；如果不能使用一体化（集装箱）机柜，则考虑是否可以使用租赁机房；如果以上都无法实现，则选择新建机房，机房类型设计的流程如图 4-1 所示。

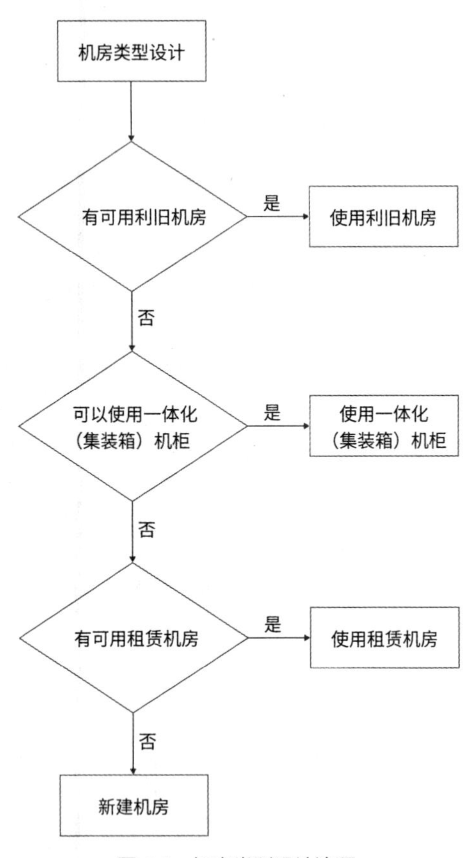

图 4-1 机房类型设计流程

如果选择利旧机房和租赁机房，由于机房的位置已经固定不变，所以不需要考虑机房的选址；如果选择一体化（集装箱）机柜，应将塔桅位置就近安装，以方便布线；如果选择新建机房，则需要考虑机房的建设位置。

新建机房时，需要首先考虑站点选址位置是地面还是楼顶。如果选择在楼顶建设机房，在楼面承重允许的情况下，可以使用彩钢板机房，否则使用一体化（集装箱）机柜或者将站点位置修改为地面。如果选择在地面建设机房，则需要根据当地土质、安全性、成本、工期等因素，进行综合判断，决定建设土建机房、彩钢板机房还是一体化（集装箱）机房。一般土建机房安全性较好，使用寿命较长，适合在环境要求较高的地方建站，但成本较高，工期较长；彩钢板机房成本较低，工期较短，但是安全性一般，使用寿命相对较短，适合在环境要求不高的地方建站。新建机房设计流程如图 4-2 所示。

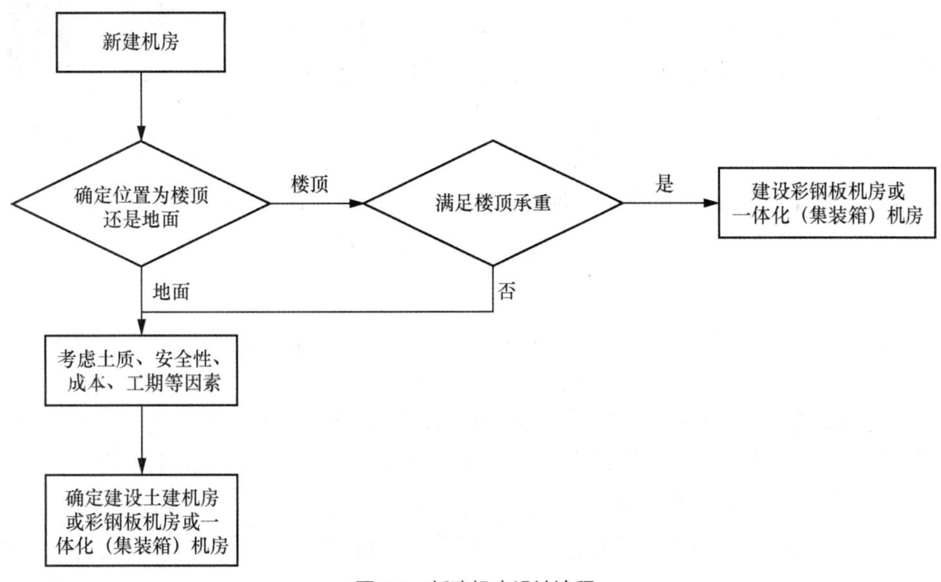

图 4-2 新建机房设计流程

2. 机房尺寸

利旧机房或租赁机房的尺寸已经固定，无法变动，所以无须详述。如果选择新建土建机房或彩钢板机房或一体化（集装箱）机房，则需要根据站点建设容量及使用设备来确定机房尺寸，机房标准尺寸参考如表 4-1 所示。

表 4-1 机房标准尺寸参考

序号	机房类型	机房内净尺寸（长×宽）/m×m	机房内净面积/m^2	机房内净高度/m
1	土建机房	5×4	20	建议 3，不低于 2.8
2	土建机房	5×3	15	
3	彩钢板机房	5.7×3.8	21.66	建议 2.8
4	彩钢板机房	4.85×2.85	约 13.82	
5	一体化（集装箱）机房	5.7×2.1	11.97	建议 2.6
6	一体化（集装箱）机房	2.7×2.1	5.67	

一般情况下，建议使用标准的机房尺寸。但在一些特殊情况下，如果标准尺寸无法满足建设要求，也可以根据特殊要求进行设计，设计时要尽量使用矩形平面，以便机房合理布局。

不管使用哪种新建机房，机房室内外高差宜设为 0.30m，此高度可根据建设地点的防汛水位及地形情况以 0.15m 为模数酌情调整，但不得低于 0.15m。机房还需设计不小于 0.2%的排水坡度，以保证出水的通畅性。（通常把坡面的铅直高度和水平宽度的比叫作坡度，即坡度 = (高程差 h/水平距离 l) ×100%。）

4.1.2 柜位与馈线窗设计

机房整体设计完成后，进行机房内柜位（机柜摆放位置）设计与馈线窗设计。

1. 柜位设计

当所选机房为利旧机房时，柜位及馈线窗已固定，一般选择在原有柜位扩装模块或新增设备，必要时可新增柜位。如果选择租赁机房或者新建机房，需要进行柜位及馈线窗设计。

在进行机房柜位设计时，一般默认机柜标准尺寸的长×宽×高为 600mm×600mm×2000mm；考虑到机柜设备需要保持散热，柜位设计时优先选择居中位置，以便于散热并且方便维护；为了方便走线，在进行柜位设计时一般需要根据机房方位呈行或者呈列整齐设计。

2. 馈线窗设计

馈线窗适用于馈线（光缆）进入机房密封，是除了强电以外的缆线进出机房的通道。在进行馈线窗设计时，首先需要考虑线缆出窗至塔桅的位置，以方便线缆出窗为宜。如果是单管塔等集中塔桅，馈线窗尽量正对塔桅；如果是抱杆等分散的塔桅，综合考虑馈窗位置，尽量缩短走线距离，减少走线扭转弯折。一般情况下禁止把馈线窗设在机房顶面。馈线窗最好与整排柜位平行对应，如机房为矩形建议馈线窗处于矩形的短边，以方便走线。在进行馈线窗馈孔设计时，一般行数×单行孔位数有 2×2、2×3、3×3、3×4 等几种情况，可根据设备数量情况进行选择。一般情况下建议馈线窗下沿高度为 2400mm，可以根据实际情况进行调整，但不能低于 2200mm。

总的来说，机房柜位及馈线窗设计时要根据机房位置及塔桅位置综合考虑，在满足需求的情况下，缩小走线距离，以节省建设成本。

3. 标准建议

如果使用标准机房尺寸，中国铁塔建议按图 4-3～图 4-8 所示的标准布局进行柜位与馈线窗设计。

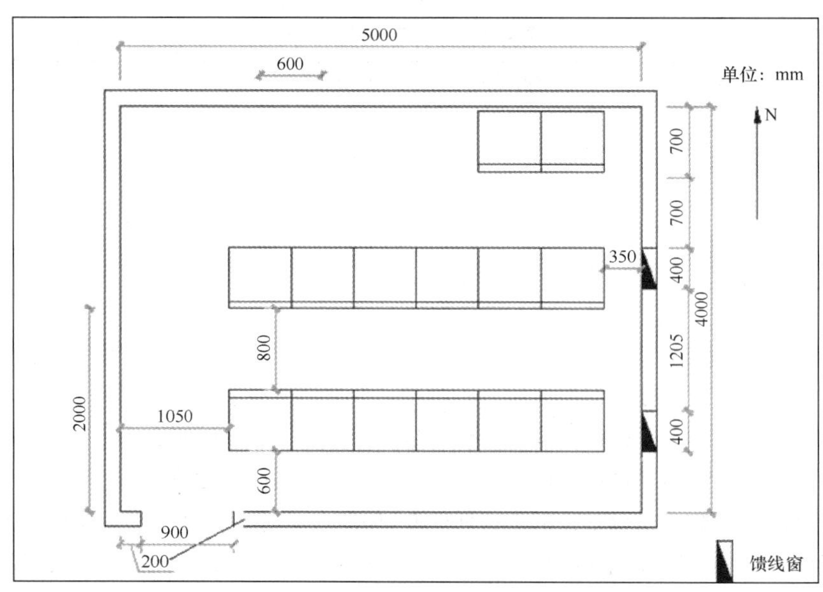

图 4-3　5m×4m 土建机房设备标准布局平面

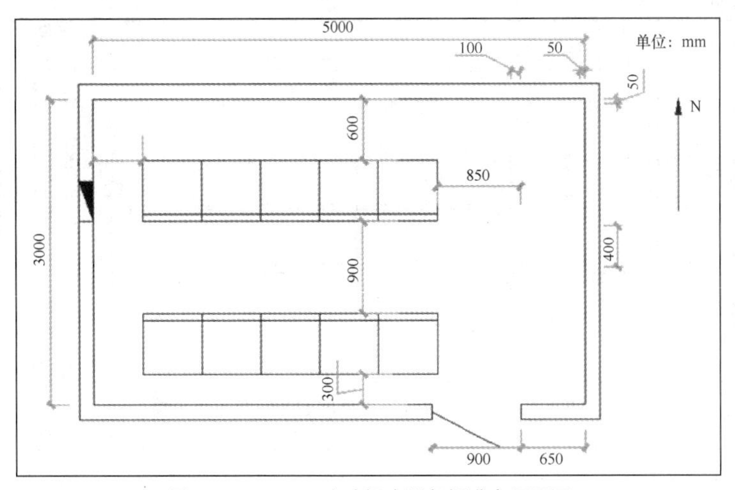

图 4-4　5m × 3m 土建机房设备标准布局平面

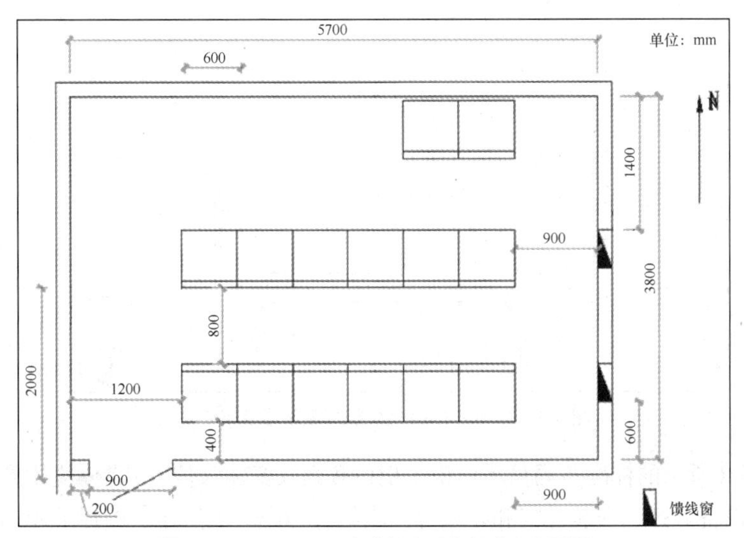

图 4-5　5.7m × 3.8m 土建机房设备标准布局平面

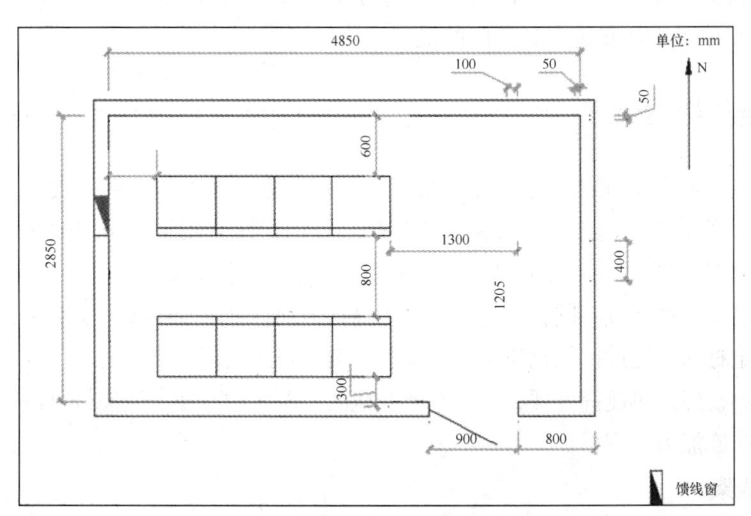

图 4-6　4.85m × 2.85m 土建机房设备标准布局平面

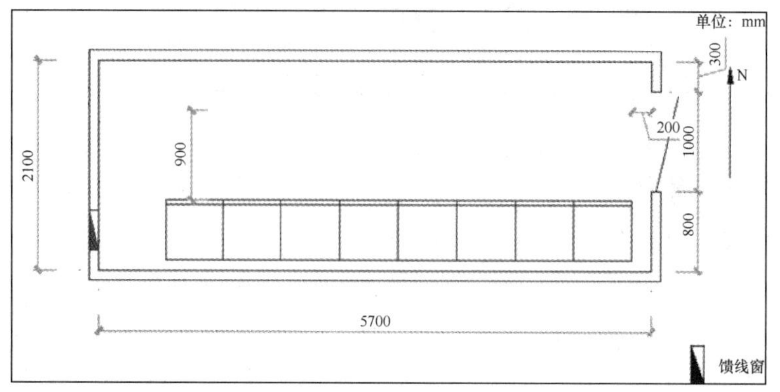

图 4-7　5.7m × 2.1m 土建机房设备标准布局平面

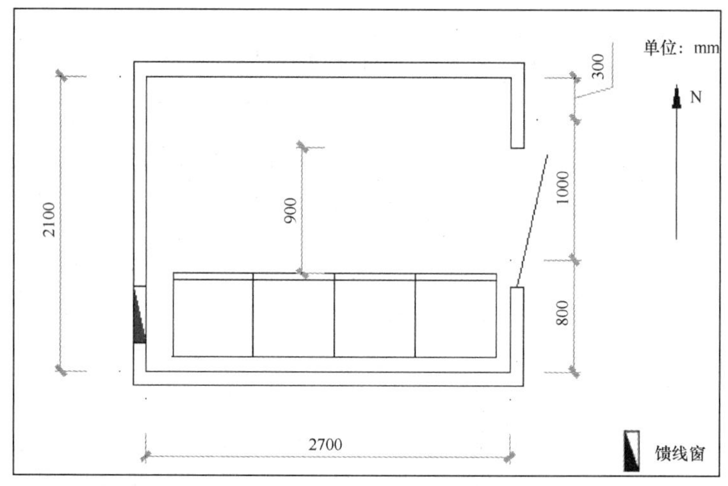

图 4-8　2.7m × 2.1m 土建机房设备标准布局平面

图 4-3～图 4-8 所示的标准布局只是标识了柜位和馈线窗建议位置，具体应用到实际的布局需要结合机房大小、设备分区、安装方式和布线等因素综合考虑。虽然建议的标准布局中的机房有大有小，但一般要求机房长度不小于 2.7 m，宽度不小于 2.1m，高度不低于 2.8m。柜位通常沿机房长边整齐布放，馈线窗位置通常安装在远离门的机房短边。

4.1.3　走线架设计

走线架也叫电缆桥架，是指用于布放和绑扎光、电缆进入设备的铁架。走线架根据安装位置一般分为室内走线架和室外走线架。室内走线架用于机房内的线缆布放和绑扎，室外走线架用于机房到塔桅的室外线缆布放和绑扎。

由于两者安装位置的环境不同，其走线架材质也有区别。室内走线架主要采用优质钢材或铝合金材料，经过抗氧化喷塑或镀锌、烤漆等表面处理方式。室外走线架主要采用钢材料，经过热镀锌处理；如果是严寒地区，需要对室外走线架材料进行防寒防冻处理，或使用具备防寒防冻能力的钢材。

1. 室内走线架

室内走线架安装在室内，材料一般为喷塑的标准定型产品，配件为系列标准件。以线梯形式为主，辅以线槽形式（即线槽作为选配件）。走线架的标准宽度为 400mm，通过特殊定制可以提供 200mm、300mm、600mm、800mm 等不同规格的走线架。通常每段线梯的长度为 2.5m，每段线槽的长度为 2m。

安装室内走线架时默认采用吊杆或地面支撑的安装方式，采用吊杆或撑杆固定，吊杆或撑杆标准长度为 2.5 m，安装要求保证其整体不晃动。两种安装方式的安装件相同，配件包括吊装件、地面支撑件、墙端固定件、水平连接件和垂直连接件等。走线架及其配件要求在走线架设计图中体现。

走线架的布置要仔细考虑机房各设备的走线路由，使用最少的走线架完成线缆的布放。布置走线架要结合设备的具体安装情况，力求走线合理、美观。目前，站点机房一般都采用上走线方式布放线缆，所谓上走线是指光、电缆在机柜上方布放，反之在机柜底部走线则为下走线。上走线时，线缆均需布放在走线架上，不可悬空走线。

在进行站点机房室内走线架设计时，一般可考虑单层走线架或双层走线架。双层走线架的线缆布放通常在下层布放信号线，上层布放电源线。

走线架有水平走线架和垂直走线架两类，如图 4-9 所示。水平走线架以吊挂或地面支撑方式固定安装于机房，距离地面一般为 2.2～2.6m。垂直走线架一端连接水平走线架，沿墙面垂直而下，下沿高度距离地面一般小于或等于 1.4m。

图 4-9　室内走线架

在进行机房室内走线架设计时，关于水平走线架的设计应按照下列要求。

① 由于机房走线规范要求横平竖直，走线架也应横平竖直。

② 机房需要走线的设备位置上应设计水平走线架，具体而言柜位、交流配电箱和蓄电池组正上方必须有水平走线架。

③ 水平走线架需要对接馈线窗，走线架高度原则上与馈线窗底部一致。

④ 水平主走线架（机房内最长的走线架）应连接机房两侧墙壁，不可悬空。

⑤ 走线架两端应设计加固件固定，中间还应设计各种连接件、加强件等进行安装和固定。

关于垂直走线架的设计应按照下列要求。

① 蓄电池组、交流配电箱等室内垂直走线距离较长的设备旁应设计垂直走线架。

② 垂直走线架上沿应连接水平走线架，下沿位于设备走线位置附近。

2. 室外走线架

室外走线架是指安装在室外的走线架，如图 4-10 所示。室外走线架用于连接馈线窗和塔桅，设计时一般默认使用单层走线架，默认走线架宽度为 400mm，水平安装高度为 2400mm。用户可根据塔桅和馈线窗位置实际情况进行调整。

室外走线架设计规范如下。

① 如果室外塔桅引入线缆位置低于馈线窗，室外走线架可从塔桅引入位置水平连接至机房墙壁馈线窗下方并做好两端固定，再沿墙面向上连接至馈线窗位置；如果室外塔桅引入线缆位置高于馈线窗或与馈线窗水平位置一致，设计室外走线架时需要预留避水弯的位置，以防止水流通过馈线窗

渗入机房。

图 4-10　室外走线架

② 对于分散型塔桅，室外走线架需要设计每一个从馈线窗至塔桅的连接；对于集中型塔桅，只需设计一个从馈线窗至塔桅线缆引入位置的连接即可。

③ 走线规范要求横平竖直，室外走线架也应保持横平竖直。

④ 走线架需保持水平或者垂直方向，不能倾斜。

⑤ 走线架两端需设计加固件固定，中间位置还需设计托架、固定件等进行固定。

⑥ 在满足建设要求的情况下，应尽量缩短走线架距离，以节省成本。

4.1.4　电源引入设计

根据 YD/T 1051—2018《通信局（站）电源系统总技术要求》，5G 通信站点的基础电源分为直流基础电源与交流基础电源：交流基础电源是指由市电或者发电机提供的交流电，直流基础电源是指向各种通信设备提供直流电的电源。一般情况下，电源引入设计的对象为交流基础电源。

根据 YD/T 1051—2018 规定，市电可以分成 4 类，具体情况如表 4-2 所示。

表 4-2　市电类型

技术要求	市电类型			
	一类市电	二类市电	三类市电	四类市电
引入方式	引入两个备用电源，并且都配备备用电源	从两个独立电源组成的环形电网上引入一路，或从一个稳定可靠的电源引入一路	从一个电源引入一路	从一个电源引入一路，经常存在短时间停电，或者存在季节性长时间停电
平均月故障次数/次	＜1	＜3.5	＜4.5	无
平均每次故障持续时间/h	＜0.5	＜6	＜8	无
年不可用度	$<6.8\times10^{-4}$	$<3\times10^{-2}$	$<5\times10^{-2}$	$>5\times10^{-2}$

注：年不可用度=不可用时间÷(可用时间+不可用时间)。

各级局（站）引入市电类型如表 4-3 所示。

表 4-3　各级局（站）引入市电类型

站点分类	一类局（站）	二类局（站）	三类局（站）	四类局（站）
引入市电类型	一类市电	具备条件引入一类市电，不具备条件引入二类市电	具备条件引入二类市电，不具备条件引入三类市电	就近引入稳定可靠的380V 电源，如果没有380V 可换成 220V

5G 基站站点属于四类局（站），正常情况下根据上表要求即可。如果 5G 站点位于偏远地区，无市电电源、引入市电电源也很复杂，则可以直接给站点配备发电机，根据现场情况，采用水力、风力或太阳能作为发电机的输入能源。

对电源引入除了电压要求之外，其他要求如表 4-4 所示。

表 4-4　站点机房市电电源引入要求

通信设备电源波动范围	其他设备电源波动范围	电压波形正弦畸变率	标准频率/Hz	频率波动范围
−10%～5%	−15%～10%	≤5%	50	±4%

表 4-4 的电源参数要求是对市电引入而言的，如果机房内设备有更高的电力指标要求，则需要增加稳压设备。

4.1.5　传输引入设计

传输是每个机房与其他机房直接的信号连接桥梁，传输引入设计分为传输拓扑位置设计，传输带宽、路由数、端口数设计，传输路由设计。

1．传输拓扑位置设计

在进行传输设计时，首先根据网络整体的传输拓扑情况（见图 4-11）与站点地理位置，设计站点的传输拓扑位置、上游传输引入点位置、同级与下游接入位置。

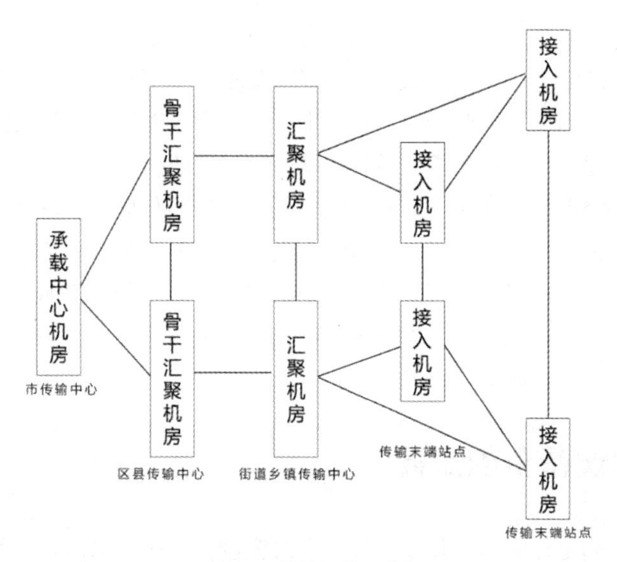

图 4-11　传输拓扑示意图

电源与传输引入设计

传输机房分为承载中心机房、骨干汇聚机房、汇聚机房和接入机房 4 类，分别处于承载网的不同层级。接入机房为最下游的传输末端节点，承载中心机房为最上游市传输中心，承载中心机房往上连接省传输骨干网。

5G 站点机房内由于有传输设备，因此也属于传输拓扑上的节点。一般情况下，5G 站点机房传输等级对应为接入机房，某些情况下属于汇聚机房，少数情况站点机房就近连接骨干汇聚机房或承载中心机房，具体情况需要根据站点位置与网络拓扑情况综合决定。

2. 传输带宽、路由数、端口数设计

在传输拓扑位置设计完成之后，进行传输带宽、端口数、路由数设计。

传输带宽需求计算步骤如下。

① 首先根据本站点规划配置的容量情况，计算出本站点所需的带宽，并且根据带宽预留比预留一部分带宽，以备后期的扩容。

② 计算同级与下游相关站点的带宽，根据拓扑位置，确定与本站点相连的同级站点与下游站点的情况，分别计算出这些站点的所需带宽和预留带宽，然后求和。如果本站点为传输末端站点并且不与同级站点相连，可以直接跳过本步骤。

③ 把前两步的结果相加，可以得出传输带宽需求。

传输路由数设计时，一般按当前所需计算，计算与本站相连的上游、同级、下游站点的数量，求和可得传输路由数量需求。

在进行传输端口数设计时，先计算本站内部的端口数需求，随后计算与本站相连的上游、同级、下游站点的端口数需求，求和可得传输端口数当前需求，然后根据拓扑设计规划情况计算所需预留的端口数，最后统一求和可以计算出传输端口数需求。

3. 传输路由设计

传输带宽、路由数、端口数设计完成之后，进行传输路由设计。在进行传输路由设计时，需要设计每一条路由的引入方式。首先根据路由数计算的结果，确定需要设计的路由数，还有每一条路由对端的位置及路由带宽。

传输路由引入方式一般分为 3 种类型：架空光缆引入、管道光缆引入、墙壁光缆引入。

① 架空光缆是架挂在电杆上使用的光缆。架空光缆敷设方式可以利用原有的架空明线杆路，以节省建设费用、缩短建设周期。架空光缆挂设在电杆上，要求能适应各种自然环境。由于架空光缆不够美观并且影响市区建设，架空光缆一般用于郊区或偏远地区站点。

② 管道光缆是在管道里布放的光缆，设计之前需要先敷设好管道。现在市区很多地方在建设时预埋了线缆管道，可以被很方便地使用，所以管道光缆一般多用在市区站点。

③ 墙壁光缆是在墙壁上布放的光缆，需要有连续的建筑物才可以布放，一般应用于郊区。

在进行传输路由设计时，应在满足国家规定与建设要求的情况下，根据具体情况进行设计，尽量选择施工方便、工期较短、成本较低的方案。

4.2 机房内设备布放设计

通过机房设计，可确定柜位布局和走线架、馈线窗位置。接下来需要进行机房设备整体规划以确定机房选型、数量、尺寸与安装方式，结合设备设计原则完成机房内设备布放设计。

4.2.1 机房设备整体规划

机房设备整体规划需要结合机房内部净空间尺寸和设计需求，确定机房所需的各类设备具体的型号、数量、具体尺寸及安装方式，包含电源及防护设备、传输设备、基站主设备、配套设备 4 种类型规划。

机房设备整体规划

1. 电源及防护设备规划

在进行电源及防护设备规划时需要重点统计机房所有涉及接电与接地设备的情况，从长远考虑，在满足当前需求的情况下，预留一定的容量以备后期扩容。

电源及防护设备规划一般包含接地排、防雷器、交流配电箱、电源柜、蓄电池组、配电盒与监控设备规划。具体情况如下。

（1）接地排规划

为了保证通信质量并确保设备与人身安全，机房内外设备、线缆和走线架等必须保证良好的接地，使各种电气设备和线缆的零电位点与大地有良好的电气连接，在站点机房主要通过接地线与接地排的连接来实现。接地排规划需要考虑机房所有设备的接地端口需求，确定接地所需的总接地端口数量及位置，选择合适的接地排。

一般情况下室外需要设置一个接地排，接地排与建筑地网相连，同时要连接室外 AAU 天线、馈线、走线架或桅杆等物的接地线。

机房内通过一个室内联合接地排（IGB）同时实现通信基站设备的工作接地、保护接地以及防雷接地。由于室内接地设备较多，接口数量需求大，通常情况下，交流配电箱、电源柜、综合柜内都会设计柜内接地排，柜内设备接入柜内接地排，再由柜内接地排接入室内接地排。蓄电池组可与抗震架统一接地或与电源柜统一接地。

（2）防雷器规划

在进行防雷器规划时，首先考虑当地的雷暴日（一天之中打雷次数超过 1 次为雷暴日）情况及雷区归属（见表 4-5，具体情况需要详细查询），根据雷暴日情况，结合站点安装位置（山顶、楼顶、地势较高的区域），确定基站防雷器的型号。

表 4-5　中国雷区分布

区域	雷区类型	标准年均雷暴日/天
西北地区	少雷区	≤25
长江以北区域（除西北区域）	中雷区	26～40
长江以南区域（除雷州半岛、海南省）	多雷区	41～90
雷州半岛与海南省	强雷区	>90

关于配电箱防雷器选择原则如下。

楼顶基站：参照 YD 5098《通信局（站）防雷与接地工程设计规范》3.7.7 节 3、4 条，建在城市，地处多雷区、强雷区，通信局（站）为孤立、高大建筑物的机楼，配电变压器低压侧或低压电缆引入配电室或配电屏终端入口处，应具有标称放电电流不小于 40kA 的限压型电涌保护器（Surge

Protective Device，SPD）。

郊区基站：参照 YD 5098 的 3.7.7 节 3、4 条，建在郊区或山区，地处中雷区以上的通信局（站），配电变压器低压侧或低压电缆引入配电室或配电屏终端入口处，应安装冲击通流容量大于 60kA 的限压型 SPD。

山顶基站：参照 YD 5098 的 3.7.7 节 5 条，建在高山，地处多雷区以上的微波站、移动通信基站，配电变压器低压侧或低压电缆引入配电室或配电屏终端入口处，应安装冲击通流容量大于 100kA 的限压型 SPD。

（3）交流配电箱规划

交流电源经双路市电转换后或油机市电转换后引入移动机房的交流配电箱，分成 n 个回路再配送至各负载。一般使用三相交流配电箱进行配电，负责基站内的所有交流负荷（开关电源、空调、照明、墙壁插座等）的电源分配，每根馈线要加一个空气开关进行过流保护。除此以外，还应有电度表和电涌抑制器（或称防雷器），可单独配置，也可一起置于交流配电箱内。

交流配电箱分路开关型号应考虑其基站内所有用电设备电压范围；分路开关大小的选择要满足中期负载工作电流的要求，熔体大小的选择还必须考虑电源设备的启动电流，各级熔体应相互配合，后一级要比前一级要小；分路开关数量要满足现有设备用电基础，还应该考虑一定的预留；各相线均应安装在熔断器或空气开关上。

配电箱容量根据引电方式和基站位置确定，总开关额定电流宜大于或等于 1.5～2.5 倍所带负荷总额定电流之和，多用 100A 或 63A 的进线容量。配电箱内通常包含一个 100A（供市电引入使用）、一个 63A（供开关电源使用）与两个 32A 的三相空气开关（供空调使用）。

（4）电源柜规划

基站使用组合开关电源进行交直流转换和直流配电，主要作用体现在将交流配电箱引入的市电转换为直流电，为机房的通信设备提供直流电，并为蓄电池组充电。组合开关电源单独成柜，落地安装，所以也称电源柜。

电源柜规划时需要考虑每个供电设备的具体需求，一般包括 4 个部分：交流配电单元、整流单元、监控模块和直流配电单元。

交流配电单元需要配置电涌保护器，内部空气开关的容量必须满足开关电源系统的最大容量，输入电压要求频率为 50Hz × (1 ± 5%)，电压标称值为单相 220V 或三相 380V，允许变动范围均为标称电压的 85%～110%。

整流单元应具备整流、稳压功能，容量应大于或等于负载电流和电池的均充电流（10 小时率充电电流）之和。整流模块应能并联工作，并且能按照比例均分负载。当某个整流模块故障时，能切换到备份模块，使电源系统仍能正常工作。

监控模块配有标准的通信接口，可以通过近程后台或远程后台监控电源系统的运行，能对输入输出电压、电流和各部分工作情况监管报警，实现对电源系统的集中维护。

直流配电单元内部有熔丝、切换器和直流空开等部件，与蓄电池组相连。正常工作时，市电通过电源柜的直流配电单元为蓄电池组进行浮充或均充；断电时，蓄电池组通过直流配电单元对设备进行直流供电。直流配电单元内部有一次下电与二次下电端口，端口数量和容量要满足机房要求。

（5）蓄电池组规划

考虑基站内部设备供电需求，一般情况下蓄电池组容量要求能对基站所有设备供电 2～6 小时，并且对传输设备供电 24 小时。根据容量的要求确定蓄电池的类型与数量。

（6）配电盒规划

通常 5G 站点机房还会在电源柜内安装配电盒，通过配电盒单独为 AAU 天线和 BBU 设备供电。配电盒规划时需要满足 BBU 与 AAU 的端口数量、电压电流参数，同时预留一定的端口数余量，以备后期扩容。

（7）监控设备规划

监控设备一般为一整套，包含视频监控、门禁监控、烟雾监控、温度监控、湿度监控、水淹监控、电源监控等。

2. 传输设备规划

5G 站点传输设备规划一般包含 SPN、ODF、OTN 等设备。具体规划如下。

① SPN 规划时，考虑本站容量与端口需求，并且预留一定的容量，再结合之前传输引入设计时，本站点在网络架构中的传输拓扑位置，以及上游、同级、下游每条路由的容量需求与距离，设计 SPN 的类型、板卡对应速率和端口数以及光模块支持的传输距离（普通光模块支持 40km，超长距离光模块最大支持 120km）。

② ODF 规划时，只需要确定端口数，一般根据 SPN 的端口数与引入光缆的端口数来考虑即可，留有一定的余量。

③ OTN 在目前站点机房较少使用，如果 SPN 的单条路由传输距离超过 120km，或者上游机房至本站传输时经过 OTN，本站需要使用 OTN。OTN 不能单独使用，当一条路由一端机房有 OTN 时，另一端也必须使用 OTN。

3. 基站主设备规划

5G 室外站点基站主设备规划一般包含 AAU、BBU、GPS 天线等设备。具体规划如下。

① 在进行 AAU 规划时，首先确定站点类型是独立 5G 还是与其他网络共用，然后考虑安装方式与安装位置，根据规划的覆盖范围与容量，确定 AAU 的发射功率与容量带宽，根据规划确定数量。

② 在进行 BBU 规划时，首先确定站点类型是独立 5G 还是与其他网络共用，根据需要支持的网络确定板卡类型，根据 AAU 的端口类型与数量规划基带板卡所需端口，BBU 板卡数量类型要与 AAU 匹配。根据基站整体容量规划主控板类型，一般情况下，主控板速率需要大于基带板，并且与 SPN 的板卡端口速率一致。

③ 在进行 GPS 天线规划时，需要配置避雷器。在某些特殊情况下，GPS 天线规划安装位置接收卫星信号较弱时，需要更换为加强型 GPS 天线。

4. 配套设备规划

5G 站点配套设备规划一般包含综合柜、空调、灭火器、梯子、清洁工具、发电机（可选）。具体情况如下。

① 在进行综合柜规划时，首先需要确定主设备与传输设备类型，根据其配置确定综合柜数量与类型。

② 在进行空调规划时，首先确定基站内所有设备的运行温度范围要求以及功率发热参数，结合机房内部净空间体积，选择合适的空调。

③ 在进行灭火器规划时，根据 GB 50140—2005《建筑灭火器配置设计规范》要求，配备两台二氧化碳灭火器，严禁配备泡沫型灭火器与水型灭火器。

④ 在进行梯子规划时，根据机房内部高度与塔桅、天馈高度，配备高度合适的梯子，如果梯子过长，可以选择人字形或者折叠型的梯子。

⑤ 在进行清洁工具规划时，机房应配备一套清洁工具，包含扫把、簸箕、拖把、垃圾桶、抹布等。

⑥ 在进行发电机规划时，根据机房的具体情况来看是否需要，根据现场环境选择发电机动力源。

4.2.2 电源及防护设备设计

电源及防护设备设计是机房稳定运行最重要的保障之一，电源设备提供持续、稳定、可靠的动力支持，防护设备为机房运行提供长久可靠的保障。

1. 接地设计

在进行接地设计时，需要确定接地类型，接地一般分为就近接地与新建接地。站点站址位于一些大型建筑物附近时，建筑物本身已有接地系统，站点接入建筑物已有接地系统为就近接地。站点站址位于偏远地区，或者位于郊区且附近没有接地系统，只能新建接地系统再进行接入，属于新建接地。

就近接地时，根据已有接地系统安装情况，结合 AAU 天线规划安装位置，设计室外接地排的安装位置，设计时尽量缩短接地线缆距离。室内的接地排根据布放位置有两种，一种位于机柜外，另一种位于机柜内。为方便区别，通常把位于机柜外的称为室内接地排，位于机柜内的称为柜内接地排。在进行室内接地排设计时，需要确定室内接地排布放位置，一般设计于水平走线架正下方、馈线窗附近。柜内接地排设计于机柜底部，用于机柜内部的设备和线缆接地，一般交流配电柜、开关电源柜、综合柜内都有柜内接地排。

新建机房接地系统需要设计接地母线引入点。接地母线引入点一般设计在馈线窗正下方立面墙体内，接入点内侧与外侧可以同时安装室内接地排与室外接地排；根据需求也可以考虑在综合柜下方地面内设置接地母线引入点，此时柜内地排直接连接接地母线引入点，不需要再额外连接室内地排。

使用接地排接线端子时，一般都是面对接地排接线端子，以从左至右的顺序进行使用。

2. 防雷器

在进行防雷器安装位置设计时，需要根据交流电源引入点位置设计，一般情况下，电源引入点都位于有机房门的立面墙位置，所以防雷器也壁挂安装在有机房门的立面墙上。如果电源引入点在其他墙面，防雷器就壁挂安装于其他墙面。非特殊情况，不建议调整市电引入点。

3. 交流配电箱

在进行交流配电箱设计时，安装位置一般建议与机房交流引入点在同一面墙。如机房无交流引入点，则从建筑强电井处的配电箱位置引入市电。交流配电箱以挂墙方式安装，通常位于机房门附近。交流配电箱安装的位置需要设计垂直走线架。

4. 蓄电池组

在进行蓄电池组设计时，一般位于机房内侧墙边或横梁上以落地安装形式布置。如果有多组蓄电池组，需要放在一起，且不可放于阳台或者阳光照射区。蓄电池组重量很重，一般不直接放置于地面，需要搭配抗震架一起设计。蓄电池组安装的位置同样需要设计垂直走线架。

5. 电源柜

在进行电源柜设计时，需要综合考虑交流配电箱与蓄电池组的位置，最佳位置是机房交流配电箱与蓄电池组中间。因为电源柜与交流配电箱之间的交流电流，以及电源柜与蓄电池组之间的直流电流都很大，相应电源线径大，电源柜应选择离两者距离较近的位置以降低建设成本和电压损失。

使用电源柜接线端子时，一般都是在满足电流需求的情况下，面对电源柜接线端子，以从左至右的顺序进行使用。

6. 配电盒

配电盒安装方式有壁挂安装（嵌入壁挂机框）与嵌入落地式柜内安装两种。一般在机房内空间满足的情况下，优先采用嵌入落地式柜内安装。配电盒一般安装在综合柜中的顶部位置，与 BBU 同机柜。配电盒由电源柜的一次下电引入，为 BBU 和 AAU 天线供电。

使用配电盒接线端子时，一般都是在满足电流需求的情况下，面对电源柜接线端子，以从左至右的顺序进行使用。

7. 监控设备

在进行监控设备设计时，需要根据监控类型考虑监控设备的设计位置。

① 电源监控一般位于防雷器与电源柜两个位置，监控市电引入情况与电源柜情况。

② 烟雾监控一般位于机房内顶部中心位置，吊顶安装。

③ 视频监控一般位于离开门位置最远与最近的两个墙角顶部，斜向下监控机房内情况，根据机房实际情况还可以增加视频监控布放位置。

④ 门禁监控一般位于机房大门位置，如果机房存在除馈窗外的其他窗户，也需要安装门禁监控，防止不法分子破窗而入进行盗窃。

⑤ 温度与湿度监控一般使用同一设备，安装于离空调最远与最近的立面墙位置（不允许安装于空调正对吹风的位置），监控机房内温度与湿度情况。

⑥ 水浸监控一般安装于机房大门位置的地面上，根据实际情况也可以增装于馈线窗或其他窗户下方的地面上。

4.2.3 传输设备设计

电源与防护设备设计完成后，进行传输设备设计，传输设备设计一般涉及 SPN、ODF、OTN，为方便走线连接，所有的传输设备应尽量集中放置。

1. SPN

在进行 SPN 设计时，首先考虑 SPN 的类型。SPN 分为大、中、小 3 种，大型 SPN 需要独立落地式机柜安装，中型 SPN 需要嵌入落地机柜安装，小型 SPN 一般有壁挂安装（嵌入壁挂机框）与嵌入落地式柜内安装两种方式。一般站点机房使用小型 SPN，如果机房同级与下挂站点较多则会使用中型 SPN。设计时根据机房实际情况考虑安装位置，如果机房空间允许，小型 SPN 优先使用嵌入落地式柜内安装。

中型 SPN 体积较大，一般要占用半个综合柜位置，一般只与 ODF 装在同一机柜；小型 SPN 体积较小，可以与 BBU、ODF、配电盒等一起装在一个综合机柜内。SPN 设计电源端子时需要连接二级下电。

2. ODF

在进行 ODF 设计时，一般有壁挂安装（嵌入壁挂机框）与嵌入落地式柜内安装两种方式。根据 ODF 的大小，一般优先采用嵌入落地式柜内安装，并且与 SPN 为同一机柜。

3. OTN

在进行 OTN 设计时，一般需要独立落地式机柜安装，在 SPN 与 ODF 旁边，以方便走线。

4.2.4 基站主设备设计

基站主设备设计一般涉及 BBU、GPS 天线、AAU。这里主要介绍 BBU 与 GPS 天线，AAU 在天馈设计部分介绍。

1. BBU

在进行 BBU 设计时，一般有壁挂安装（嵌入壁挂机框）与嵌入落地式柜内安装两种方式。根据机房具体情况，优先采用嵌入落地式柜内安装。

2. GPS 天线

在进行 GPS 天线设计时，需要考虑 GPS 接收信号情况，设计在空旷位置，四周无遮挡，无强电强磁干扰。如果机房顶无遮挡，一般设计在机房顶部位置；如果机房顶存在遮挡，就近选择合适的地方进行设计。

4.2.5 配套设备设计

基站配套设备设计一般涉及综合柜、空调、灭火器、梯子与清洁工具、发电机等设备。

1. 综合柜

在进行综合柜设计时，根据机房具体情况与传输设备类型，一般设计在电源柜旁边，以方便走线。

2. 空调

在进行空调设计时，一般设计在机房内侧，并且配有三相电插座和做好接地配置。

3. 灭火器

在进行灭火器设计时，一般设计在机房门旁边，位于开门方向的另一边，以便机房起火需要使用灭火器救火时，开门就能直接拿取使用。

4. 梯子与清洁工具

在进行梯子与清洁工具设计时，一般设计在机房内空旷位置，周围没有相关设备，以避免梯子与清洁工具倒下损伤设备。

5. 发电机

在进行发电机设计时，需要另外设计油机房，不可以直接设计在通信机房内，当机房室内平面净尺寸为 5m×4m 时，油机房的室内平面净尺寸宜为 4m×3m；当机房室内平面净尺寸为 5m×3m 时，油机房的室内平面净尺寸宜为 3m×3m；也可根据现场情况做适当调整。

4.2.6 设备布放综合设计

站点机房内设备布置应合理统一、整齐美观，以维护方便、操作安全、便于施工和后期扩容为原则，充分考虑信号线、控制线和电源线的分离布放，并兼顾材料和成本因素。考虑到基站机房通常面积有限，要求设备之间的维护距离应满足安装、操作及最小维护距离需求。

根据实际情况（门、窗、馈线窗位置，交流引入情况等），综合考虑电源系统和通信系统设备布放，其他系统设备布放相对简单，根据前文设计原则布放即可。

电源系统设备主要包含开关电源柜、蓄电池组和交流配电箱，为布线方便和未来扩容考虑，电源系统设备一般设置在机房靠近配电箱、远离馈线窗的位置。蓄电池组和配电箱只与开关电源有电源线缆连接，一般布置在开关电源附近。交流配电箱挂墙安装，安装位置一般要求与交流引入孔位于同一面墙。开关电源柜落地安装，一般位于电源系统设备的中心位置。站点机房蓄电池组一般为两组（特殊情况下可能为 1 组），由于重量较大，一般建议置于横梁上或者靠墙摆放，最佳靠墙位置为两组蓄电池组的中间正对开关电源柜。

通信系统设备主要指机房内的传输设备和无线设备 BBU，一般情况都安装于机柜，少数情况以挂墙方式安装。在安装于机柜的情况下，传输设备和无线设备可能分开布放于无线柜和传输柜，也可能都布放于综合柜中，一般建议在设计时预留 1 个机柜位置以备未来扩容。在 5G 站点机房中，经常出现传输设备、无线设备和 ODF 放置于同一个机柜中的情况。综合柜与开关电源柜一般要对齐并排摆放，摆放位置通常靠近馈线窗方向。

4.3 塔桅及天馈设计

完成机房内设计之后，需要进行机房外塔桅与天馈等设备的布放设计。

塔桅及天馈设计

4.3.1 塔桅设计

在进行塔桅设计时，首先确定现场是否已有塔桅，已有塔桅是否满足建设要求，如果满足应尽量利旧已有塔桅，可加快建设进度并且节省建设成本。如果没有可以利旧使用的塔桅，则需要进行新建塔桅设计。

在进行新建塔桅设计时，主要从以下几个方面来考虑。

1. 建设要求

新建塔桅首先需要满足建设要求，根据设计的天线高度、天线数量、天线类型确定塔桅的高度。如果塔桅在地面上，塔桅高度需要高于天线高度，塔桅设备安装位置应符合天线高度要求。如果塔桅在建筑物顶，塔桅高度加建筑物高度之和需要高于天线高度，塔桅设备安装位置应符合天线高度要求。

2. 物业协调

在高档写字楼、商业广场、风景区、旅游区等任何场景，物业协调都是新建塔桅需要面临的重要难题。业主担忧的问题包括塔桅是否会影响建筑的整体风格，是否会降低商场或小区整体档次，是否会存在辐射、承重、美观等问题，设计时要重视物业协调，充分考虑受到业主干扰的可能性，设计业主同意的建站方案。

一般市区楼顶适合使用美化方柱、美化排气管、美化空调等塔桅；市区路边适合使用景观塔、路灯杆等塔桅；郊区楼顶适合使用抱杆、支撑杆、增高架等塔桅；风景区、旅游区适合使用美化树；郊区适合使用角钢塔、管塔等塔桅。

3. 投资成本

新建塔桅需要考虑投资成本问题，选择合适的塔桅类型。投资成本不仅包含塔桅本身成本，还需要综合考虑塔桅的配套设备费用、运输费用、安装费用等成本。

4. 建设条件

新建塔桅需要考虑建设条件。除了考虑所承受的风压大小和塔桅建设难度以外，楼顶塔桅需要考虑楼顶的承重能力，地面塔桅需要考虑地面的土质情况，山上塔桅需要考虑塔桅的运输条件。

5. 建设周期

新建塔桅需要考虑建设周期问题，塔桅建设需要满足工程周期，以避免塔桅建设延后导致影响工程整体进度的情况出现。

4.3.2 天馈设计

与 3G 和 4G 站点相比较，5G 站点使用新设备 AAU。AAU 集成了 RRU+馈线+天线的功能，减少了户外设备和线缆数量，从而在很大程度上降低了天馈设计的工作内容与工作难度。5G 站点因馈线集成于 AAU 设备中，设计和施工无须考虑馈线布放，因而 5G 的天馈设计主要是 AAU 天线和线缆布放设计。

天馈设计考虑因素一般包括以下几个方面：

① 天馈安装设计位置正前方不能存在物体阻挡信号传播；

② 天馈安装设计高度需要满足建设要求与高度规划；

③ 天馈安装设计的方位角需要满足覆盖要求，每个天线设计的位置方位角就在塔桅的对应位置，比如方位角为 0° 左右覆盖塔桅北边的天线应该设计在塔桅的北侧；

④ 天馈安装设计的机械下倾角与电子下倾角需要满足覆盖要求；

⑤ 在进行天馈安装设计时，应考虑接地线、电源线、数据线的布放及连接方便，尽量缩短接线距离。

【项目实施】

5G 室外覆盖系统设计，需要在熟练掌握相关理论知识的基础上，根据实际工程场景灵活运用，以下将通过具体项目实施来加深读者对 5G 室外覆盖系统设计的理解和增强相关应用能力。

4.4 5G 室外覆盖系统设计

某城市完成 5G 网络整体架构规划，计划开始 5G 室外覆盖系统建设试点，目前已完成室外站点选址与勘察。请进入每张方案设计图样场景，选择合适的设备，设计合理的安装位置，并且按照安装要求完成参数设计，主要任务有以下几个：

① 机房与塔桅设备设计；

② 基站电源与传输设备设计；

③ 基站主设备设计；

④ 基站配套设备设计。

4.4.1 任务准备

实训采用仿真软件进行，所需实训环境参考表 4-6。

表 4-6 5G 室外站点设计实训所需软硬件环境

序号	软硬件名称	规格型号	单位	数量	备注
1	IUV-5G 站点工程建设	V1.0	套	20	仿真软件
2	计算机	—	台	20	已安装仿真软件，须联网

4.4.2 任务实施

1. 设计天馈安装平面图

单击方案设计按钮，我们首先完成天馈安装平面图，如图 4-12 所示。

右侧图例的下拉菜单，包含机房、抱杆、天线等基站图例。依次将右侧图例中的租赁机房、美化方柱、GPS+防雷器和 5GAAU 天线拖放到图中，如图 4-13 所示。

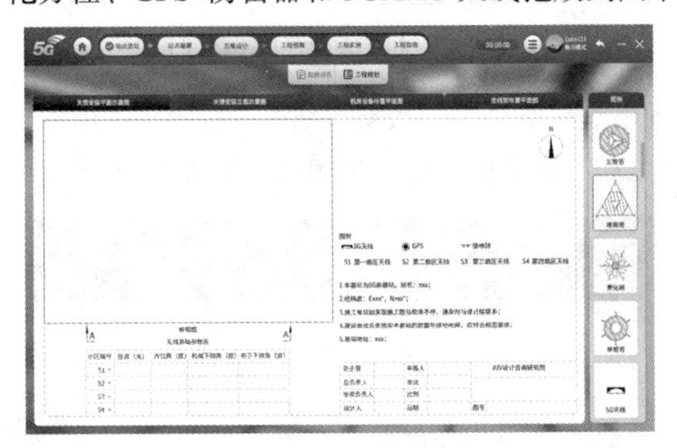

图 4-12 天馈安装平面图

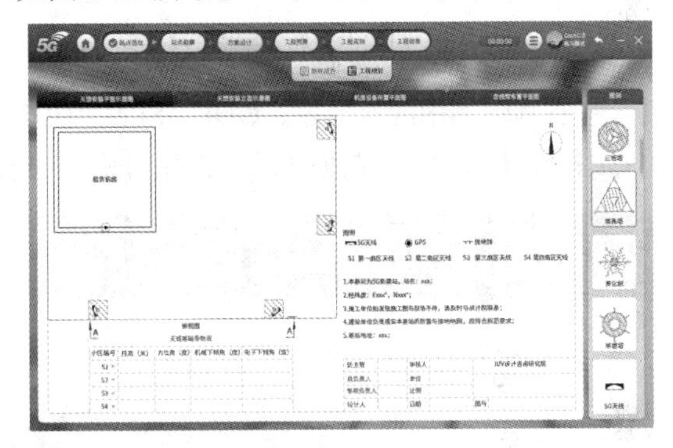

图 4-13 设备布放

根据记录表和工程规划表，填写天线基础参数表。因工程规划中下倾角为 6° ，所以我们将机械下倾角和电子下倾角填写为 3° ，后期优化时可进行调整，如图 4-14 所示。

2. 设计天馈安装立面图

接着完成天馈安装立面图。依次将右侧图例中的租赁机房、美化方柱、GPS+防雷器、5GAAU 天线拖放到图中，如图 4-15 所示。

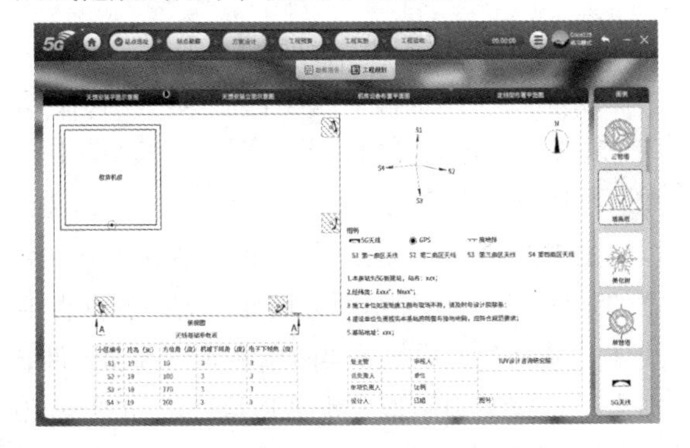

图 4-14 参数设计

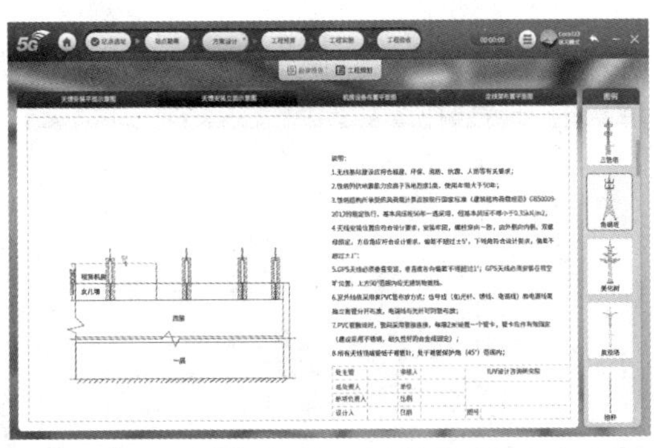

图 4-15 天馈安装立面图

3. 设计机房设备布置平面图

单击机房设备布置平面图，依次将右侧图例中的租赁机房、电源柜、综合柜拖放到图中，电源柜和综合柜放置在一条直线上以便后期走线架走线，如图 4-16 所示。再从右侧图例中将交流配电箱、监控防雷器、消防器材、馈线窗、接地排拖放至内门墙一侧，以符合安全规范，如图 4-17 所示。再将两组蓄电池组和空调分别放置在门墙两侧的内墙边，且与电源柜和综合柜呈一条直线，以便后期走线架走线，如图 4-18 所示。

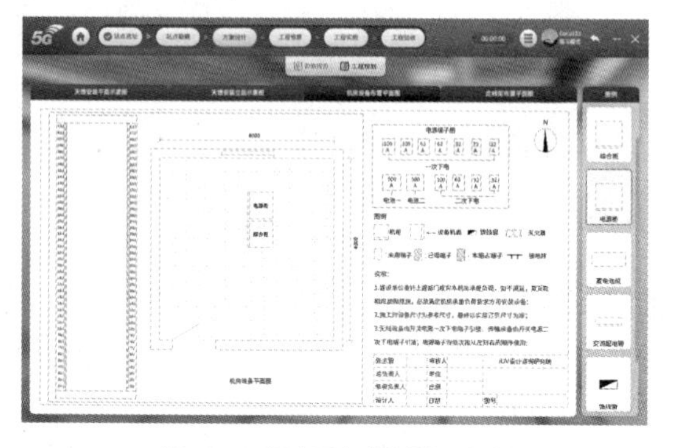

图 4-16　机房设备布置平面图 1

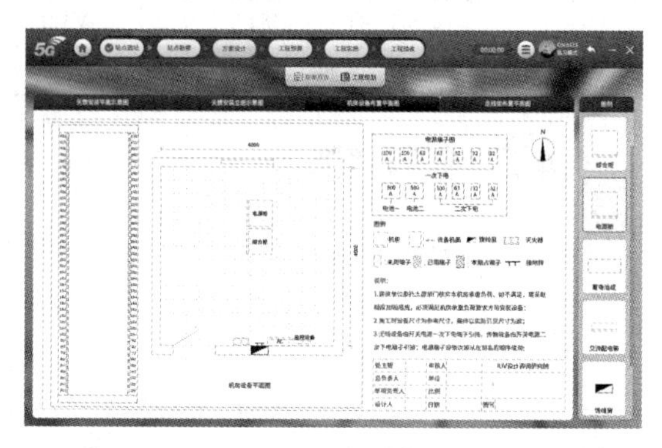

图 4-17　机房设备布置平面图 2

将右侧图例中的接地排、ODF、SPN、BBU、配电盒从下至上依次安放到综合柜中（配电盒安放在综合柜最上方），在电源端子图中分别在一次下电和二次下电中选一个端口，如图 4-19 所示。

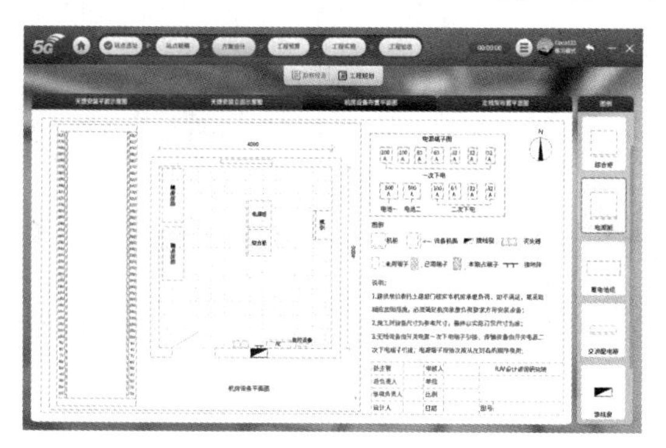

图 4-18　机房设备布置平面图 3

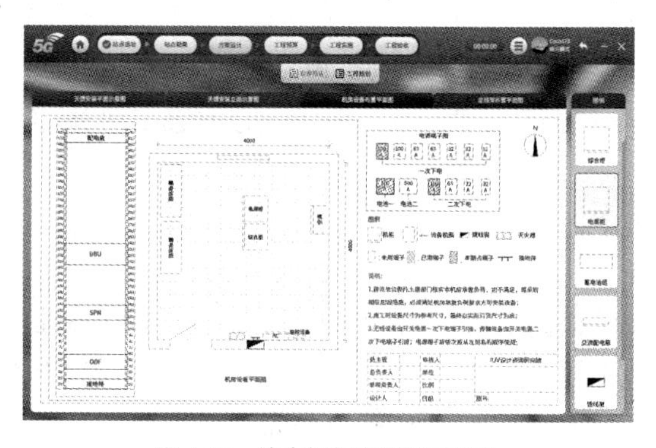

图 4-19　综合柜与电源端子设计

4. 设计走线架布置平面图

选择走线架布置平面图，拖放馈线窗至图内，馈线窗位置需要和机房设备布置平面图中一致。再拖放水平走线架（横）、水平走线架（竖）以满足馈线窗、电源柜、综合柜、蓄电池组、空调的走线。在蓄电池组所处墙面还需拖放垂直走线架。最后在水平走线架两端拖放终端加固件，在水平走线架中间拖放水平连接件，如图 4-20 所示。

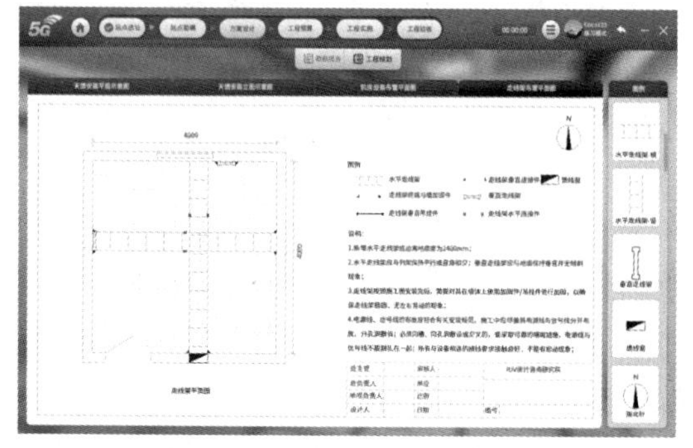

图 4-20　走线架布置平面图

【模块小结】

本模块 4.1 节介绍了 5G 站点机房整体、柜位与馈线窗、走线架以及电源和传输引入设计；4.2 节介绍了机房设备整体规划、电源及防护设备、传输设备、基站主设备、配套设备和设备布放综合设计的方法；4.3 节介绍了塔桅、天馈设计的方法；4.4 节通过站点设计实训案例，强化训练了读者站点天馈安装平面图、天馈安装立面图、机房设备布置平面图、走线架布置平面图的设计和出图技能。

【课后习题】

（1）在进行机房设计时，首先考虑使用（　　）类型的机房。

A. 土建机房　　B. 利旧机房　　C. 彩钢板机房　　D. 铁甲机房

（2）在进行机房设计时，馈线窗下沿的高度建议为（　　）mm。

A. 2000　　B. 1800　　C. 2400　　D. 1900

（3）在进行走线架设计时，必须要连接（　　）。

A. 馈线窗　　B. 接地排　　C. 空调　　D. 以上都要

（4）在进行电源引入设计时，一般优先考虑引入稳定可靠的（　　）电源。

A. 220V　　B. 10kV　　C. 5kV　　D. 380V

（5）在进行 BBU 设计时，一般优先考虑（　　）。

A. 室内壁挂安装　　B. 室内嵌入落地式柜内安装

C. 室外壁挂安装　　D. 室外嵌入落地式柜内安装

【拓展训练】

请各位同学选择一个附近的 5G 站点，画出站点的室内外工程设计图，要求设计图纸包含机房内和室外安装设备与塔桅的类型、尺寸。

模块5 5G室内分布系统设计

05

【学习目标】

1. 知识目标

- 学习室分站点设计流程
- 学习室分站点相关设备与参数设计
- 学习室分站点图纸设计方法

2. 技能目标

- 掌握室内信号传播模型使用
- 掌握室分站点设计要求与原则
- 掌握室分站点设计方法

3. 素质目标

- 培养勇于创新的精神
- 培养实事求是的品质
- 培养脚踏实地的作风

【模块概述】

室内分布系统是5G站点的重要组成部分。随着社会经济发展，越来越多的用户在室内使用5G终端享受通信服务，室内语音业务与数据业务量的占比也逐渐提高，据统计，4G 室内业务占比约70%，而 5G 室内业务占比将超过 80%。室内分布需要根据建筑物的实际情况进行设计，建筑物结构多种多样，室分设计需要随之变化。因此，想要做好室内分布设计，就要熟练掌握室内分布设计流程与各项技术知识。

【思维导图】

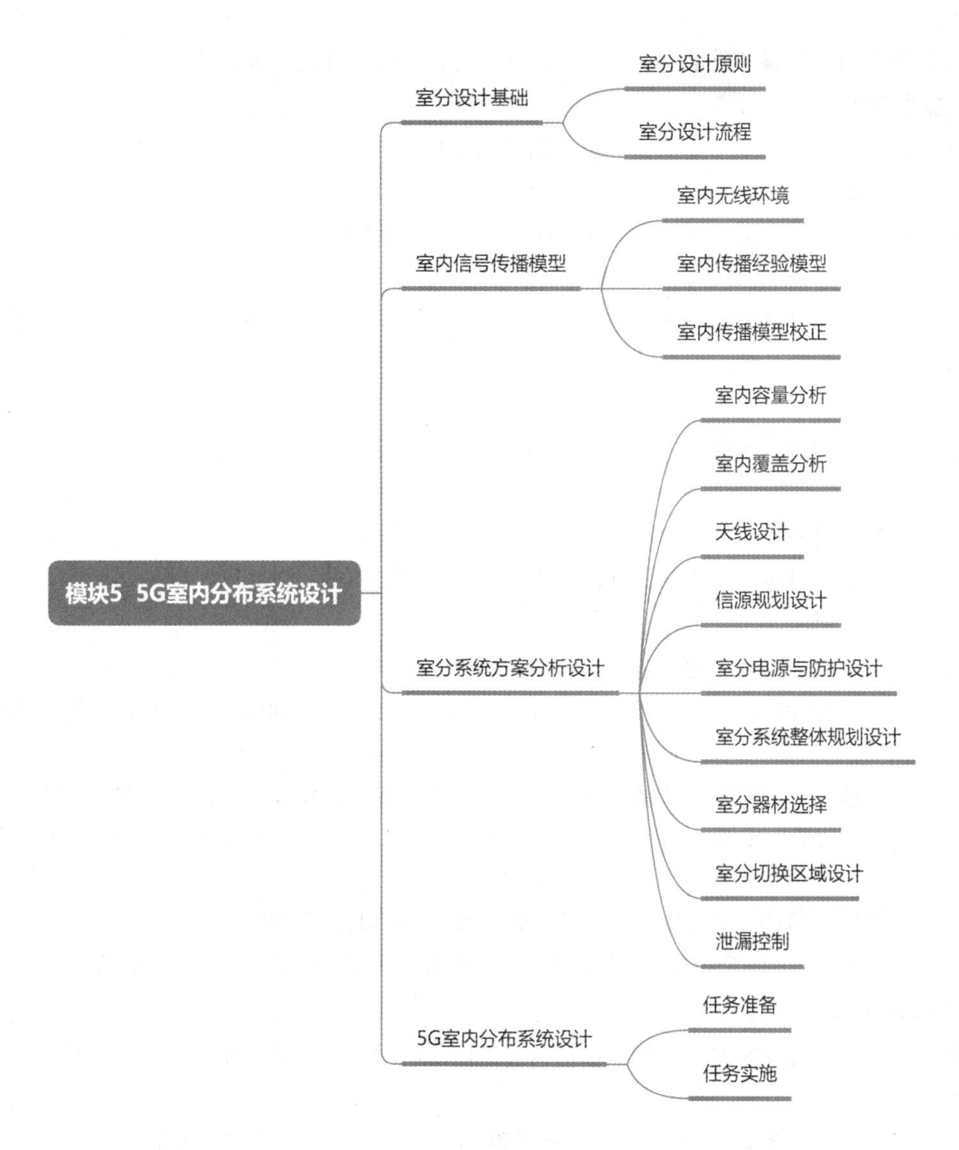

【知识准备】

在正式进行 5G 室内分布系统设计之前，必须要了解室分设计流程。掌握一些与室内分布设计相关的基础知识，才能更好地完成设计工作。

5.1 室分设计基础

室分设计基础分为室分设计原则与室分设计流程，是进行室分设计之前必须掌握的知识。室分设计原则包含总体原则、工程设计原则以及技术指标原则，室分设计流程包含室分设计步骤和任务。

5.1.1 室分设计原则

为了提升网络信号服务质量，提升用户感知体验，室分设计需要满足如下原则。

1. 总体原则

一个良好的室内分布系统设计方案需要满足以下几个要求。

（1）信号覆盖要求

室分系统需要在目标覆盖区域内的每一个地方，信号强度与信号质量都能满足要求。

（2）容量与业务指标要求

室分系统需要满足基于用户数的容量需求，确保所有用户在目标覆盖区域内的每一个地方，语音、视频、下载等各项业务指标都能满足要求。

（3）移动性要求

室分系统需要在每一个室分信号与室外信号交互的位置，满足用户出入的切换、重选等移动性要求。

（4）干扰与外泄要求

室分系统需要尽量避免干扰室内其他网络，尽量避免室内信号泄漏到室外干扰影响室外信号。

2. 工程设计原则

进行室分系统设计时，在遵循总体原则的前提下，还需要遵守以下一些设计原则。

（1）室分系统设计时必须遵守国家相关标准与规范，比如技术标准、电磁辐射标准、噪声污染标准等。

（2）室分系统设计应做到整体结构简单，施工方便，尽量避免或减少对目标建筑物造成影响。

（3）室分系统设计应具有良好的发展性与兼容性，可以兼容原有的系统，并且可以根据技术发展进行升级。

（4）室分系统的器件选型应统一标准化，便于施工与后期维护调整。

（5）室分系统应考虑资源共享与节能减排，增加资源利用率，在满足建设需求的情况下节省成本。

3. 技术指标原则

在进行室分规划设计时需要了解通信运营商的网络技术指标要求，避免出现室分系统设计不符合规范的情况。

一般 5G 室分技术指标要求如下，各家运营商的技术指标要求可能略有差别。

（1）工作频段

根据国家分配，中国通信运营商 5G 频段分配使用情况如表 5-1 所示。

表 5-1 中国通信运营商 5G 频段分配使用情况

运营商	频率范围/MHz	带宽/MHz	频带	备注
中国移动	2515 ~ 2675	160	n41	4G/5G 频谱共享
	4800 ~ 4900	100	n79	
中国广电	4900 ~ 4960	60	n79	
	703 ~ 733/758 ~ 788	2 × 30	n28	

续表

运营商	频率范围/MHz	带宽/MHz	频带	备注
中国电信/ 中国联通/ 中国广电	3300 ~ 3400	100	n78	3 家室内覆盖共享
中国电信	3400 ~ 3500	100	n78	两家共建共享
中国联通	3500 ~ 3600	100	n78	

（2）覆盖指标要求

① 信号覆盖。

5G NR 覆盖率≥95%，5G NR 覆盖率计算方法为：

5G NR 覆盖率=5G NR 条件采样点数(SSB-RSRP≥−95dBm& SSB-SINR≥3dB)/总采样点×100%

② 信号外泄。

建筑外主服务小区信号为室外小区信号，建筑外 10m 接收到室内信号或比室外主小区低 10dBm（当建筑物距离道路小于 10m 时，以道路为参考点）。

（3）业务要求

① 上传下载。

小区带宽配置为 100Mbit/s。资源配置充足时如下。

下行 600Mbit/s；双通道：下行 300Mbit/s；单通道：下行 150Mbit/s。

上行 70Mbit/s；双通道：上行 30Mbit/s；单通道：上行 15Mbit/s。

同时确保 BLER≤10%。

小区配置为其他带宽时，速率要求按带宽与 100Mbit/s 配置比计算，BLER 要求一致。

② PING。

32 字节小包连续测试次数要求最少 100 次：时延小于 15ms，成功率大于 99%。

500 字节小包连续测试次数要求最少 100 次：时延小于 17ms，成功率大于 99%。

③ 语音呼叫。

每个小区语音呼叫测试 10 次（主、被叫测试各 5 次），接通成功率 100%，通话过程话音清晰，无杂音、单通、串话等情况，通话结束正常挂断无掉话。

④ 切换测试。

每个切换区域测试 10 次（室内信号与室外信号出入切换各 5 次），切换成功率 100%，切换顺畅无延迟，切换过程中业务保持良好。

5.1.2 室分设计流程

想要设计出好的室内分布系统方案，除了要严格遵循相关的设计原则之外，还必须有一套科学、合理的设计流程。按照设计流程的步骤进行方案设计，可以提升工作效率，避免出现设计冲突。

5G 站点室分设计流程包括容量分析设计、覆盖分析设计、天线设计、信源规划设计、室分系统整体设计、室分器材选择、电源及防护设计、切换区域设计、信号泄漏控制等步骤，具体流程如图 5-1 所示。

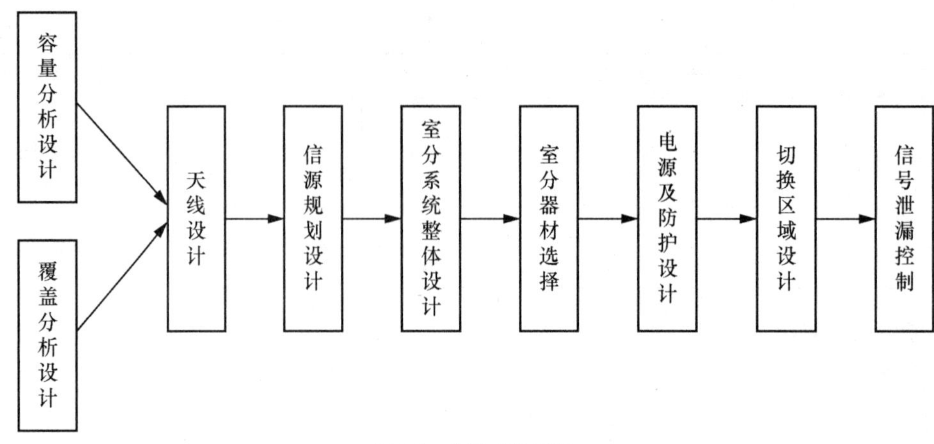

图 5-1　室分设计流程

① 容量分析设计：通过现场勘察，分析室分建设目标建筑物内所有区域的用户具体分布情况，是信源与天线设计的重要依据。

② 覆盖分析设计：通过现场勘察，分析室分建设目标建筑物内各个区域的环境阻隔情况及信号衰减情况，是天线设计的重要依据。

③ 天线设计：根据容量与覆盖分析结果，结合建设需求，设计每个天线布放的具体位置、类型、功率。

④ 信源规划设计：根据容量与覆盖分析结果，结合天线布放情况，设计室分系统的信源类型、数量、功率、频率、带宽。

⑤ 室分系统整体设计：根据容量与覆盖分析结果，结合天线与信源设计结果，确定室分系统的整体架构布局、走线路由、小区划分情况。

⑥ 室分器材选择：根据天线与信源设计，结合室分整体架构布局，选择室分系统各个节点使用的设备类型及参数。

⑦ 电源及防护设计：根据室分整体架构与器材选择结果，确定每个位置安装的设备使用的电源类型、参数、连接方式与接地情况。

⑧ 切换区域设计：根据室分整体架构布局与小区划分情况，确定室分系统内部及室内外信号切换区域情况。

⑨ 信号泄漏控制：根据室分整体架构布局与天线具体参数，控制室分系统信号泄漏，防止干扰其他区域用户感知体验。

5.2 室内信号传播模型

室分设计必须要了解信号在室内的各类传播模型，根据建筑物室内格局与材料的具体情况，选择对应的传播模型来进行设计。

5.2.1 室内无线环境

室内无线环境

在确定信号传播模型之前，首先需要深入室分建筑物现场进行实地考察，详细了解建筑物的结构设计、具体格局、材料使用等与室内无线环境相关的关键信息。

1. 室内无线环境概述

室内无线环境由建筑物自身的材料和布局决定，需要综合考虑建筑物的整体结构、尺寸大小、使用材料、内部格局、使用场景等因素。

建筑物内部一般存在大量分隔，分隔所使用的材料有钢筋混凝土、砖、木质、玻璃、金属等，不同材料的分隔与障碍物给无线信号带来的穿透损耗不同，导致室内信号传播的路径损耗差异比较大。

在室内安装天馈设备时受建筑物内部空间大小限制，不能采用室外常用的高增益天线。信号在室内传播的过程中受到很多内部分隔的影响，信号的穿透损耗比较大，所以用户终端在室内接收到的信号功率一般都比较小。

5G 信号本身是无线电波，在室内环境的传播过程中，会因建筑物内部的天花板、地面、墙面、分隔、柱等影响，产生反射、直射、散射、绕射等现象，从而导致复杂的多径效应。

2. 信号在室内外传播对比

信号在室外传播时，受距离、气候、环境等因素影响，接收信号时的相位与幅度会随机变化，必须要考虑时延、快衰落等因素。信号在室内传播时，由于空间比室外小并且基本不受室外环境气候影响，所以衰落特指慢衰落，且时延因素影响较小，可以满足高速率传输的条件。

信号在室外传播时，需要考虑多普勒效应，而在室内传播时，由于一般不可能存在高速移动的终端用户，此时可以忽略多普勒效应。

因为室内建筑物空间受限和阻挡较多，室内的信号传播相比室外具有更复杂的多径效应。同样由于室内有较多分隔和阻挡，导致信号在室内传播的路径损耗比在室外传播更高。信号传播的路径损耗与距离呈指数变化的规律在建筑物室内环境影响下并非总是成立的。

5.2.2 室内传播经验模型

确定传播模型是计算路径损耗的先决条件。传播模型有多种，研究各种传播模型的路径损耗，需要通过建模仿真来比对不同模型下各参数对路径损耗的影响，最终确定接近实际情况的模型。

1. 室内通用传播模型

室内通用传播模型可用于典型的室内环境。该模型用平均的路径损耗和有关的阴影衰减统计来表征室内路径的损耗，可用于计算穿过多层楼层的损耗。该模型适用于频率在楼层间复用的场景，基本计算公式：

$$\mathrm{PL}(d)=\mathrm{PL}+10\cdot\mathrm{Nsf}\cdot\mathrm{Log}(d)+\mathrm{FAF}$$

其中，d 为测试点与发射端的距离；PL(d)为测试点的路径损耗；PL 为 1m 距离的空间损耗；Nsf 为同层损耗因子，需经过模拟场强测试决定；FAF 为不同层路径损耗附加值。后续模型中相同的符号意义一致，不再说明。

2. 自由空间传播模型

自由空间传播模型适用于预测接收机和发射机之间完全无阻挡的视距路径时的接收场强。自由空间中距发射机 d 处的天线接收功率计算公式：

$$P_{\mathrm{r}}(d)=\frac{P_{\mathrm{t}}G_{\mathrm{t}}G_{\mathrm{r}}\lambda^2}{(4\pi)^2d^2L}$$

P_t为发射功率；$P_r(d)$是接收功率；G_t是发射天线增益；G_r是接收天线增益；d是 T-R 距离，单位为 m；L是与传播无关的系统损耗因子；λ是波长，单位为 m。

天线的增益与它的有效截面A_e有关，即$G=\frac{4\pi A_e}{\lambda^2}$。

综合损耗$L(L\geqslant 1)$通常归因于传输线损耗、滤波损耗和天线损耗，L=1 则表明系统中不考虑硬件损耗。

路径损耗表示信号衰减，单位为 dB 的正值，定义为有效发射功率和接收功率之间的差值。当包含天线增益时，路径损耗：

$$L_{fs}=10\log\frac{P_t}{P_r}=-10\log[\frac{G_t G_r \lambda^2}{(4\pi)^2 d^2}]$$

不包含天线增益时，设定天线具有单位增益。路径损耗：

$$L_p=10\log\frac{P_t}{P_r}=-10\log[\frac{\lambda^2}{(4\pi)^2 d^2}]$$

即

$$\begin{aligned}L_p&=32.4+20\log(f_{MHz})+20\log(d_{km})\\&=-27.6+20\log(f_{MHz})+20\log(d_m)\end{aligned}$$

3. Chan 模型

Chan 模型适用于室内微蜂窝区的场强预测，该模型认为电波在室内传播时的路径损耗L近似于在自由空间直接传播时的路径损耗L_p加上室内墙壁的穿透损耗L_w（与工作频率和墙体材料有关）。

$$\begin{aligned}L=L_p+L_w&=32.4+20\log(f_{MHz})+20\log(d_{km})+L_w\\&=-27.6+20\log(f_{MHz})+20\log(d_m)+L_w\end{aligned}$$

4. 衰减因子模型

在进行室内覆盖的网络规划时，经常选取衰减因子模型作为室内传播模型，基本计算公式即可改写为

$$L(d)=L(d_0)+10n_{sf}\log(\frac{d}{d_0})+\mathrm{FAF}$$

对于多层建筑物，室内路径损耗等于自由空间损耗加上损耗因子，并随距离呈指数增长。

$$L=L(d_0)+20\log(\frac{d}{d_0})+\alpha d+\mathrm{FAF}$$

其中，d_0指自由空间终端距离天线 1m；$L(d_0)$指自由空间终端距离天线 1m 处的传输损耗；d为测试点与发射天线距离；L为测试点传输的路径损耗；α为信道的衰减常数，单位为 dB/m，取值范围为 0.48～0.62。

5. 对数距离路径损耗模型

适用于在传输路径上具有相同 T-R 距离的不同随机效应。模型路径损耗：

$$L=L(d_0)+10\log n(\frac{d}{d_0})+X_\sigma$$

其中，n为路径损耗指数，表明路径损耗随距离增长的速度，依赖于特定的传播环境；X_σ为零均值的高斯分布随机变量，单位为 dB；标准偏差为σ，单位为 dB。

6. Keenan-Motley 模型

该模型（K-M 模型）适用于模拟室内路径损耗，模型预测的路径损耗可表示为

$$L = L(d_0) + 20\log(\frac{d}{d_0}) + \sum_{j=1}^{j} N_{\mathrm{wj}} L_{\mathrm{wj}} + \sum_{i=1}^{i} N_{\mathrm{Fi}} L_{\mathrm{Fi}}$$

其中，d 是传播距离，单位为 m；N_{wj}、N_{Fi} 分别表示信号穿过不同类型的墙和地板的数目；L_{wj}、L_{Fi} 则为对应的损耗因子，单位为 dB；j 与 i 分别表示墙和地板的类型数目。

为了更好地拟合测量数据，对 K-M 模型进行修正，路径损耗可表示为

$$L = L(d_0) + L_{\mathrm{c}} + L_{\mathrm{f}} k_{\mathrm{f}}^{\mathrm{Ef}} + \sum_{j=1}^{j} k_{\mathrm{wj}} L_{\mathrm{wj}}$$

其中，L_{c} 为常数；L_{wj} 为穿过收发天线之间 j 类墙体的衰减；K_{wj} 为收发天线之间 j 类墙体数目，L_{f} 表示穿透相邻地板的衰减；K_{f} 表示楼层数目，即穿透地板的数目。

7. 基于反演模式的电波传播模型

接收信号与发射信号功率比可表示为

$$\hat{P}_{\mathrm{r}} / P_{\mathrm{t}} = r^{-n} S_1(r,t) S_2(r,t)$$

其中，P_{t} 是发射信号功率；$\hat{P}_{\mathrm{r}}$ 是接收到的瞬时信号功率，它是基站和移动台之间距离的函数；r^{-n} 为空间传播损耗，指数 n 一般为 2～4；$S_1(r,t)$为阴影衰落；$S_2(r,t)$为多径衰落。

定义单位传播路径上电波功率相对损耗因子 α：

$$\alpha = \lim_{\Delta r \to 0} \frac{\Delta P / P}{\Delta r} = \frac{1}{P} \frac{\mathrm{d}P}{\mathrm{d}r} \tag{5-1}$$

损耗因子 α 体现了单位长度上不规则空间传播损耗和阴影衰落的合成效果，与地点和时间有关，即有

$$\alpha \equiv \alpha(r,t)$$

由式（5-1）可得：

$$\mathrm{d}(\ln P) = \frac{\mathrm{d}P}{P} = \alpha(r,t)\mathrm{d}r \tag{5-2}$$

考虑地形地物在较短时间内基本固定，则不考虑公式（5-2）中的 t。定义投影算子 R_{i}，该算子作用于传播损耗分布函数 $\alpha(r)$积分出总的路径损耗：

$$\hat{P}_{\mathrm{Loss}}(r) = \ln(P_{\mathrm{r}}) - \ln(P_{\mathrm{t}}) = R_{\mathrm{i}}[\alpha(r)] \tag{5-3}$$

式（5-3）为移动通信环境中无线传播损耗的一般模型，投影算子 R_{i} 作用于路径损耗因子，起到积分的作用。r 和 $\hat{P}_{\mathrm{Loss}}(r)$ 分别代表传播距离和用分贝表示的从基站到移动设备单位传播距离上的传播损耗。

当有地形地物数据库可用时，可根据该数据库辅助确定投影算子的积分形式，特别是其积分路径，而当没有该数据库可用时，利用“虚拟传播路径”的概念也可以不依赖于地形地物数据库构造路径损耗积分方程。这里体现了基于反演模式的电波传播模型的一个特性，即预测模型对环境数据库的弹性。当通过预先的实验得到一组必要的 $\hat{P}_{\mathrm{Loss}}(r)$ 值后，求解 $\alpha(r)$就构成了一个反演问题。当从反演问题的角度求出 $\alpha(r)$之后，可以通过式（5-3）来完成特定区域内小区的接收功率中值二位分部预测。

5.2.3 室内传播模型校正

室内传播模型是对室分系统进行网络规划的重要参考条件，室内传播模型预测的准确性会对网

络规划的准确性带来极大的影响。在室分系统的实际工程中，一般使用的传播模型都是经验模型。在这些模型中，对信号传播有影响的主要因素包括信号频率、天线发射频率、天线距离等，基本都以函数内的变量形式在路径损耗的公式中呈现出来。在不同的室内建筑情况下，建筑整体结构、室内格局划分、使用材料等因素也会对信号传播有很大影响，并且这些影响还不一样。所以在传播模型的具体使用时，函数的相关变量会有差别。为了能够更准确地预测信号传播时的路径损耗，就需要找到能与具体建筑内部环境适合的函数。

室内传播模型校正指的是根据建筑物的室内无线环境与相关信号传播有关的参数，校正现有的室内传播经验模型公式，计算出信号在收发传播时更准确的传输损耗值。

室内传播模型校正流程一般如图 5-2 所示。

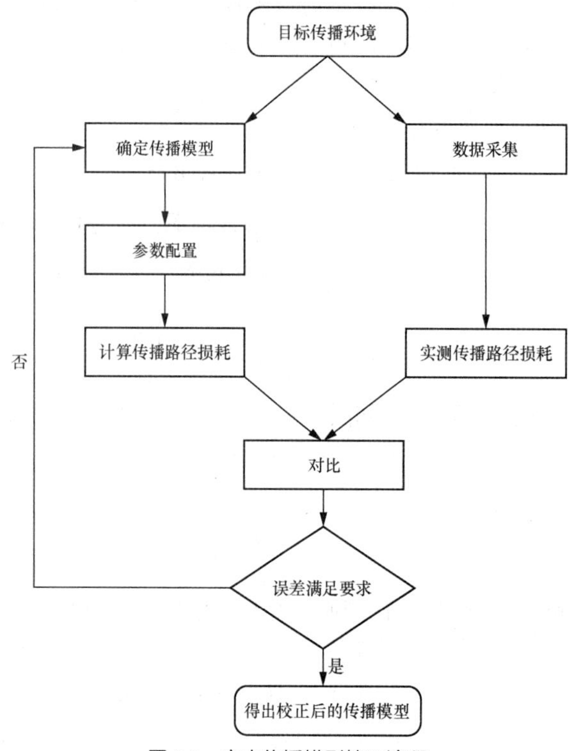

图 5-2　室内传播模型校正流程

首先需要到室分现场进行数据采集，并且根据目标建筑物室内的传播环境的实际情况选择合适的传播模型，然后配置传播模型的相关参数，计算出一个预估的室内传播路径损耗，另外分析现场的采集数据可以得知实际测量的室内传播路径损耗，将两者进行对比，检查误差是否满足需求。如果满足，就可以确定参数设置，得到校正后的室内传播模型；如果不满足，检查传播模型与参数，重新配置计算，直到能满足误差要求。

5.3 室分系统方案分析设计

为了让室分系统提供优良的信号服务，在进行 5G 室内分布系统设计时需要进行室内容量与覆盖的分析，根据分析的具体结果来进行方案设计。

5.3.1 室内容量分析

建设 5G 室分站点的目的是让用户在室内享受优质的 5G 网络服务。5G 网络的大容量、大连接和超低时延高可靠三大场景及网络切片等新功能，对容量提出了更高的要求。

容量分析对后面的设备选择及信源规划设计有着决定性的影响，所以容量分析设计的好坏关系到室分系统的质量好坏，容量分析设计决定了室内分布系统的上限。

从普通用户的角度来看，通信业务感知体验差比信号差更容易引起投诉，通俗理解就是有信号但上网不顺畅比没信号或信号差更容易引起投诉。通常情况下有信号但上网不顺畅就是由于容量不足问题导致的，所以容量分析设计至关重要。

在做容量分析时，需要重点关注的两大类指标是用户数和吞吐量（流量），这两个指标又可以分解为一些细化指标，比如用户数可以分为最大用户数、平均用户数等，吞吐量可以分为上行吞吐量、下行吞吐量、峰值速率、平均速率等，同时 5G 网络还需要考虑时延。

一般情况下，用户数代表网络控制面的能力，吞吐量代表网络业务面的能力，而时延与用户面和业务面都相关，三者相互影响，需要综合考虑。

容量分析设计不只要满足当前的容量要求，更需要考虑后期的容量需求发展。在规划初期，一般以用户数来计算容量需求，同时满足吞吐量与时延的业务要求。另外需要做好容量预留，并且预备软硬件扩容条件，以防无法满足后期的容量增长与 5G 新技术、新业务的容量需求。

1. 室分用户数计算

在进行容量分析时，首先进行室分用户数计算，参考建筑物的建筑设计，确认建设室分场景的具体分布情况，据此计算用户数。一般以楼层为单位进行计算，如果楼层用户数较多，超出单小区的容纳范围，每个楼层内部则需要具体分区计算用户数。

楼层用户数计算如下：酒店可以根据房间数量、单间人数和工作人员配置算出每层楼的最多人数，写字楼根据写字楼等级与相关规定的人均面积算出每层楼最多人数，住宅小区根据每层楼户型和容纳数量计算每层楼的最多人数。一些场景的特殊情况也需要重点考虑，比如在计算医院住院楼用户数时除了考虑病房床位与医护人员之外，还需考虑陪护人员、看望人员和增加病床的情况；在计算体育场用户数时，除了考虑看台之外，还需要考虑举办演唱会时在场地中央增设座位的情况。

室分用户数计算结果示例如图 5-3 所示。

2. 本运营商用户数计算

室分用户数计算完成之后，需要计算本运营商用户数。计算时根据室分用户数计算结果，乘以本运营商在当地的用户数比例，可以得出本运营商各个室分区域的用户数。

本运营商用户数计算结果示例如图 5-4 所示（假设运营商用户数比例为 0.6）。

在进行实际容量规划时，考虑 5G 三大场景的实际业务需求，除了满足用户数，还需要考虑高速率带宽与时延等基础要求。由于在初期规划时无法确定后期的增长，一般需要根据当地运营商的用户业务模型来估算，规划时预留好后期扩容（软件扩容与硬件扩容）的条件，当出现容量拥塞问题时可以尽快扩容以解决问题。

电梯2	电梯1		
		100人	10F
		100人	9F
		100人	8F
		100人	7F
		100人	6F
15人	15人	100人	5F
		100人	4F
		100人	3F
		100人	2F
		100人	1F
		100人	B1F

图 5-3　室分用户数计算结果示例

电梯2	电梯1		
		60人	10F
		60人	9F
		60人	8F
		60人	7F
		60人	6F
9人	9人	60人	5F
		60人	4F
		60人	3F
		60人	2F
		60人	1F
		60人	B1F

图 5-4　室分运营商用户数计算结果示例

5.3.2　室内覆盖分析

信号覆盖是无线网络的基础指标，也是用户能直接发现并且感受到的技术指标，最直观的判断方式就是查看手机的 5G 信号强度有几格。

室内容量与信号覆盖分析

信号覆盖分析就是根据勘察情况，确定建筑物各个区域的具体环境，尤其是相关阻隔及材质，估算出每个位置的衰减情况。结合运营商对室分建设的信号覆盖要求，确定需要满足覆盖要求的具体功率情况，以此作为天线设计的重要依据。

一般情况下，5G 网络信号覆盖要求为 SSB-RSRP≥−95～−100dBm&SSB-SINR≥3～5dB，不同地市不同运营商的要求会有一定的差距。在进行覆盖分析时，不能直接采用运营商给出的最低标准，必须提高 5dBm 左右以留出余量，避免实际测试结果与理论结果出现偏差导致弱覆盖或者无信号。

在勘察过程中一般会安排摸底测试采集现场数据，根据测试结果，可以得出比较准确的衰减损耗情况。但是摸底测试很难精确到每一个区域，并且有的区域为信号盲区，无法进行摸底测试，此时可以通过摸底测试情况结合隔断相关材质确定信号衰减损耗情况。5G 频段常见物体穿透损耗情况如表 5-2 所示。

表 5-2　5G 频段常见物体穿透损耗

阻隔类型	穿透损耗/dB	阻隔类型	穿透损耗/dB
承重墙	20	双层钢化玻璃外墙	10～12
楼板	30	普通玻璃	2～3
金属墙板	30	大理石	5
混凝土墙	10～12	木门	3
砖墙	8	石膏板	3
防盗门	8	胶合板	2
消防门	20	硬纸板	1

5.3.3 天线设计

天线设计分为天线覆盖类型选择与天线布放设计，根据建筑物室内环境的具体情况，结合覆盖分析的结果，选择合适的天线布放在合理的位置，完成室分系统信号覆盖。

1. 天线覆盖类型

天线是室分系统的最后一环，也是 5G 网络通过空口与用户终端直接相连的设备，天线的规划设计直接影响信号覆盖结果。在进行天线设计时要设计好天线的布放位置，并且确定天线的输出功率。

室分天线按照覆盖方式一般分为定向天线与全向天线，室分采用的定向天线覆盖方式与宏站类似，但是比宏站采用的定向天线功率小、波瓣角窄；室分采用的全向天线一般分为球面天线与半球面天线，球面天线覆盖范围是以天线为中心的一个球形区域，半球面天线覆盖范围是以天线为中心的一个近似半球形区域。具体情况如图 5-5 所示。

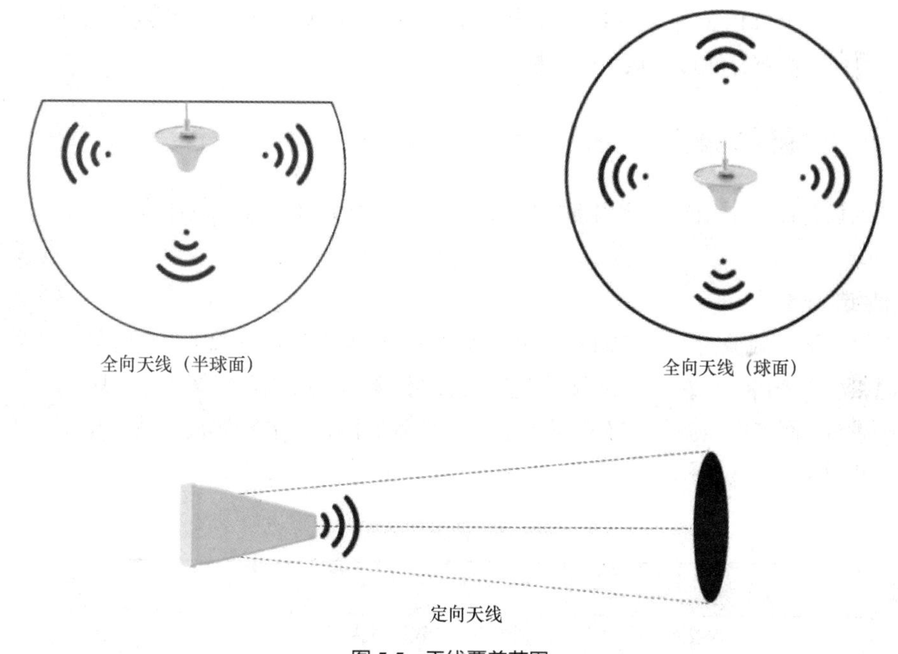

图 5-5 天线覆盖范围

室分覆盖场景大体分为两类，一类为空旷阻隔较少环境，如停车场、候车室、体育馆、大型超市等，建议采用定向天线进行覆盖；另一类为结构复杂多阻隔环境，如居民小区、酒店等场景，建议以数量多+功率小的方式，采用全向天线进行覆盖。在进行天线设计时，根据现场环境的具体情况，结合覆盖分析结果与天线类型，设计好每一个天线的具体布放位置，达到既能满足建设要求，又能节省成本、缩短工期的理想效果。

2. 天线布放设计

由于国内天线类型与生产厂家较多，具体规格、性能也不一样，在天线布放设计之前，应了解清楚目前天线库存情况，尽量使用已有资源。需要确定天线的增益与覆盖范围（无阻隔情况下），天线口的输出功率一般建议设置为 13～15dBm，功率太高容易造成信号泄漏，功率太低容易覆盖不足。再根据现场实际阻隔情况结合传播模型确定路径损耗，从而最终确定天线布放位置。

在进行天线布放时，可以根据现场具体环境灵活组合使用全向天线与定向天线，一般建议如下：

① 电梯、地下停车场等环境建议使用定向天线；

② 酒店房间等位置建议使用全向天线，如果房间较大，也可以考虑定向天线与全向天线组合使用；

③ 室内布放天线在天花板吊顶时，需考虑天花板材质，如果天花板为金属天线则必须明装；如果为非金属则可按具体材质计算损耗；

④ 建筑物边缘天线布放一定要重点考虑对室外的影响，尤其是对室外有影响的楼层；

⑤ 地下停车场如果有拐角需要重点考虑信号覆盖情况，避免出现到拐角时信号突然衰弱的现象；

⑥ 单通道不足以满足 5G 业务需求，5G 室分天线布放都按双通道情况考虑；

⑦ 数字化室分的 pRRU 为全向覆盖天线，可以外接定向天线覆盖电梯等场景，外接天线之后，pRRU 信号不直接发射，通过外接天线发射。

5.3.4 信源规划设计

信源规划设计需要根据建筑物内部环境，结合容量分析结果，设计最合适的信源类型。

天线与信源规划设计

1. 信源选用情况

室分系统信源一般分为一次信源与二次信源，一次信源指直接信源，二次信源指间接信源，通俗来讲，一次信源自身可以直接提供信源，一般包含宏蜂窝、微蜂窝、分布式基站；而二次信源是放大中继其他信号之后的信源，主要为直放站。各类信源对比情况如表 5-3 所示。

表 5-3 各类信源对比

信源类型	优点	缺点	5G 室分使用情况
直放站	无须传输、技术成熟、施工简单、建设成本较低	干扰严重、传输时延大、容量有限、受宿主基站影响、运维成本高	已被淘汰
宏蜂窝	容量大、稳定性高、扩容方便	成本较高，机房环境要求高，室内覆盖效果不佳	基本不使用
微蜂窝	安装方便灵活、规划简单	室内覆盖效果一般，容量有限，频率传输要求、成本较高	与 4G 合路，用于低流量非重点场景
分布式基站	安装方便灵活、适应性广、容量足够、扩容方便	规划设计复杂，成本较高	新建站点等各种场景，特别是高流量高价值重要场景

5G 新建室分信源主要采用信源为分布式基站，广泛应用于各种场景，另外数字化室分也属于分布式基站。少部分低流量非重点场景采用微蜂窝作为信源，在建设时将之与原有 4G 室分合路。具体情况如图 5-6 所示。

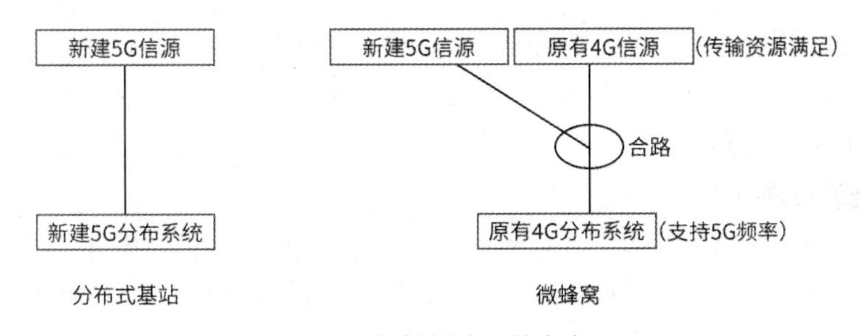

图 5-6 分布式基站与微蜂窝建设

2. 信源设计原则

信源在室分系统中非常重要，选取好信源类型之后，还需要做好信源的设计，才能近乎完美地满足室分系统的需求。

信源设计时，需要遵守以下几条原则。

① 容量计算：在进行信源容量计算时，不能直接使用设备容量，需要先减去带宽预留再进行计算。计算时根据容量分析结果，按区域叠加计算所需小区数量，不允许直接把用户数与小区容量相除。容量计算结果示例可参照图 5-4。

假设一个小区去掉带宽预留之后还可以容纳 140 个用户，错误算法为：总计 678 人，678 ÷ 140=4.84，向上取整为 5 个小区。

正确算法如下。

第一步：计算一个小区可容纳楼层数，140 ÷ 60=2.33，向下取整为 2。

第二步：计算覆盖楼层需要小区数，11 ÷ 2=5.5，向上取整为 6。

第三步：最后一个小区能否容纳电梯用户，140−60−18≥0，不需要。

最终结果为 6 个小区。

② 功率满足：信源设计输出功率要足以支持室分系统天线口输出功率需求，并且预留一部分功率余量，以应对后期的优化调整或扩容改造。

③ 频率带宽满足：信源设计要支持 5G 室分规划的频率与带宽。

④ 其他需求：信源设计需要符合国家电磁辐射、噪声等标准要求，避免扰民。

5.3.5 室分电源与防护设计

室内分布系统的建设原则是“补忙补弱补盲”，优先建设无线通信业务繁忙的区域或信号弱区、盲区，这些区域基本上位于市区，配套设施成熟，电源与防护设计简单。同时一些重点项目也会建设室分系统，比如高铁、高速公路的隧道，这些地方一般比较偏僻，配套设施不足，需要重点注意电源与防护设计。

为保证室分电源设计质量，在进行室分电源与防护设计时应严格遵守 GB 51194—2016《通信电源设备安装工程设计规范》，并且满足以下设计原则。

1. 交流供电设计原则

① 在进行电源引入设计时，优先就近引入一路稳定可靠的 380V 市电，如果没有 380V，可以考虑 220V；同时做好油机接电预留接口设计，在市电断电时可以由油机发电机进行供电。

② 引入电源的线缆、交流配电箱、功率都从长远考虑，预留一部分容量用于后期扩容。

③ 根据站点重要程度等级，可以视情况增加油机发电机机房。

④ 引入交流电经过交流配电箱直接给空调与照明系统供电。

⑤ 交流供电相关设备必须接地。

2. 直流供电设计原则

① 机房内除交流配电箱、空调、照明系统之外，其他用电设备都使用直流电源进行供电。

② 优先考虑采用组合电源柜进行直流供电，电源柜应由监控模块、变压模块、整流模块、稳压模块、直流配电单元（包含一次下电、二次下电、蓄电池端子）等单元组成。

③ 电源柜容量及接线端子设计按远期负荷考虑，预留一部分容量用于后期扩容。

④ 市电正常时，由市电进行供电，对蓄电池组进行充电；市电停电时，由蓄电池组进行供电。

⑤ 直流供电设备必须全部都接地。

3. 蓄电池组设计原则

① 蓄电池组设计时，先计算当下设计的设备电力负荷，并且设置一定的发展预留。

② 蓄电池组容量要求能对基站所有设备供电 2～6 小时，以及对传输设备供电 24 小时。蓄电池组供电设计两级保护电压，初始供电时对所有设备供电，当蓄电池组达到第一级保护电压时，切断一次下电设备供电，仅对二次下电设备供电。当蓄电池组达到第二级保护电压时，切断二次下电设备供电，避免蓄电池组因过分放电受到损害而影响使用寿命。

③ 在进行蓄电池组设计时需要设计蓄电池组抗震架，并且做好接地。

4. 主设备与分布系统供电设计原则

① 一般情况下，BBU 与 RRU 都使用配电盒进行供电；RRU 无法接入机房配电盒时，可以就近采用市电进行供电。

② RHUB 可以直接就近接市电进行供电，pRRU 通过光电复合缆由 RHUB 进行供电。

③ 合路器、耦合器、电桥等无源设备不需要对其进行供电。

④ BBU、RRU、RHUB 必须接地；GPS 必须通过避雷器与 BBU 相连接，不允许直接连接；pRRU 与合路器、耦合器、电桥、室分天线等设备不用接地。

5.3.6 室分系统整体规划设计

室分系统整体规划设计一般包含室分类型设计、小区划分设计、设备安装设计、走线路由设计。

室分系统整体规划设计

1. 室分类型设计

在进行室分类型设计时，首先需要确定室分建设类型是传统室分还是数字化室分。如果建设单位有明确要求，按照要求设计即可。如果建设单位没有明确要求建设传统室分，在投资成本足够的情况下建议建设数字化室分。数字化室分除了成本比传统室分较高之外，设计、施工、维护都比传统室分更方便、快捷，并且能很好地适应 5G 各项新技术，同时还能兼容其他制式网络。另外，5G 室分建设初期基本都在一些高流量、高价值的重要区域建设室分，这些区域对通信服务要求较高，较适合建设数字化室分。

2. 小区划分设计

室分建设类型设计完成之后，进行小区划分设计。传统室分与数字化室分的小区划分设计都一样，根据容量分析与信源设计结果，结合天线布放设计，完成小区划分设计。通俗来讲就是设计每个小区的覆盖区域，并且确认相应区域已设计布放的天线，两者应匹配、对应。

在进行小区划分时一般要遵循以下规范。

① 每个小区的覆盖区域必须连续成一整块，非特殊情况不允许一个小区出现多个区域分散覆盖或者插花覆盖等情况。

② 多部电梯尽量使用同一小区进行覆盖。在容量满足的情况下，电梯可以考虑与 1F、B1F 等电梯停留较多的楼层设计为同一小区覆盖，可以减少切换，提升用户感知体验。

③ 小区应与 BBU 端口对应，以从大到小、从前往后的顺序使用，非特殊情况不允许跳跃使用。

3. 设备安装设计

小区划分设计完成之后，进行设备安装设计（包含安装位置与安装方式），目的是将已确定匹配对应小区的信源设备与天线连接起来，并且满足功率要求。传统室分与数字化室分的整体系统架构不一样，使用的设备不同，设计方法也不同。

数字化室分结构比较简单，由 BBU+RHUB+pRRU+外接天线（可选）构成，不需要进行系统功率计算，只要 pRRU 与外接天线的输出功率与覆盖范围满足天线布放设计即可。pRRU 为全向天线，在覆盖电梯、地下停车场等无阻隔场景时，可以外接定向天线进行，以节省建设成本并且加快建设进度。数字化室分的设备安装设计一般按照以下步骤进行。

① 首先设计 BBU、传输、电源及防护设备安装，一般情况下，这些设备建议都安装在一起。由于机房配套完善，供电接地安全稳定，一般优先考虑安装在机房内，采取嵌入落地式综合柜内安装，如果机房空间不足以安放机柜，也可以采取壁挂安装（嵌入壁挂机框）或者一体化机柜。如果没有机房，可以壁挂安装（嵌入壁挂机框）在弱电井内，一般设计在建筑物中间楼层，可以缩短走线距离。接电就近引入，接地直接接入大楼接地系统即可。

② 设计 RHUB 的安装，RHUB 需要连接 pRRU，一般安装在弱电井内，采取壁挂安装（嵌入壁挂机框）的方式。一个 RHUB 可以下挂多个 pRRU，如果端口数量不够可以多个 RHUB 级联。同一个 RHUB 下挂的多个 pRRU 必须使用同一种覆盖方式（自身直接覆盖或者外接天线覆盖）。设计时考虑天线安装位置与 BBU 安装位置，在满足建设需求的情况下减少设备使用数量与缩短走线距离。RHUB 接电就近引入市电，接地直接接入大楼接地系统即可。

③ 设计 pRRU 的安装，pRRU 一般吸顶安装在楼层内，如果为金属吊顶必须明装，则 pRRU 的具体安装位置参考天线设计结果即可；如果为半球面天线则必须吸顶安装。如果需要外接天线安装，pRRU 应与对应的外接天线安装在一起。

传统室分结构比较复杂，由 BBU+RRU+中继元器件+室分天线构成，需要进行系统功率计算，最终确定满足天线输出功率。传统室分的设备安装设计一般按照以下步骤进行。

① 首先设计 BBU、传输、电源及防护设备安装，步骤与数字化室分的步骤一致，参照前文内容即可，这里不重复。

② 设计 RRU 的安装，RRU 的安装步骤与数字化室分中 RHUB 的安装步骤一致，参照前文内容即可，这里不重复。

③ 设计中继元器件的安装，由于 RRU 输出端口有限，对应天线数量较多，无法做到每个端口连接一个天线，所以需要通过耦合器等中继元器件进行端口扩充以确保能连接下挂的每一个室分天

线。在中继元器件的使用过程中，会带来功率损耗，所以在设计时，首先需要确定末端室分天线的具体数量及输出功率要求，然后确定 RRU 端的输出功率，再确定中间所需的中继元器件型号、数量以及具体安装位置。

④ 设计天线安装，天线类型、安装位置、技术参数可以参考前文天线设计的内容，根据具体情况进行完善。

4. 走线路由设计

室分系统所有设备安装设计完成后，进行走线路由设计。在进行走线路由设计时，首先确定线缆及接头类型，然后设计走线路由。走线路由应遵守相关规范，保持横平竖直，注意拐弯弧度，远离强电及强磁区域，根据实际情况使用保护管，尽量缩短走线距离。

5.3.7 室分器材选择

室分系统整体规划设计完成之后，进行室分器材选择，参考之前的规划设计结果及相关材料类型与技术指标，选择合适的器材。在选择器材时，特别注意要满足容量、端口及功率要求，优先考虑库存已有器材，可根据库存器材类型对设计方案进行微调，不建议进行大改。对于库存缺少的器材，统计好数量类型，按照合同规定提交采购清单给对应单位进行采购。

室分器材选择完成后，输出室分系统整体架构图、材料清单、安装工程量清单。

5.3.8 室分切换区域设计

切换过程会加大系统的开销，并且降低网络性能，进而导致影响用户感知体验。而 5G 网络为了节省信道资源，采用的切换方式为硬切换（先断开后连接），对用户感知体验影响更大。所以，一般情况下，切换区域设置的原则是减少切换。我们在室分切换区域设计时，一定要遵守以下相关原则。

① 在一般情况下，同一室分系统必须统一 TAC，不允许在室分系统内部出现跨 TAC 切换。

② 一个小区的覆盖区域必须连接成片，非特殊情况不允许出现一个小区分散覆盖。具体情况如图 5-7 所示。

③ 室外小区与室内小区的 1F 切换区域一般设置在门外 3～5m 的地方，切换区域的大小建议设置为直径 3～5m 的椭圆（根据门的大小情况）。如果 1F 存在多个门，每个门外都要设置切换区域。这样设置的好处是避免过于靠近建筑物导致关门时，信号突然减弱而造成切换失败，同时又可以避免太靠近室外而影响室外其他用户。具体情况如图 5-8 所示。

④ 在进行地下车库等区域切换设计时，切换区域一般设计在出入口位置，由于车速相对步行较快，切换区域应大于 1F 门口区域。另外，如果车辆进入地下停车场入口之后需要拐弯，为避免拐弯时信号突降导致切换失败，除了在拐弯处应确保室分信号很好并且稳定，尽量设计在进入拐弯之前就已经完成切换。

⑤ 建筑物中高层受室外宏站影响较大，存在很多室外宏站信号，并且比较杂乱，影响用户感知体验。一般应设计为单向切换（室外宏站信号可切往室分，室分信号不切往室外），并且加快切换速度，使中高层用户尽量使用室分系统信号。具体情况如图 5-9 所示。

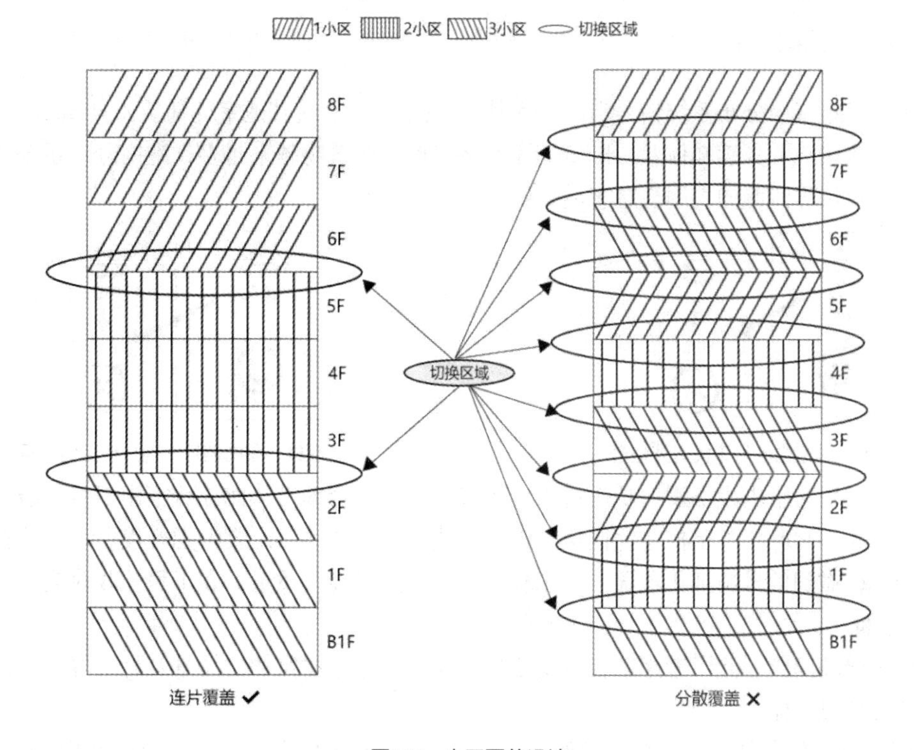

图 5-7　小区覆盖设计

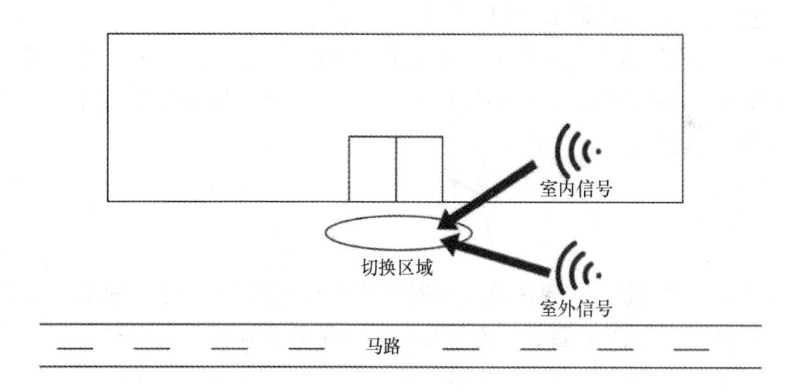

图 5-8　切换区域设计

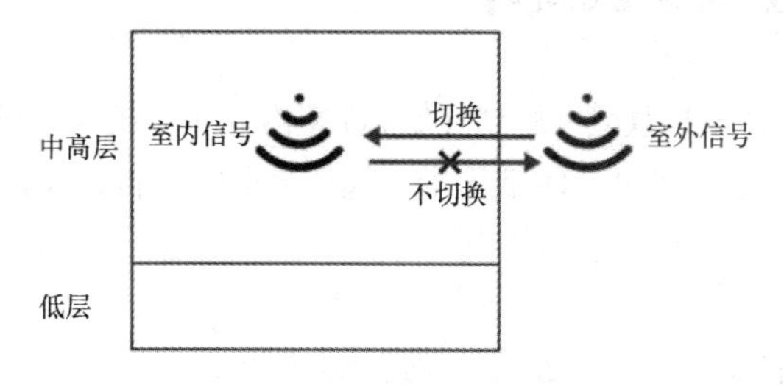

图 5-9　室内中高层建筑切换方案

⑥ 在进行电梯切换区域设计时，一般把切换区域设计为电梯厅。在小区划分时可以将之独立划分为一个小区，在容量允许的情况下，也可以与用户使用电梯较多的楼层共用一个小区。

5.3.9 泄漏控制

信号泄漏是指室内分布系统信号泄漏到室外（见图 5-10）或其他室内建筑（见图 5-11），产生干扰，从而影响用户业务感知体验。随着国家经济发展，建筑物越来越多，室内分布系统建设也越来越多，所以对信号泄漏的控制也越来越重要。

图 5-10 室内信号干扰室外信号

图 5-11 室内信号干扰其他室内信号

信号泄漏一般为室内设备发射功率过大或者安装位置不合理，从而导致室内信号泄漏到室外并且信号强度较大。因此，为了控制室内信号泄漏，我们在规划时一定要考虑好设备布放位置，选择多天线小功率，做到信号精细化覆盖。在工程实施时应注意施工质量，在工程验收时应严格把关信号泄漏问题。

对于信号泄漏问题，除了考虑工程本身之外，还需要考虑建筑物的场景及材料等实际情况。一般按以下几种情况考虑。

① 如果建筑物外墙都为砖混结构或承重墙，可以不特别考虑室内信号外泄；如果为木质、玻璃等材质，则需要重点考虑，尤其是 1F 与 B1F 的出口位置。

② 如果建筑物旁边有天桥或高架桥等，与天桥或高架桥高度接近的几个楼层需要重点考虑。

③ 如果建筑物旁有其他建筑，也有室分系统，并且不属于本室分信号系统，也需要重点考虑相邻、相近楼层的信号泄漏影响。

【项目实施】

5G 室内分布系统工程设计，需要在熟练掌握相关理论知识的基础上，根据实际工程场景灵活运用，以下将通过具体项目实施来加深读者对该设计的理解和增强相关应用能力。

5.4 5G 室内分布系统设计

某城市完成 5G 网络整体架构规划，计划开始 5G 室内分布系统建设试点，目前已完成室内分布系统选址与勘察。请进入每张方案设计图纸场景，选择合适的设备，设计合理的安装位置，并且根据安装要求完成参数设计，主要任务有以下几个：

① 机房设计；

② 建筑物楼层覆盖设计；

③ 电梯覆盖设计；

④ 小区划分设计；

⑤ 系统架构总图查看。

5.4.1 任务准备

实训采用仿真软件进行，所需实训环境如表 5-4 所示。

表 5-4　5G 室内分布系统设计实训所需软硬件环境

序号	软件硬件名称	规格型号	单位	数量	备注
1	IUV-5G 站点工程建设	V1.0	套	20	仿真软件
2	计算机	—	台	20	已安装仿真软件，须联网

5.4.2 任务实施

1. 机房设计

单击方案设计按钮，首先完成机房设计。机房内需要摆放走线架以及机柜和设备。首先布放走线架，机房形状规则情况下走线架通常为“十”字或者“丁”字形布放。如图 5-12 所示，两条走线架彼此“十”字交叉。机房内常见机柜包括电源柜、综合柜、传输柜、无线柜、光纤配线柜等，实际基站建设中有不同的机柜组合方式。图 5-12 包括一个电源柜和两个综合柜，柜子并列摆成一行或者一列，均需位于走线架正下方。机房内设备包括电源设备、BBU、传输设备、ODF、监控设备、空调等。其中 BBU、ODF 和传输设备置于综合柜内放置，此处不在机房设备平面图中单独画出。电源设备包括电源柜和蓄电池组，电源柜与综合柜并列摆放即可，蓄电池组通常情况下为两组，墙边摆放（不能紧贴墙壁，需要距离墙 20cm 以上）。综合柜立面图和电源柜的直流端子图也需要在机房设计图中画出。

2. 建筑物楼层覆盖设计

机房设计完成之后，接下来进行建筑物楼层覆盖设计（包含地上与地下所有楼层设计）。

室分系统覆盖楼层主要使用 pRRU，需要间隔布放。仿真软件中通常为吸顶式全向 pRRU，在布置时需要根据 pRRU 的辐射范围选择两 pRRU 之间的间隔，尽量避免出现覆盖盲区或者覆盖交叉太深的区域，如图 5-13 所示。

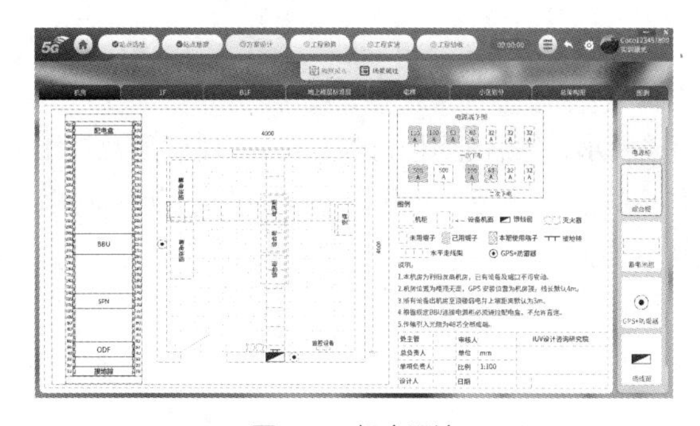

图 5-12　机房设计

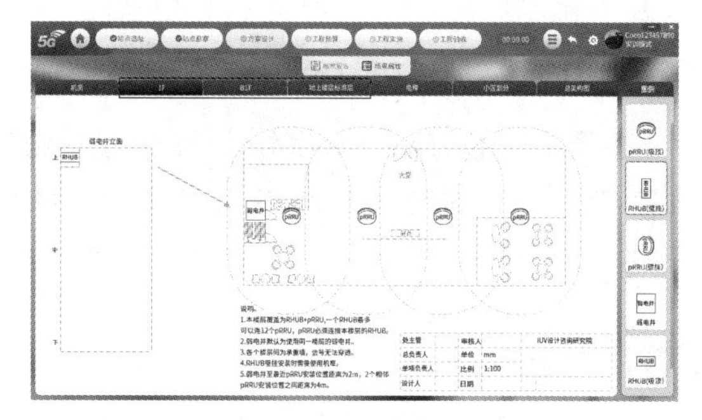

图 5-13　建筑物楼层覆盖设计

3. 电梯覆盖设计

建筑物楼层覆盖设计完成之后，接下来进行电梯覆盖设计。电梯的覆盖通过 pRRU 加外接天线完成，此处外接天线属于定向天线，如图 5-14 所示。

4．小区划分设计

电梯覆盖设计完成之后，接下来进行小区划分设计。根据用户数分布与设备容纳能力，计算之后确定小区覆盖范围进行划分，根据从下往上，先楼层后电梯的覆盖顺序选择相应的端口，完成小区划分设计，如图 5-15 所示。

图 5-14　电梯覆盖设计

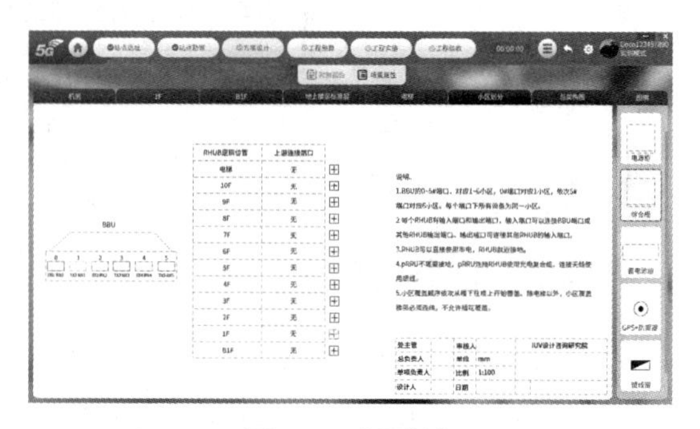

图 5-15　小区划分

5．系统架构总图查看

小区划分设计完成之后，查看室分系统架构总图，如图 5-16 所示。

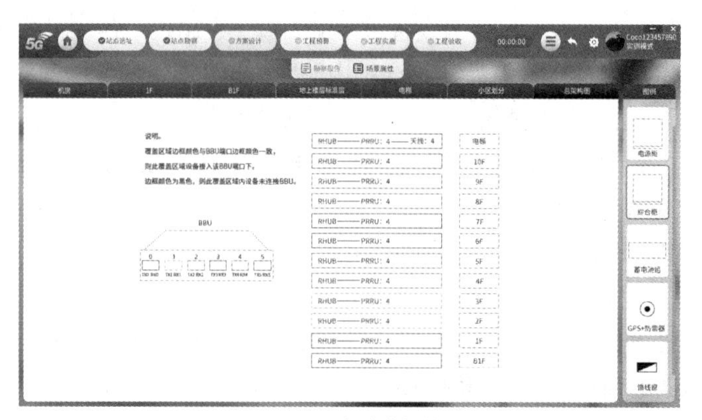

图 5-16　室分总架构

【模块小结】

本模块首先介绍了 5G 室分站点设计的原则与相关要求，然后介绍了室内信号传播模型及校正，接着着重介绍了室分设计流程中各项具体设计的工作内容及与规范，最后介绍了一个站点设计实训案例，呈现了具体工作中方案设计图纸组成及其设计的实际情况。

【课后习题】

（1）在进行室分设计时，首先进行的是（　　）。

A．信源规划设计　　B．切换区域设计

C．容量与覆盖分析设计　　D．天线设计

（2）在进行 5G 新建室分站点设计时，信源一般优先考虑使用（　　）。

A．直放站　　B．分布式　　C．微蜂窝　　D．宏蜂窝

（3）在进行 5G 新建室分站点设计时，重点场景优先考虑使用（　　）分布覆盖。

A. 数字化室分　　B. 传统 DAS 室分　　C. 射频拉远　　D. 直放站

（4）室分高层小区与室外信号切换策略为（　　）。

A. 互相切换　　B. 室内切室外，室外不切室内

C. 互相不切换　　D. 室外切室内，室内不切室外

（5）数字化室分，在进行电梯设计时，一般优先考虑（　　）覆盖方式。

A. pRRU 覆盖　　B. RRU 覆盖

C. RRU+天线覆盖　　D. pRRU+天线覆盖

【拓展训练】

请各位同学选择学校某一栋大楼，画出所选大楼每个楼层与电梯的结构图，根据大楼结构实际情况，完成楼层机房设计、楼层覆盖设计、电梯覆盖设计、小区划分设计与总架构图设计。

模块6 站点工程概预算

06

【学习目标】

1. 知识目标

- 概预算流程
- 工程图纸识读
- 工程量统计
- 费用算法与定额使用
- 概预算表格编制

2. 技能目标

- 掌握概预算流程
- 掌握图纸识读方法与设备、材料、工程量统计方法
- 掌握各项费用算法及定额使用方法
- 掌握概预算表格编制方法

3. 素质目标

- 培养勤俭节约的精神
- 培养精益求精的品质
- 培养一丝不苟的作风

【模块概述】

随着国家正式发布 5G 牌照，5G 网络开始大规模建设，截至 2023 年年底，国内建成并开通的 5G 基站数量达到 337.7 万个，超过全球总量的 60%。为了完成 5G 网络建设，国家与各大运营商投入大笔资金，合理利用投资，建设更多设计规范、成本适中的 5G 站点成为当务之急。因此，在 5G 站点建设过程中，概预算的作用越发重要。

【思维导图】

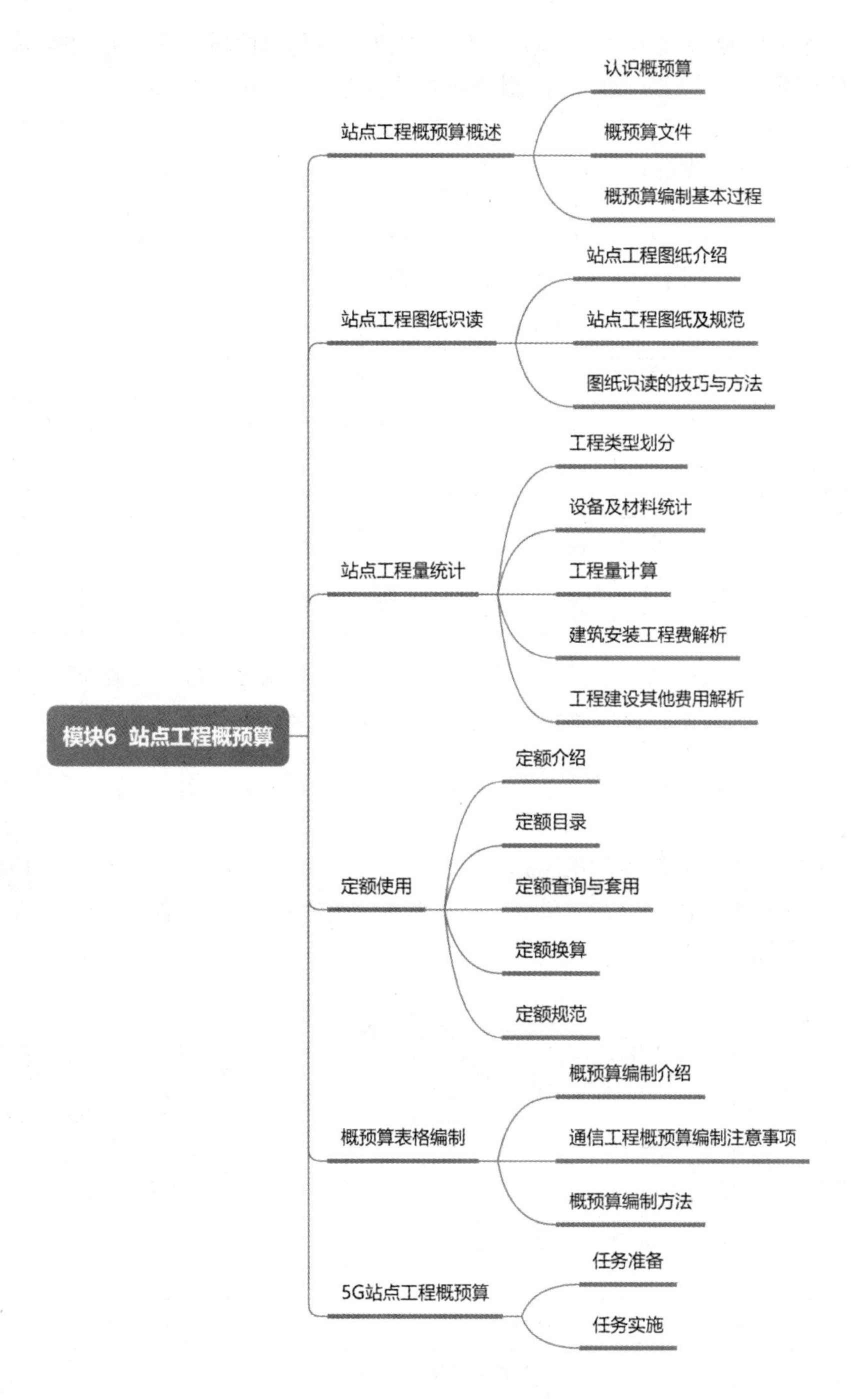

【知识准备】

在正式进行概预算工作之前，必须掌握与概预算相关的知识和技能，才能确保按时、按质、按量完成概预算。

6.1 站点工程概预算概述

站点工程概预算是指在站点工程建设过程中，根据不同设计阶段的设计文件的具体内容和有关定额、指标及费用标准，预先计算和确定建设项目的全部工程费用。

6.1.1 认识概预算

概预算根据工程阶段一般分为设计概算、工程预算、工程结算与工程决算。不同阶段的概预算编制单位、编制依据及用途都不一样。具体情况如表 6-1 所示。

表 6-1 概预算分类相关情况

类型	编制阶段	编制单位	编制依据	用途
设计概算	初步方案设计完成后	设计单位	初步方案设计图纸，概算定额	工程造价的粗略计算
工程预算	施工图设计完成后，工程实施前	设计单位	施工图设计图纸，预算定额	工程造价的详细计算,确定工程标底、投标价格与工程合同价
工程结算	工程实施完成后，工程验收之前	施工单位	预算定额、方案设计图纸、施工变更资料	确定工程项目最终价格
工程决算	工程验收之后	建设单位	预算定额、工程结算资料	确定工程项目实际支出

通常所说的概预算指的是设计概算与工程预算，在工程实施之前进行的概预算文件编制。不同阶段的概预算编制流程与编制表格基本一致，只是编制内容有差别。

6.1.2 概预算文件

概预算文件一般由以下几张表格组成。

工程（预）算总表（表一），用于编制项目总费用，包含工程费、其他费、税价等。具体情况如图 6-1 所示。

工程（预）算总表（表一）

序号	表格编号	费用名称	小型建筑工程费	国内安装设备费	不需安装的设备、工器具费	建筑安装工程费	其他费用	预备费	总价值			
			预算价值（元）						除税价	增值税	含税价	其中外币（）
I	II	III	IV	V	VI	VII	VIII	IX	X	X	XI	XII
1	表三甲	建筑安装工程费							等于除税价			
2	表五	工程建设其他费							等于其他费			
3												
4												
5												
6												
7												
—		总计										

图 6-1 概预算（表一）

建筑安装工程费用（预）算表（表二），用于编制建筑安装工程费，包含直接费、间接费、利润、销售税额。其中，直接费包含人工费、材料费、机械使用费、仪器仪表使用费及各项措施费等，间接费包含规费与企业管理费。具体情况如图 6-2 所示。

建筑安装工程费用（预）算表（表二）			
	费用名称	依据和计算方法	合计（元）
I	II	III	IV
	建筑安装工程费(含税价)	一+二+三+四	
	建筑安装工程费(除税价)	一+二+三	
一	直接费	（一）+（二）	
（一）	直接工程费	1+2+3+4	
1	人工费	技工费 + 普工费	
（1）	技工费	技工总工日×114元/工日	
（2）	普工费	普工总工日×61元/工日	
2	材料费	（1）+（2）	
（1）	主要材料费	主要材料费	
（2）	辅助材料费	国内主材费×0.3%	
3	机械使用费	机械台班单价×机械台班量	
4	仪表使用费	仪表台班单价×仪表台班量	
（二）	措施费	1…15之和	
1	文明施工费	人工费×1.5%	
2	工地器材搬运费	人工费×3.4%	
3	工程干扰费	人工费×6.0%	
4	工程点交、场地清理费	人工费×3.3%	
5	临时设施费	人工费×2.6%	
6	工程车俩使用费	人工费×5.0%	
7	夜间施工增加费	人工费×2.5%	
8	冬雨季施工增加费	人工费×1.8%	
9	生产工具用具使用费	人工费×1.5%	
10	施工用水电蒸汽费	按实计取	
11	特殊地区施工增加费	按实计取	
12	已完工程及设备保护费	按实计取	
13	运土费	按实计取	
14	施工队伍调遣费	174×(5)×2	
15	大型施工机械调遣费	按实计取	
二	间接费	（一）+（二）	
（一）	规费	1+2+3+4	
1	工程排污费	按实计取	
2	社会保障费	人工费×28.5%	
3	住房公积金	人工费×4.19%	
4	危险作业意外伤害保险费	人工费×1.00%	
（二）	企业管理费	人工费×27.4%	
三	利润	人工费×20.0%	
四	销项税额		

图 6-2　概预算（表二）

建筑安装工程量（预）算表（表三）甲，用于编制建筑安装工程费，包含各类子项的定额编号、项目、名称、单位、数量、技工工日、普工工日等，具体情况如图 6-3 所示。

建筑安装工程量（预）算表（表三）甲								
序号	定额编号	项目名称	单位	数量	单位定额值（工日）		概预算值（工日）	
					技工	普工	技工	普工
I	II	III	IV	V	VI	VII	VIII	IX
1								
2								
3								
4								
5								
6								
7								
8								
9								
10								
—		小计						
—		小工日调整（小计×15%）						
—		合计						

图 6-3　概预算（表三）甲

建筑安装工程机械使用费（预）算表（表三）乙，用于编制建筑安装工程机械使用费，一般根据实际情况进行编制，如果相关工程项目不涉及机械使用，可以不编制本表。（表三）乙包含定额编号、项目名称、单位、数量、机械名称、台班数量、单价、合价等，具体情况如图 6-4 所示。

建筑安装工程机械使用费（预）算表（表三）乙

序号	定额编号	项目名称	单位	数量	机械名称	单位定额值（工日）		概预算值（工日）	
						数量（台班）	单价（元）	数量（台班）	合 价（元）
I	II	III	IV	V	VI	VII	VIII	IX	X
1									
2									
3									
4									
—		合计							

图 6-4　概预算（表三）乙

建筑安装工程仪器仪表使用费（预）算表（表三）丙，用于编制建筑安装工程仪器仪表使用费，一般根据实际情况进行编制，如果相关工程项目不涉及仪器仪表使用，可以不编制本表。（表三）丙包含定额编号、项目名称、单位、数量、仪表名称、台班数量、单价、合价等，具体情况如图 6-5 所示。

建筑安装工程仪器仪表使用费（预）算表（表三）丙

序号	定额编号	项目名称	单位	数量	仪表名称	单位定额值（工日）		概预算值（工日）	
						数量（台班）	单价（元）	数量（台班）	合 价（元）
I	II	III	IV	V	VI	VII	VIII	IX	X
1									
2									
3									
4									
5									
6									
7									
8									
9									
10									
—		合计							

图 6-5　概预算（表三）丙

国内器材（预）算表（表四）甲，用于编制国内器材费用，包含名称、规格程式、单位、数量、单价、合计、备注等，具体情况如图 6-6 所示。

国内器材（预）算表（表四）甲

序号	名　　称	规 格 程 式	单位	数量	单价（元）	合计（元）			备注
					除税价	除税价	增值税	含税价	
1									
2									
3									
4									
5									
6									
7									
8									
9									
10									
—	总计								

图 6-6　概预算（表四）甲

引进器材（预）算表（表四）乙，用于编制引进器材费用，一般根据实际情况进行编制，如果相关工程项目不涉及引进器材，可以不编制本表。（表四）乙一般包含中文名称、外文名称、单位、数量、外币币种、折合人民币等，具体情况如图 6-7 所示。

引进器材（预）算表（表四）乙

序号	中文名称	外文名称	单位	数量	单价		合价	
					外币（）	折合人民币（元）	外币（）	折合人民币（元）
I	II	III	IV	V	VI	VII	VIII	IX
1								
2								
3								
4								
5								
6								
7								
8								
9								
10								
—	总计							

图 6-7　概预算（表四）乙

工程建设其他费（预）算表（表五）甲，用于编制工程建设其他费用，包含建设用地综合赔补费、项目建设管理费、勘察费、设计费等，具体情况如图 6-8 所示。

工程建设其他费（预）算表（表五）甲

序号	费用名称	计算依据及方法	金额(元)			备注
			除税价	增值税	含税价	
I	II	III	IV	V	VI	VII
1	建设用地及综合赔补费	按实计取				
2	项目建设管理费	总概算×2%				财建〔2016〕504号，税率10%
3	可行性研究费					
4	研究试验费					
5	勘察费	XXXX元×站				计价格〔2002〕10号文，税率6%
6	设计费	工程费×4.5%				计价格〔2002〕10号文，税率6%
7	环境影响评价评价费					
8	建设工程监理费	工程费（折前建筑安装费+设备费）×3.30%				发改价格〔2007〕670号文，税率6%
9	安全生产费	建安费×1.5%				工信部通函〔2012〕213号文，税率10%
10	引进技术及进口设备其他费					
11	工程保险费					
12	工程招标代理费					
13	专利及专利技术使用费					
14	其他费用					
15	生产准备及开办费（运营费）	设计定员×生产准备费指标(元/人)				
—	总计					

图 6-8　概预算（表五）甲

引进设备工程建设其他费（预）算表（表五）乙，用于编制引进设备工程建设其他费用，一般根据实际情况进行编制，如果不涉及引进设备，可以不编制本表。（表五）乙一般包含费用名称、计算依据及方法、外币币种、折合人民币价格、备注等，具体情况如图 6-9 所示。

引进设备工程建设其他费（预）算表（表五）乙

序号	费用名称	计算依据及方法	金额		备注
			外币（）	折合人民币(元)	
I	II	III	IV	V	VI
1					
2					
3					
4					
5					
6					
7					
8					
9					
10					
—	合计				

图 6-9　概预算（表五）乙

6.1.3　概预算编制基本过程

概预算编制的基本过程可以分为设计图纸识读、材料及工作量统计、定额套

用、概预算表格编制 4 部分。具体情况如图 6-10 所示。

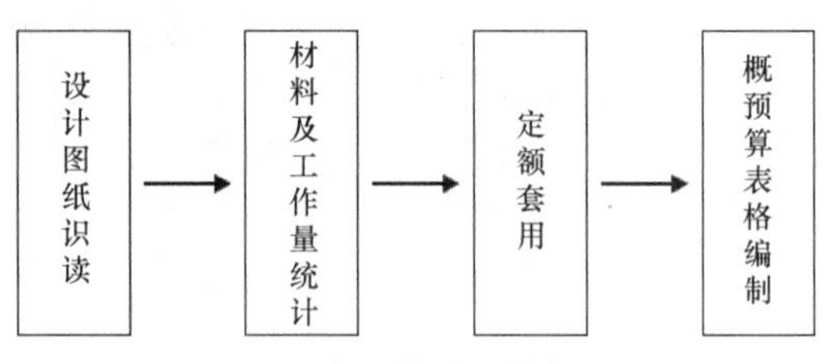

图 6-10 概预算编制基本过程

1. 设计图纸识读

在进行设计图纸识读时，首先对所有图纸进行全面检查，检查图纸是否为设计方案终审定稿图纸；检查图纸及图纸内容是否完整；检查图纸标注的信息（内容说明、尺寸等）是否清晰可见，是否标注准确无误；检查材料统计表内容是否与设计一致等。

2. 材料及工作量统计

设计图纸识读确认无误后，根据设计图纸统计所需的所有材料及其规格型号数量，再根据设计图纸及材料统计结果，统计工程项目所有的工作量。统计材料与工作量时，相关计量单位应与概预算定额保持一致。统计时需要小心仔细，避免漏算、误算及重复计算。

3. 定额套用

材料及工作量统计完成后，根据统计结果，使用定额进行套用。套用定额时，需要核对确认统计的材料与工作量和定额内容一致，防止误套。需要特别注意概预算定额的总说明、册说明、章节说明以及定额项目表的注释内容，在涉及特殊情况计取的时候需要进行相应的调整。

正确套用定额后，接下来就是选用价格，包括机械、仪表台班单价和设备、材料价格两部分。对于工程所涉及的机械、仪表，单价可以依据《信息通信建设工程费用定额》的附录《信息通信建设工程施工机械、仪表台班单价》进行查找；设备、材料价格是由定额编制管理部门给定的，但要注意概预算编制所需要的设备、材料价格是指预算价格，如果给定的是原价，要记住计取其运杂费、运输保险费、采购及保管费和采购代理服务费。

4. 概预算表格编制

定额套用完成之后，进行概预算表格编制，根据工信部通信〔2016〕451 号文件下发的费用定额所规定的计算规则标准分别计算各项费用。

概预算表格编制顺序一般为：（表三）甲→（表三）乙→（表三）丙→（表四）甲→（表四）乙→（表二）→（表五）甲→（表五）乙→（表一）。其中（表三）乙、（表三）丙、（表四）乙与（表五）乙可根据实际情况确定是否编制，其他表格一般必须编制。

在表格编制过程中，要重点注意不同工程类型、不同情况下相关费用的计取原则，如果有使用引进材料，费用涉及外币，应注意根据汇率将之折合为人民币。

6.2 站点工程图纸识读

设计方案图纸是概预算的基本依据，快速、准确地读取设计图纸上的内容，是概预算的首要工作。

6.2.1 站点工程图纸介绍

通信工程图纸是根据通信电源、通信线路、通信设备安装等不同的通信专业要求，通过一定的图形符号、文字符号、标注、文字说明等要素对通信工程的规模、建设施工内容、施工技术要求等相关方面所做的一种图纸化表达。

站点工程图纸属于通信工程图纸中的一类，主要指的是站点设备安装及其相关设备设计图纸。

站点工程图纸一般由以下几个部分组成。

1. 图幅与图框

图幅与图框指的是图纸幅面和图框尺寸规范，具体情况如图 6-11 所示。

图纸幅面和图框尺寸（单位：mm）

幅面代号	A0	A1	A2	A3	A4
图幅尺寸（B L）	841×189	594×841	420×594	297×420	210×297
侧边框距 *C*	10			5	
装订侧边框距 *a*	25				

图 6-11　图纸幅面和图框尺寸规范

2. 比例

一般情况下，绘图比例有 1∶10、1∶20、1∶50、1∶100、1∶200、1∶500、1∶1000 等各类比例，绘图时可以根据具体情况选择合适的比例。

3. 图例

图例是集中于图纸一角或一侧的对图纸上各种符号和颜色所代表内容与指标的说明，有助于更好地认识设计图纸。具体情况如图 6-12 所示。

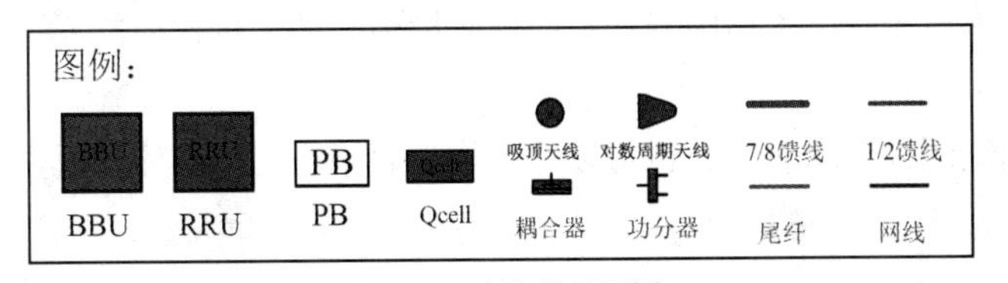

图 6-12　室分常见图例

4. 图衔

图衔是位于图纸右下角的关于图纸相关信息的介绍，一般包括相关单位与负责人信息、比例、图名、图号等。具体情况如图 6-13 所示。

5. 指北针

指北针是图纸上指示正北方位的标识，是设计时确定方位的重要参考。一般位于图纸右上角并且往上指示正北方向。具体情况如图 6-14 所示。

单位主管		审核		设计单位名称	
部门主管		校核		图名	
设计总负责人		制图			
单位负责人		单位、比例			
设计人		日期		图号	

图 6-13　图衔

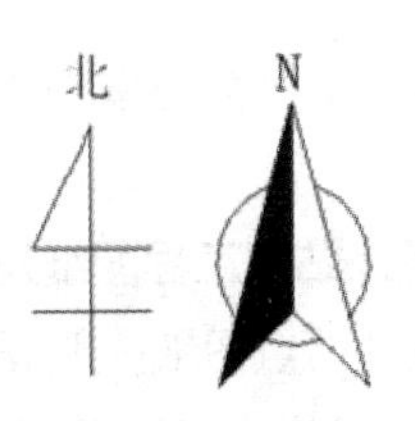

图 6-14　指北针

6. 尺寸标注

尺寸标注是图纸上用来标识长度、高度、角度、半径或弧度等尺寸以及公差的数字，一般带单位。在站点工程图纸中除了高度以外，表示距离或尺寸的标注如果不含单位一般默认为 mm，公差通常情况不考虑。如果数字包含单位，则以标注中的单位为准。具体情况如图 6-15 所示。

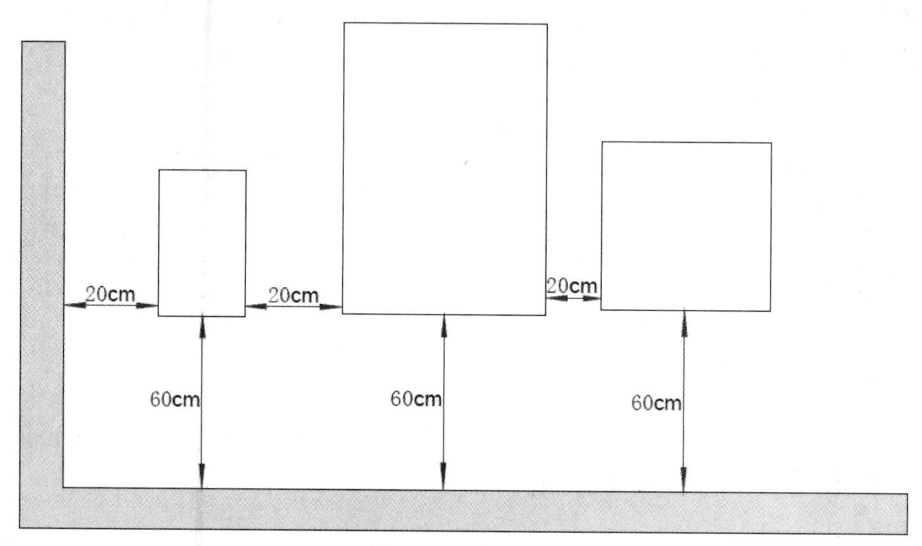

图 6-15　尺寸标注

7. 文字说明

图纸上有的信息无法用绘图来清晰表述，可以考虑增加文字说明。具体情况如图 6-16 所示。

8. 表格说明

有的信息无法用绘图来清晰表述，也可以考虑增加表格说明。具体情况如图 6-17 所示。

说明。
1.本机房为利旧友商机房，已有设备及端口不可变动。
2.机房位置为楼顶天面，GPS 安装位置为机房顶。线长默认为4m。
3.所有设备出机房至顶楼弱电井上端距离默认为3m。
4.根据规定BBU连接电源柜必须通过配电盒，不允许直连。
5.传输引入光缆为48芯全部成端。

图 6-16　文字说明

设备统计表

序号	名称	型号	数量
1	电源柜	×××	1
2	BBU	×××	1
3	SPN	×××	1
4	ODF	×××	1
5	接地排	×××	2

图 6-17　表格说明

6.2.2　站点工程图纸及规范

5G 站点类型分为室外站点与室分站点，两者结构不一样，图纸类型与具体内容也有差别。

室外站点工程图纸与规范

1. 室外站点工程图纸及规范

5G 室外站点图纸一般分为室外安装平面图、室外安装立面图、机房内设备布置平面图、机房内走线架布置平面图。相同的设备会在不同的图纸内出现，必须保持数量、类型、安装位置等情况一致，不能出现彼此冲突的情况。

（1）室外安装平面图

室外安装平面图，为空中往下俯视视角平面图，需要包含视角内所有安装设备情况，如果 AAU 天线设计为隐藏安装，也需要显示出来。室外安装平面图可能包括机房、塔桅、AAU 天线、GPS、室外接地排、室外走线架，具体需要根据实际设计情况进行绘制，如图 6-18 所示。

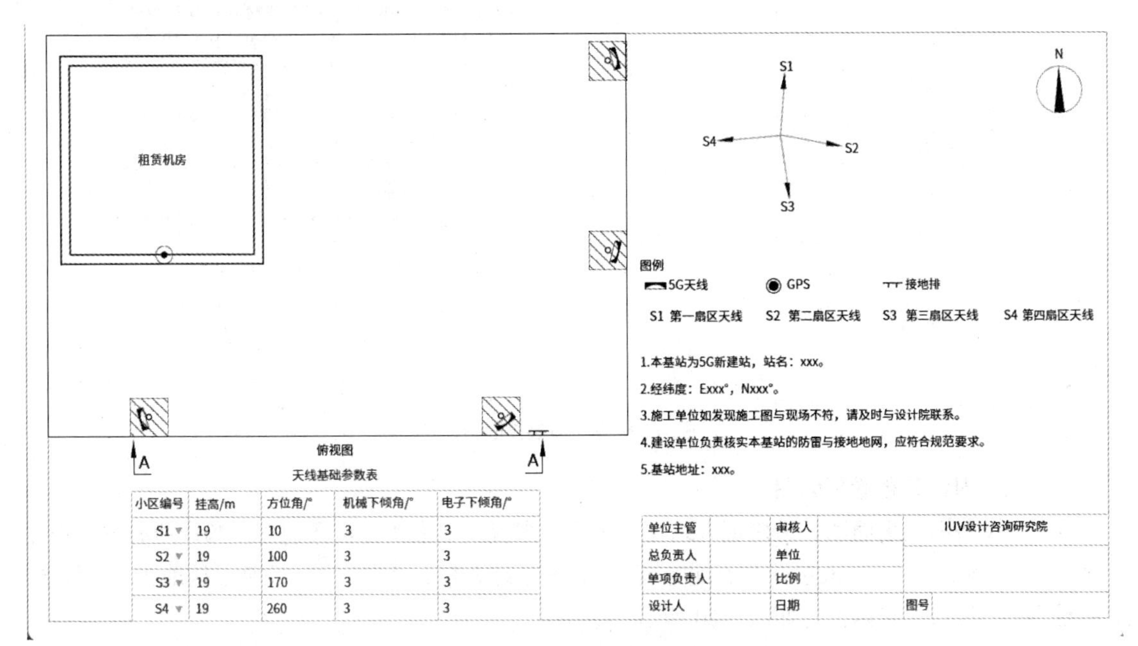

图 6-18　室外安装平面图

该图纸一般有如下规范：

① 图纸一般默认上方为正北方向，右上角需要标注指北标识确认；

② 图纸中各类使用设备需要有图例标识；

③ 图纸中 AAU 天线需要明确标识每个 AAU 天线的挂高、方位角、机械下倾角、电子下倾角参数，并且有覆盖示意图；

④ 图纸右下角相关信息按实际情况填写；

⑤ 图纸涉及的一些相关情况，需要添加文字说明。

（2）室外安装立面图

室外安装立面图，为模拟人站在机房与塔桅前平视视角立面图，需要包含视角内所有安装设备情况，如果 AAU 天线设计为隐藏安装，也需要显示出来。一般包括机房、塔桅、AAU 天线、GPS 天线、室外接地排与室外走线架（根据实际设计情况）。具体情况如图 6-19 所示。

该图纸一般有如下规范：

① 图纸中设备信息、安装位置必须与室外安装平面图一致；

② 图纸中各类使用设备需要有图例标识；

③ 图纸右下角相关信息按实际情况填写；

④ 图纸涉及的一些相关情况，需要添加文字说明。

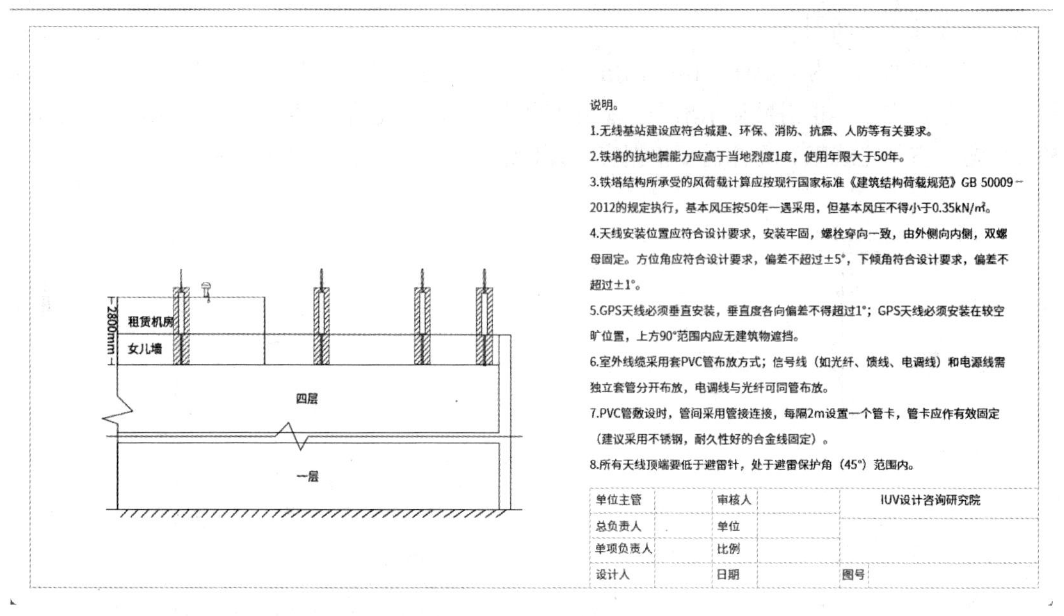

图 6-19　室外安装立面图

（3）机房内设备布置平面图

机房内设备布置平面图，为模拟人站在机房顶俯视视角平面图，需要包含视角内所有安装设备情况（除走线架之外）。一般包括交流配电箱、电源柜、综合柜、蓄电池组、空调、接地排、馈线窗、防雷器等各类设备。具体情况如图 6-20 所示。

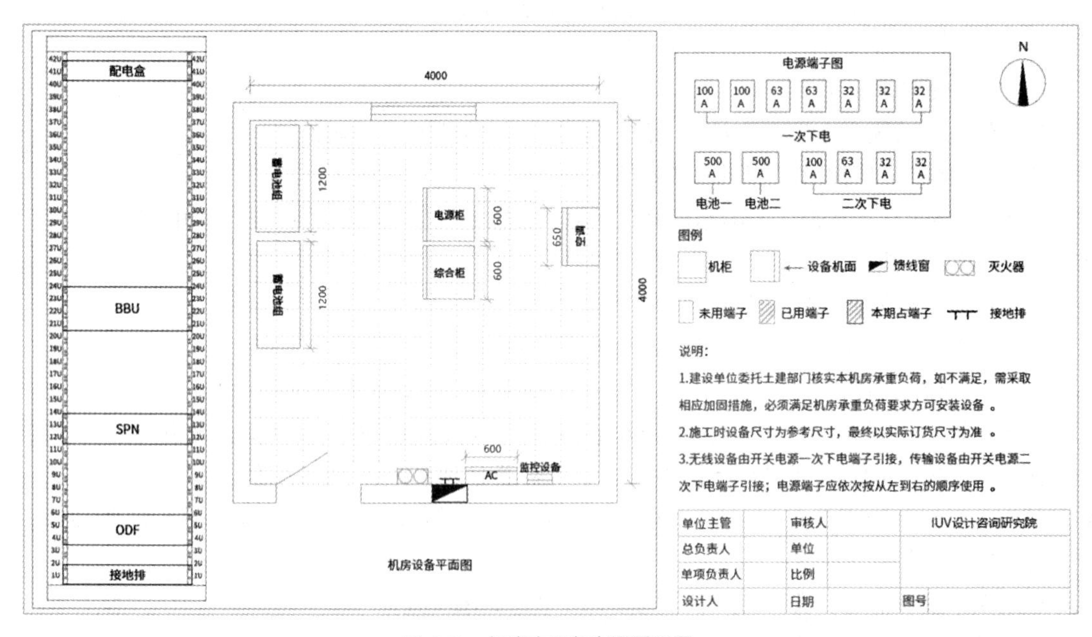

图 6-20　机房内设备布置平面图

该图纸一般有如下规范：

① 电源端子图必须标识出本次需要使用的电源端子；

② 综合柜必须标出柜内设备布置图；

③ 图纸中各类使用设备需要有图例标识；

④ 图纸中机房与各类设备要标记出具体距离；

⑤ 图纸右下角相关信息按实际情况填写；

⑥ 图纸涉及的一些相关情况，需要添加文字说明。

（4）机房内走线架布置平面图

走线架布置平面图，视角与机房内设备布置平面图一样，为模拟人站在机房顶俯视视角平面图，需要包含视角内走线架以及与走线架相关设备的设计情况。一般包括水平走线架（横向与纵向）、垂直走线架、加固件、连接件、馈线窗等设备。具体情况如图 6-21 所示。

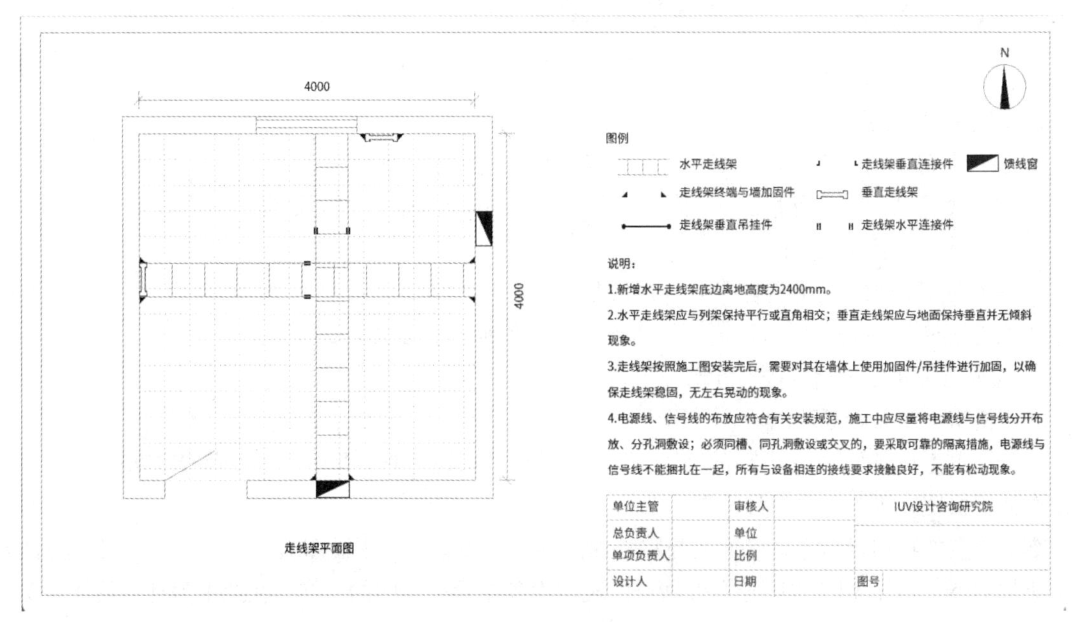

图 6-21　机房内走线架布置平面图

该图纸一般有如下规范：

① 走线架必须与机房内设备布置图关联，走线架布置在所有需要使用走线架的设备上方；

② 水平走线架必须连接馈线窗，垂直走线架必须连接蓄电池组与水平走线架；

③ 水平走线架两端必须设计终端加固件，中间设计水平连接件；

④ 如果为利旧机房，需要区分标记原有走线架与新增走线架；

⑤ 图纸右下角相关信息按实际情况填写；

⑥ 图纸涉及的一些相关情况，需要添加文字说明。

2. 室分站点图纸及规范

5G 室分站点图纸一般分为室分系统整体介绍图、机房设备布置平面图、机房内走线架布置平面图、主设备布置立面图、楼层分布系统安装平面图、室分系统架构总图。

室分站点图纸及规范

（1）室分整体介绍图

室分整体介绍图为空中往下俯视视角平面图，图内呈现室分建筑具体位置图、指北标识、建筑物信息等内容。具体情况如图 6-22 所示。

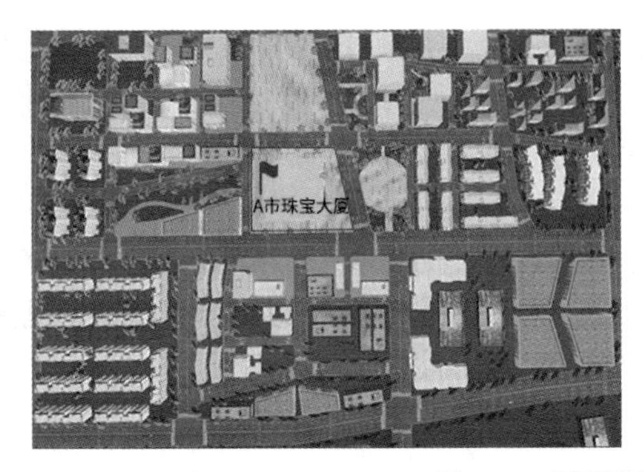

北

站点名称：A市珠宝大厦

经纬度：E **·***° N **·*** °

详细地址：** 市 ** 区 ** 街道 ** 号

本期覆盖：大楼内部所有区域

覆盖面积：16800㎡

单位主管		审核人		IUV设计咨询研究院
总负责人		单位	mm	
单项负责人		比例	1:100	
设计人		日期		图号

图 6-22 室分系统整体介绍图

该图纸一般有如下规范：

① 保持室分建筑物在图片中间位置，并且框出建筑物所有区域；

② 经纬度需要根据实际情况明确标记 E（东经）、W（西经）、N（北纬）、S（南纬），经纬度至少要精确到小数点后 5 位数；

③ 详细地址必须精确到道路的具体门牌号码；

④ 覆盖面积为覆盖区域的建筑面积之和，如果有地下楼层也需要计算；

⑤ 图纸右下角相关信息按实际情况填写。

（2）机房设备布置平面图

室分站点主设备如果安装在机房内，则需要设计机房设备布置平面图；如果壁挂安装于其他位置没有使用机房，则不需要设计该图。

室分站点的机房设备布置平面图与室外站点的机房设备布置平面图大体一致，在室外站点的基础上添加 GPS 即可，相关规范与室外站点的机房设备布置平面图的一样，在此不赘述。具体情况如图 6-23 所示。

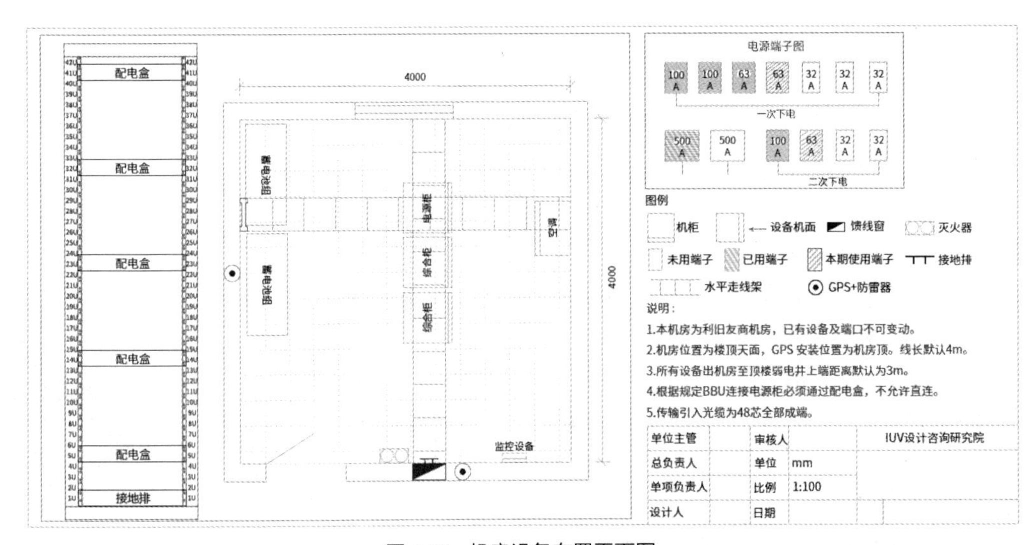

图 6-23 机房设备布置平面图

（3）机房内走线架布置平面图

室分站点主设备如果安装在机房内，需要设计机房内走线架布置平面图；如果壁挂安装于其他位置没有使用机房内走线架，不需要设计该图。

室分站点的机房内走线架布置平面图与室外站点的机房内走线架布置平面图类似，在此不赘述。

（4）主设备布置立面图

室分站点主设备如果安装在机房内，不需要设计该图；如果壁挂安装在其他区域，需要设计该图。

室分站点的主设备布置立面图，为模拟人站在墙壁面前的第一人称视角，默认图纸上方为墙壁上方。图纸内包含墙壁上安装的所有设备及其走线情况，如果使用走线槽，也需要呈现出来。具体情况如图 6-24 所示。

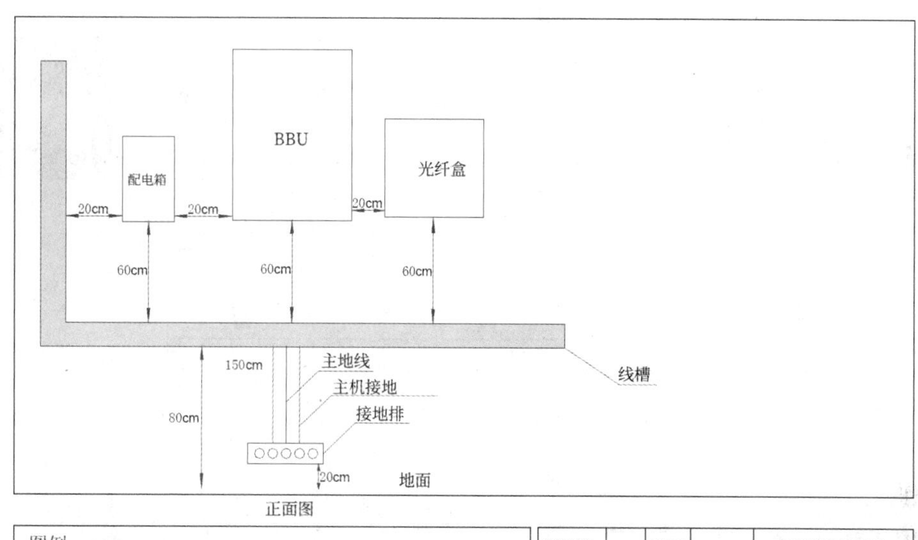

单位主管		审核人		IUV设计咨询研究院
总负责人		单位	mm	
单项负责人		比例	1:100	
设计人		日期		

图 6-24　主设备布置立面图

该图纸一般有如下规范：

① 每样设备名称必须呈现，比较小的设备可以使用图例呈现，如果同类型的设备有多个，需要分别编号以区分；

② 设备之间的距离、设备与线槽或地面的距离必须标注清楚；

③ 设备布置必须按照规定保持水平或垂直；

④ 走线必须横平竖直；

⑤ 图纸右下角相关信息按实际情况填写。

（5）楼层分布系统安装平面图

室分站点的楼层分布系统安装平面图，需要呈现所有室内分布系统设备的安装情况，一般按照每个楼层分开进行设计，电梯场景独立设计。

室分站点的楼层分布系统安装平面图，是从楼层天花板往下的俯视视角的平面图。图纸内包含本楼层内安装的所有设备及其走线情况，设备默认安装方式为吸顶安装，如果有壁挂安装的设备，需要额外增加立面图说明壁挂安装位置。具体情况如图 6-25 所示。

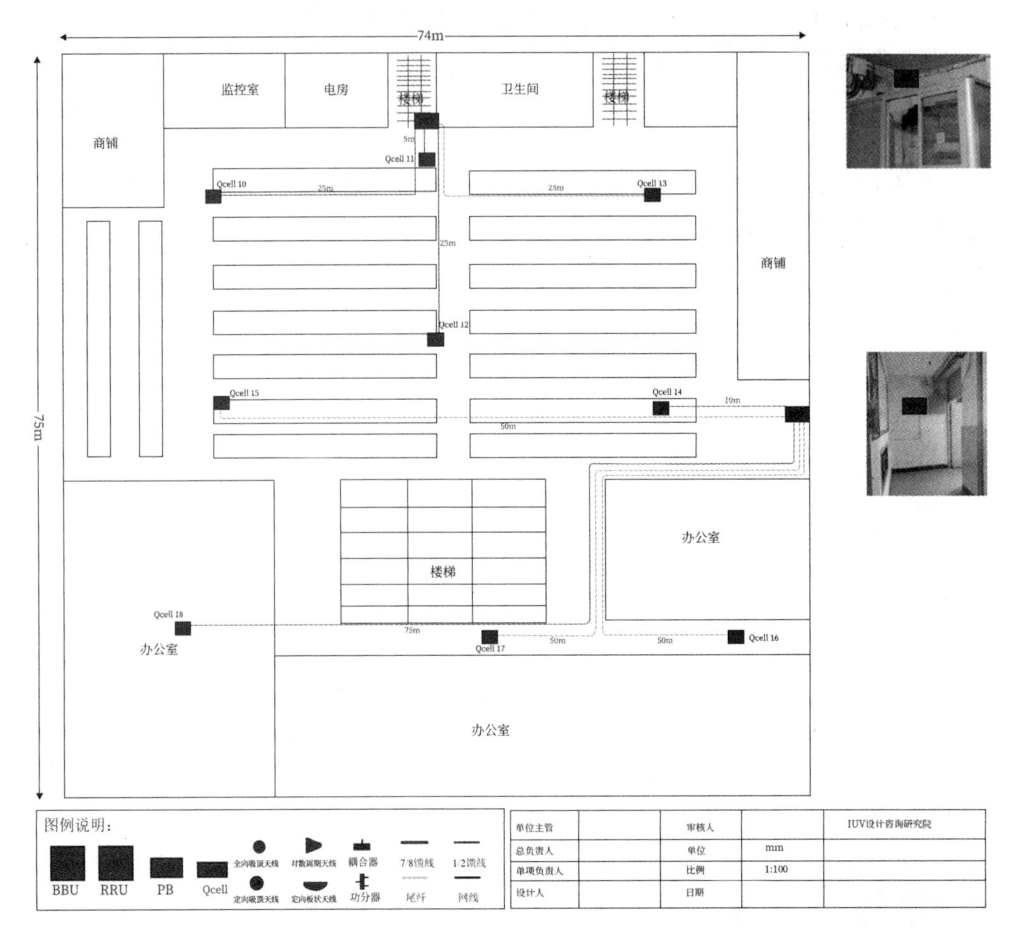

图 6-25　楼层分布系统安装平面图

该图纸一般有如下规范：

① 按照楼层进行设计，如果有多个楼层就需要多张图纸分开设计（多个楼层如果设计情况完全一样，可以合为一张，需要说明清楚），电梯场景需要另外进行设计；

② 每样设备名称必须呈现，比较小的设备与线缆类型可以使用图例呈现，如果同类型的设备有多个需要分别编号以区分；

③ 设备之间连线要保持横平竖直，并且必须标注清楚线的长度；

④ 设备布置必须按照规定保持水平或垂直；

⑤ 壁挂安装设备必须增加图片说明壁挂位置；

⑥ 图纸右下角相关信息按实际情况填写。

（6）室分系统架构总图

室分系统架构总图如图 6-26 所示，需要呈现室分站点所有设备的安装情况，根据实际情况尽量使用一张图进行呈现。如果系统过于庞大，可以分成多张图纸进行呈现。

室分系统架构总图为原理图形式，主要体现室分系统使用的所有设备与连线的距离，呈现室分系统整体架构情况。

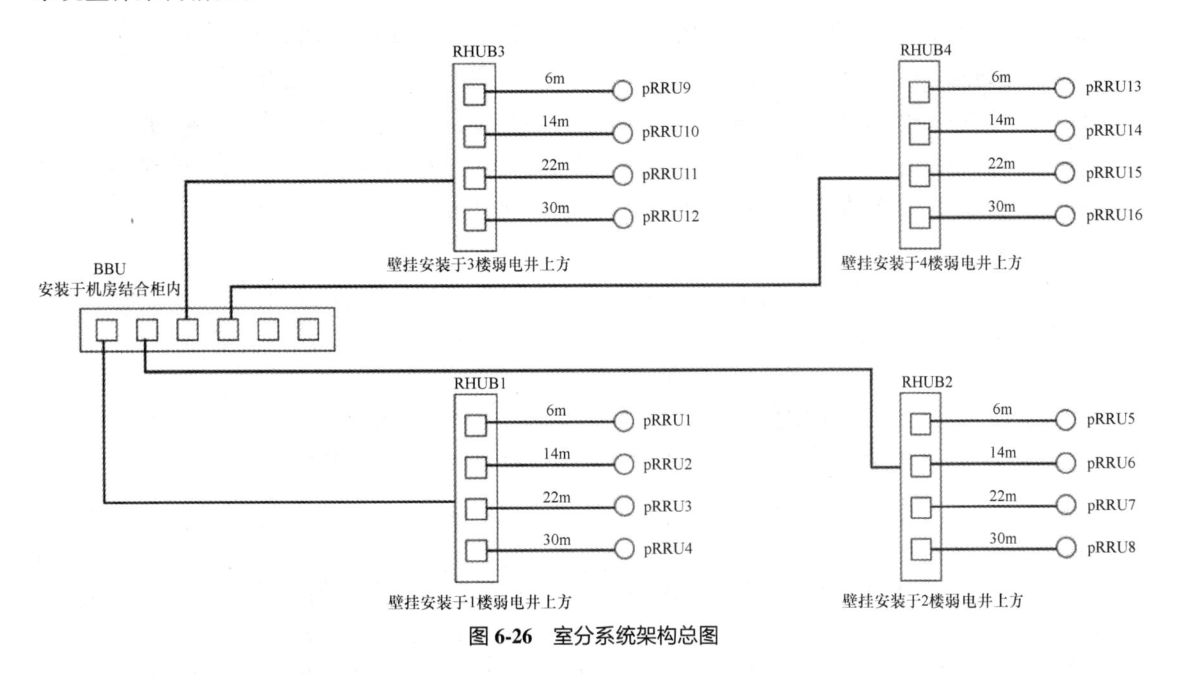

图 6-26　室分系统架构总图

该图纸一般有如下规范：

① 设备名称需要在图纸中呈现，部分小型设备与线缆类型可以使用图例呈现，如果同类型的设备有多个，需要分别编号以区分；

② 设备之间连线并且标注清楚线的长度；

③ 非最底层设备必须标明设备安装位置；

④ 图纸右下角相关信息按实际情况填写。

6.2.3　图纸识读的技巧与方法

工程预算的第一步就是进行图纸识读，检查完设计图纸是否齐全并且符合规范之后，进行图纸识读。在进行图纸识读时，需要掌握一定的技巧与方法，以便更快、更好地完成图纸识读。

1．识读技巧

正所谓“磨刀不误砍柴工”，在进行图纸识读时，掌握一定的识读技巧也许就能事半功倍。图纸识读技巧主要包括以下几个方面。

① 掌握站点工程中可能涉及的电源、线缆、设备等各类施工内容的具体过程以及施工工艺。

② 收集相应站点工程的各项资料，了解清楚工程相关的各项情况。

③ 识读时采取先整体、后局部的识读方式。

④ 识读时先阅读图纸的图衔、文字说明、图例等部分，再去识读图纸具体内容。

⑤ 识读时反复对照，先浏览图纸整体，再将相关图纸摆在一起反复对照，找出内在的规律和联系，从而加深对图纸的理解。

⑥ 识读时可把其他图纸上的尺寸、说明、型号等标注到常用图纸（如平面图）上，以加深记忆、发现问题。

⑦ 识读时应随手记下需要解决的问题，逐张观察，逐张记录，逐个解决疑难问题，以加深印象。

2. 识图方法

设计图纸是工程实施的依据，是“工程的语言”。它明确规定了要建造一套什么样的站点工程，并且具体规定了位置、尺寸、做法和技术要求。识读时要学会正确的识图方法，结合整个站点工程的所有图纸配合观察，确保不出差错。以下是一些基本的识图方法。

（1）循序渐进

拿到一份图纸后，确定识图的主次和先后顺序，一般按如下顺序进行。

首先仔细阅读设计说明，了解站点工程的概况、位置、标高、材料、施工注意事项以及一些特殊的技术要求，由此形成对工程的初步印象。

识读室外平面图时，要了解机房、塔桅、AAU 等室外设备的具体类型、设计方位、构造、尺寸等情况；识读室分工程图纸时要查看整体架构图。由此对站点工程形成整体概念。

识读室外立面图，从另一个角度了解各类室外设备的相关参数，对站点工程的室外设备形成立体的概念。

识读机房设备布置平面图，了解机房内部各类设备的参数类型及安装位置等具体情况，理解设备布局。

识读走线架布置平面图，了解机房内走线架的具体情况，对机房内设备的连接关系和走线形成清晰的理解。

按区域识读室分每个区域的设计图，了解楼层内室分设备相关情况与安装情况。

总体来说，识读图纸一般应做到“先说明后图纸，先平面后立面”。按照循序渐进的原则去理解设计意图、看懂设计图纸，这样才能达到事半功倍的效果。

（2）记住尺寸

俗话说“没有规矩，不成方圆”，站点工程涉及的设备都需要根据长、宽、高等各部分的具体尺寸进行安装位置设计，以便后续概算、招投标和施工。识图时需要记住主要设备的尺寸以及安装主材的规格、型号、位置、数量等，以深刻理解设计图纸、正确编制概预算。

（3）厘清关系

看图时必须厘清每张图纸之间的关系。站点工程无法仅通过一张图纸详细表达所有部位的具体尺寸、做法和要求，需要通过多张图纸从不同的方面描述某一个部分的形状、尺寸、工艺和要求，从而完整表达站点工程的全貌。所以一套施工图纸的各张图纸之间都有着密切的联系。

图纸之间的关系，一般来说主要是：设备类型、数量、安装位置及编号要吻合；尺寸标注要吻合；土建和安装的洞、沟、槽要吻合；材料和标准要在图中对应；建筑和结构在不同图中要对照一致。

所以弄清各张图纸之间的关系，是看图的重要环节，是发现问题、减少或避免差错的基本措施。

（4）抓住关键

在看施工图时，必须抓住每张图纸中的关键，以减少差错。一般应抓住以下几个方面。

室外平面图中的关键：首先确定正北方位，图上有指北针的以指北针为准，无指北针的以注释说明中的朝向为准；一般的平面图，应符合上北下南、左西右东的规律；确认清楚 AAU 等隐藏设备的情况；确定长、宽等参数。

立面图中的关键：首先确定立面位置与视角，图上有指北针的以指北针为准，无指北针的以注释说明上的朝向为准；一般的立面图，应符合朝北站立的规律；确定高度。

机房内平面图中的关键：首先确定正北方位，接着确定开门方向与馈线窗位置，最后确认各个设备的安装情况。

机房内走线架平面图中的关键：首先确定正北方位，接着确定开门方向与馈线窗位置，最后确认走线架安装情况及加固件、连接件使用情况。

楼层内室分设备安装平面图中的关键：首先确定正北方位，然后确认设备安装类型与编号，最后确认设备是否都已经连接及连线的长度。

系统架构图中的关键：确认系统整体架构是否正确、设备的数量和类型是否正确、设备安装位置是否正确、线缆连接与线长是否正确。

（5）了解特点

站点工程要满足各种不同设备的安装要求，不同设备在设计中各有不同的特点。如 SPN 等有二次下电要求，就要连接二次下电端子；蓄电池组需要使用抗震架安装；壁挂安装与吸顶安装设计不同等。因此在识读每一份设计图纸时，必须了解相应工程的特点和要求。

只有了解一个工程项目的全部特点，才能更好地、全面地理解设计图纸，保证满足工程的特殊需要。

（6）图文表对照

一份完整的施工图纸，除了各种图纸，还包括各种文字说明与表格说明，这些说明具体归纳了各项工程的做法、尺寸、规格、型号，是设计图纸的组成部分。

在看施工图时，最好先将自己看图时理解的各种数据，与有关表中的数据进行核对，如完全一致，证明图纸及理解均无错误；如发现型号不对、规格不符、数量不等时，应再次认真核对，以进一步加深理解，提高对设计图纸的认识，同时也能及时发现图文表中的错误。

（7）仔细认真

看图纸必须认真、仔细、一丝不苟。对设计图中的每个数据、尺寸，每个图例、符号，每条文字说明，都不能随意放过。对图纸中表述不清或尺寸缺失的部分，需要联系相关人员核对清楚，绝不能自己凭空想象、估计、猜测，否则就会差之毫厘、失之千里。

比较复杂的设计图纸通常由多个专业设计人员共同完成，在尺寸上可能出现某些矛盾，如总尺寸与细部尺寸不符、图例使用不一致等问题。还可能由于设计人员的疏忽，出现某些漏标、漏注部位。因此概预算人员在看图时必须一丝不苟，才能发现此类问题，然后与设计人员共同解决，以避免错误的发生。

（8）掌握技巧

看图纸和做其他操作一样，需要经常看图以提高熟练度，还需要掌握本模块提到的识图技巧。

（9）形成整体概念

正确应用前文所述技巧和方法后，读者对站点工程各个图纸的特点、形状、尺寸、布置和要求应已十分清楚，由此可以形成对站点工程的整体概念，对工程整体有正确记忆和深刻理解，确保识读图纸时胸有成竹，减少或避免错误，可以更加顺利地进行概预算。

6.3 站点工程量统计

把设计图纸中的工程量与设备材料转化成统计表格内容，是概预算最核心的工作之一，统计能力是衡量一个概预算工程师个人能力的重要指标。

6.3.1 工程类型划分

按照现行通信建设工程预算定额，通信工程可以分为 5 种类型，包括通信电源设备安装工程（代号 TSD）、有线通信设备安装工程（代号 TSY）、无线通信设备安装工程（代号 TSW）、通信线路工程（代号 TXL）、通信管道工程（代号 TCD）。

站点工程的各项工作内容的工程类型归属划分具体如表 6-2 所示。

表 6-2 工程类型归属划分

站点工程内容	工程类型归属	备注
电源引入	通信电源设备安装工程	如果使用管道，管道相关施工内容属于通信管道工程
传输引入	通信线路工程，如果引入微波传输则属于无线通信设备安装工程	如果使用管道，管道相关施工内容属于通信管道工程
机房安装	无线通信设备安装工程	
塔桅安装	无线通信设备安装工程	
电源与防护设备安装	通信电源设备安装工程	
传输设备安装及布放线缆	有线通信设备安装工程	
主设备与天馈安装及布放线缆	无线通信设备安装工程	
室分设备安装及布放线缆	无线通信设备安装工程	
配套设备安装	无线通信设备安装工程	
安装走线架/槽	无线通信设备安装工程	
电源系统调测	通信电源设备安装工程	
传输系统调测	通信线路工程，如果引入微波传输则属于无线通信设备安装工程	
基站设备调测	无线通信设备安装工程	

在实际工程中，根据当地运营商工程招标情况，站点工程中各项工作内容会分开招标，由不同的施工单位进行施工。设计人员进行工程概算时需要计算工程全部内容；工程单位进行预算与结算时，只需要计算自己负责的工程内容；建设单位进行工程决算时，需要计算工程全部内容。

6.3.2 设备及材料统计

设备及材料统计

在进行工程量统计时，首先进行设备与材料统计。设备指站点工程中所涉及的各类设备，材料指安装设备过程中所需要的各类线缆、接头、机框等材料。

1. 设备统计

在进行设备统计时，根据识读所有设计图纸的结果，统计站点所有设备的名称、规格型号、单位、数量、单价、尺寸、质量、备注等信息。一般站点工程设备都由建设方提供。具体情况如表 6-3 所示。

表 6-3 设备统计示例

序号	设备名称	规格型号	单位	数量	单价/元（除税价）	尺寸/mm（宽 × 深 × 高）	质量/kg	备注
1	交流配电箱	× × ×	台	1	2500	600 × 200 × 800	15	原有
2	蓄电池组	× × ×	组	2	17000	1500 × 1000 × 800	1000	原有 1 组，新增 1 组
3	电源柜	× × ×	台	1	15000	600 × 600 × 2000	280	原有
4	BBU	× × ×	套	1	13000	600 × 600 × 200	10	新增
5	AAU	× × ×	副	4	30000	200 × 100 × 800	20	新增
6	SPN	× × ×	台	1	7500	600 × 600 × 200	10	新增
7	ODF	× × ×	套	1	800	600 × 600 × 400	10	新增

在进行设备统计时，对相关的所有设备都需要统计，设备的规格型号要准确标注；设备单位按照定额标准；设备单价注意为除税价，默认货币单位为人民币“元”；尺寸与重量按照实际情况统计；设备备注一定要写清楚，一般分为原有、新增、拆除、扩容等几类。

2. 材料统计

在进行材料统计时，根据识读所有设计图纸的结果，统计站点工程所有新增材料的名称、规格型号、单位、单价、备注、材料来源等信息。具体情况如表 6-4 所示。

表 6-4 材料统计示例

序号	名称	规格型号	单位	单价/元（除税价）	备注	材料来源
1	光电复合缆	国标铠装	米	4	含接头	施工方提供
2	射灯天线		副	190		施工方提供
3	全向吸顶天线		副	40		建设方提供
4	1/2 普通阻燃馈线		米	5		施工方提供
5	光缆成端接头材料		套	3		施工方提供
6	超六类网线		米	2	含接头	施工方提供
7	水晶头	RJ-45	个	1		施工方提供
8	LC-LC 光纤		米	1	含接头	施工方提供
9	LC-FC 光纤		米	2	含接头	施工方提供
10	电源线	（3 × 4）mm^2	米	6		施工方提供
11	电源线	（3 × 2.5）mm^2	米	4		施工方提供
12	电源线	（3 × 6）mm^2	米	8		施工方提供
13	接地线	（1 × 16）mm^2	米	7		施工方提供
14	线缆卡子		套	2		施工方提供
15	综合柜	落地式	个	1500		建设方提供
16	机框	壁挂式	个	100		建设方提供

在进行材料统计时，只统计相应站点工程所需使用的材料，材料的规格型号要准确标注；单位按照材料类型设置；单价注意为除税价，默认货币单位为人民币“元”；备注与材料来源一定要写清楚。

如果涉及拆除材料，另立新表统计，需要标明拆除材料处理方式，一般分为清理入库与自行处理。清理入库指施工单位拆除材料后，根据材料类型按规定进行清理，并且存放入建设单位仓库；自行处理为施工单位拆除材料后，根据需求自行处理，但是不可违反国家及地方相关规定（不可随地乱扔、要进行垃圾分类等）。

3. 注意事项

① 如果涉及使用进口设备与材料，需要使用外币，则另立新表统计，在表格原有统计项的基础上，增加外币币种与外币单价，还需计算折合人民币的价格，区分清楚除税价与含税价。

② 在进行设备统计时，建设单位与设计单位需要统计所有设备，施工单位只需要统计本单位负责的与施工相关的设备。建设单位根据设备库存情况，确定是否需要进行采购。

③ 在进行材料统计时，设计单位需要统计所有材料，施工单位只需要统计本单位负责的与施工相关的材料。建设单位根据材料库存情况，确定材料类型与数量是否满足工程需求，如有欠缺要按规定向上级部门请示，自行采购或与施工单位协商决定由哪方提供。

6.3.3 工程量计算

站点工程整体施工流程如图 6-27 所示，在进行工程量计算时需要考虑所有工程所涉及的各项施工内容。

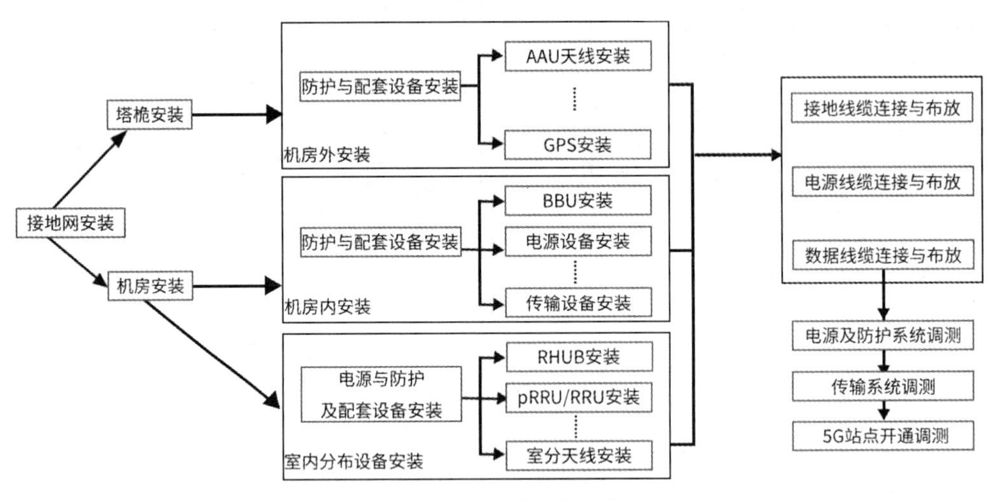

图 6-27　站点工程整体施工流程

设备与材料统计完成后，进行工程量计算。建设单位与设计单位需要计算与站点工程相关的所有工程量，施工单位只需要计算本单位负责的工程量。

首先根据设备与材料统计结果，计算新增、拆除、扩容设备的工程量，原有设备不需要计算，拆除相关工程量的每一样设备都需要标注清楚。然后根据设备采购合同，有的设备由设备供应商负责安装，这部分设备的工程量不需要计算。

一般在实际站点工程中，电源引入与传输引入工作属于电源单位与线路单位负责的工程量，接地网、机房、塔桅一般都是土建单位负责的工程量，或者由供应商负责安装，不计算在站点工程的工程量之内。

站点工程的工程量计算，一般分为机房内设备安装、室外站点机房外设备安装、室内分布设备安装、线缆连接、站点调测几部分。

1. 机房内设备安装

机房内设备安装分为防护与配套设备安装、电源设备安装、传输设备安装、基站主设备安装。

机房内设备安装

（1）防护与配套设备安装

防护与配套设备安装工作量一般包含以下几类。

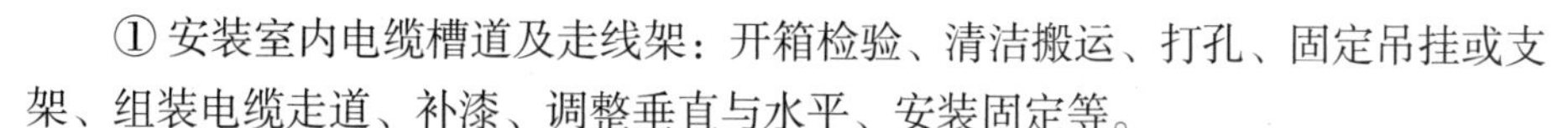

① 安装室内电缆槽道及走线架：开箱检验、清洁搬运、打孔、固定吊挂或支架、组装电缆走道、补漆、调整垂直与水平、安装固定等。

在进行安装室内电缆槽道及走线架计算时，计量单位都为米，电缆槽道根据其布放长度进行求和计算，走线架需要将水平走线架与垂直走线架分别计算。

如果非成套进行安装，需现场加工制作并安装，应特殊标注出来，在定额换算时将原本工日 ×3。

② 安装室内接地排：开箱检验、清洁搬运、画线定位、安装加固、清理现场等。

在进行安装室内接地排计算时，计量单位为个，计算安装在室内接地排总数即可，综合柜安装在室内，柜内地排也属于室内地排。

③ 安装室内防雷箱：开箱检验、安装固定、连接地线、清理现场等。

在进行安装室内防雷箱计算时，计量单位为套，计算安装在室内的防雷箱个数即可。

④ 安装室内防雷器：开箱检验、安装固定、连接地线、清理现场等。

在进行安装室内防雷器计算时，计量单位为个，计算安装在室内的防雷器个数即可。电源柜等设备内部配备的防雷器不属于此项。

⑤ 安装室内综合柜/机框：开箱检验、清洁搬运、画线定位、安装固定等。

在进行安装室内综合柜/机框计算时，计量单位为个，注意区分安装方式，分为落地式与壁挂式，还需要区分有源与无源（内部需要接电为有源，不需要接电为无源），根据各种类型分开统计。

⑥ 安装蓄电池组抗震架：开箱检验、清洁搬运、组装、加固、补漆等。

在进行安装室内蓄电池组抗震架计算时，计量单位为米，注意区分抗震架类型，根据层数与列数分为单层单列、单层双列、双层单列、双层双列，如果层数或列数超过 2，还需要特殊说明。根据各种类型分开统计。

⑦ 安装机房空调：开箱检验，设备就位，附件安装，安装室内（外）机，找正，固定等。

在进行安装机房空调计算时，计量单位为台，首先注意区分空调安装方式，安装方式分为壁挂式、立式、吊顶式，然后注意区分空调制冷功率属于 40kW 以上还是 40kW 以下。空调内、外机统一计算为一台。

⑧ 安装与调试监控设备：开箱检验、固定安装、连接连线、测试。

在进行安装监控设备计算时，计量单位为点，需要区分不同的监控类型，分为动力监控、温/湿度监控、烟感监控、门禁监控、水浸监控、配电监控。需要统计每种监控类型的具体安装点数。

⑨ 安装馈线窗：开箱检验、清洁搬运、安装、加固、密封处理、清理现场等。

在进行安装馈线窗计算时，计量单位为个，统计时计算整体数量即可。

⑩ 封堵馈线窗：开箱检验、清洁搬运、安装、加固、密封处理、清理现场等。

在进行封堵馈线窗计算时，计量单位为个，统计时计算整体数量即可。

⑪ 安装、调测网络管理系统设备（新建工程与纳入原有网管系统）：开箱检验、清洁搬运、画线定位、设备安装固定、设备标志、设备自检、数字公务系统运行试验、配合调测网管系统运行试验等。

在将安装、调测网络管理系统设备作为新建工程计算时，计量单位为套，一般一个站点默认为一套系统。

在将安装、调测网络管理系统设备纳入原有网管系统计算时，计量单位为站，一般一个站点默认为一个站。

（2）电源设备安装

电源设备安装工作量一般包含以下几类。

① 安装室内配电箱：开箱检验、清洁搬运、打孔、固定吊挂或支架、组装电缆走道、补漆、调整垂直与水平、安装固定等。

在进行安装室内配电箱计算时，计量单位为台，注意区分安装方式，分为落地式与壁挂式，注意根据安装方式分开统计。

② 安装高频开关整流模块：开箱检验，安装固定，接线连接等。

在进行安装高频开关整流模块计算时，计量单位为个，注意区分电流大小，分为落地式 50A 以下、50～100A、100A 以上，注意根据电流大小分开统计。

③ 安装蓄电池组：开箱检验，清洁搬运，安装电池，调整水平，固定连线，电池标志，清洁整理等。

在进行安装蓄电池组计算时，计量单位为组，注意区分蓄电池组类型、电压、容量，分开进行统计。太阳能电池组需要安装在室外，具体情况如表 6-5 所示。

表 6-5　安装蓄电池组类型

蓄电池组类型	电压	容量
铅酸蓄电池组	24V	≤200Ah
铅酸蓄电池组	24V	>200Ah，≤600Ah
铅酸蓄电池组	24V	>600Ah，≤1000Ah
铅酸蓄电池组	24V	>1000Ah，≤1500Ah
铅酸蓄电池组	24V	>1500Ah，≤2000Ah
铅酸蓄电池组	24V	>2000Ah，≤3000Ah
铅酸蓄电池组	24V	>3000Ah
铅酸蓄电池组	48V	≤200Ah
铅酸蓄电池组	48V	>200Ah，≤600Ah
铅酸蓄电池组	48V	>600Ah，≤1000Ah
铅酸蓄电池组	48V	>1000Ah，≤1500Ah
铅酸蓄电池组	48V	>1500Ah，≤2000Ah

续表

蓄电池组类型	电压	容量
铅酸蓄电池组	48V	>2000Ah，≤3000Ah
铅酸蓄电池组	48V	>3000Ah
铅酸蓄电池组	300V	≤200Ah
铅酸蓄电池组	300V	>200Ah，≤600Ah
铅酸蓄电池组	300V	>600Ah，≤1000Ah
铅酸蓄电池组	400V	≤200Ah
铅酸蓄电池组	400V	>200Ah，≤600Ah
铅酸蓄电池组	400V	>600Ah，≤1000Ah
铅酸蓄电池组	400V	>1000Ah
铅酸蓄电池组	500V	≤200Ah
铅酸蓄电池组	500V	>200Ah，≤600Ah
铅酸蓄电池组	500V	>600Ah，≤1000Ah
铅酸蓄电池组	500V	>1000Ah
锂电池组	—	≤100Ah
锂电池组	—	>100Ah，≤200Ah
锂电池组	—	>200Ah
太阳能电池组	—	≤500Wp
太阳能电池组	—	>500Wp，≤1000Wp
太阳能电池组	—	>1000Wp，≤1500Wp
太阳能电池组	—	>1500Wp，≤2000Wp
太阳能电池组	—	>2000Wp，≤3000Wp
太阳能电池组	—	>3000Wp，≤5000Wp
太阳能电池组	—	>5000Wp，≤7000Wp
太阳能电池组	—	>7000Wp，≤10000Wp

（3）传输设备安装

传输设备安装工作量一般包含以下几类。

① 安装光纤配线架：安装固定、增装适配器、清理现场等。

在进行安装光纤配线架计算时，计量单位为套，光纤配线架一排为一套。

② 安装传输设备子机框：开箱检验、清洁搬运、定位安装子架。

在进行安装传输设备子机框计算时，计量单位为套。

③ 安装测试传输设备：开箱检验、清洁搬运、定位安装子架、装配接口板、设备开通测试、端口调测等。

在进行安装测试传输设备计算时，计量单位为端口，注意区分端口速率，一般分为 FE、GE、10GE、25GE、40GE、50GE、100GE 及以上。计算时根据端口速率进行分开统计。

（4）基站主设备安装

基站主设备安装步骤一般为：开箱检验、清洁搬运、定位、（吊装）安装加固机架、安装机盘、清理现场等。

在进行安装基站主设备计算时，注意区分安装方式，不同的安装方式计量单位不一样，具体分为室外落地式（部）、室内落地式（架）、壁挂式（架）、机柜机箱嵌入式（台）。注意根据安装方式进行计算。

2. 室外站点机房外设备安装

室外站点机房外设备安装

室外站点机房外设备安装分为防护与配套设备安装、射频与天线设备安装。

（1）防护与配套设备安装

防护与配套设备安装工作量一般包含以下几类。

① 安装室外电缆槽道及走线架：开箱检验、清洁搬运、打孔、固定吊挂或支架、组装电缆走道、补漆、调整垂直与水平、安装固定等。

在进行安装室外电缆槽道及走线架计算时，计量单位都为米，电缆槽道根据其布放长度进行求和计算，走线架需要将水平走线架与沿外墙垂直走线架分别计算。

如果非成套进行安装，需现场加工制作安装，需要特殊标注出来。在定额换算时将原本工日×3。

② 安装室外接地排：开箱检验、清洁搬运、画线定位、安装加固、清理现场等。

在进行安装室外接地排计算时，计量单位为个，计算安装在室外的接地排总数即可，综合柜安装在室内，柜内地排属于室内地排。

③ 安装室外防雷箱：开箱检验、安装固定、连接地线、清理现场等。

在进行安装室外防雷箱计算时，计量单位为套，注意区分安装位置为塔桅上还是非塔桅上。

④ 安装室外防雷器：开箱检验、安装固定、连接地线、清理现场等。

在进行安装室外防雷器计算时，计量单位为个，计算安装在室外的防雷器个数即可。电源柜等设备内部配备的防雷器不属于此项。

⑤ 安装室外综合柜/机框：开箱检验、清洁搬运、画线定位、安装固定等。

在进行安装室外综合柜/机框计算时，计量单位为个，注意区分安装方式，分为落地式与壁挂式，还需要区分有源与无源（内部需要接电为有源，不需要接电为无源），根据各种类型分开统计。

（2）射频与天线设备安装

射频与天线设备安装工作量一般包含以下几类。

① 安装普通天线设备：开箱检验、清洁搬运、吊装加固天线、调整方位角及俯仰角、清理现场等。

在进行安装普通天线设备计算时，计量单位为副，注意从天线类型、塔桅类型、安装高度等 3 个维度进行区分统计。具体情况见如表 6-6 所示。

表 6-6 安装天线类型

天线类型	塔桅类型	安装高度/m
全向天线	楼顶铁塔	≤20
全向天线	楼顶铁塔	＞20
全向天线	地面铁塔	≤40

续表

天线类型	塔桅类型	安装高度/m
全向天线	地面铁塔	>40，≤80
全向天线	地面铁塔	>80，≤90
全向天线	地面铁塔	>90
全向天线	拉线塔/桅杆	
全向天线	抱杆	
定向天线	楼顶铁塔	≤20
定向天线	楼顶铁塔	>20
定向天线	地面铁塔	≤40
定向天线	地面铁塔	>40，≤80
定向天线	地面铁塔	>80，≤90
定向天线	地面铁塔	>90
定向天线	拉线塔/桅杆	
定向天线	抱杆	
定向天线	室外壁挂	
小型化定向天线	铁塔	≤20
小型化定向天线	铁塔	>20
小型化定向天线	拉线塔/桅杆	
小型化定向天线	抱杆	
小型化定向天线	室外壁挂	

对表 6-6 的补充说明如下。

表内安装高度指铁塔的安装高度，在进行楼顶铁塔计算时，不计算大楼的高度，只计算铁塔本身的高度。

角钢塔、单管塔、三管塔等都属于铁塔。

未标明安装高度的塔桅类型不需要按照安装高度方式统计。

相关美化塔桅根据实际情况进行归属区分，美化方柱属于抱杆，美化空调根据安装位置属于抱杆或室外壁挂，美化树根据实际情况确定。美化排气管与美化集束天线一般由设备厂家辅助安装。在使用美化罩安装天线时，需要特殊标注进行定额换算，在换算时将原本工日 × 1.3。

当安装天线宽度超过 400mm 时，需要特殊标注进行定额换算，在换算时将原本工日 × 1.2。

在安装室外天线 RRU 一体化设备（AAU）时，需要特殊标注进行定额换算，在换算时将原本工日 × 1.5。

② 配合天线美化处理：配合天线罩生产厂家进行安装。

在进行配合天线美化处理计算时，计量单位为副，需要注意区分安装位置，一般分为铁塔上、楼顶上、外墙位置。根据安装方式分开进行计算。

③ 安装抛物面天线（微波天线）：天线和天线架的搬运，吊装和安装就位，补漆等。

在进行安装抛物面天线（微波天线）计算时，计量单位为副，需要注意区分天线直径、安装位置与安装高度，进行分开计算。具体分类如表 6-7 所示。

表 6-7　安装抛物面天线类型

天线直径/m	安装位置	安装高度/m
≤1	楼房上	≤10
	楼房上	>10，≤30
	楼房上	>130
	铁塔上	≤30
	铁塔上	>30，≤60
	铁塔上	>60，≤80
	铁塔上	>80
>1，≤2	地面水泥底座与 2.2m 以下铁架上	
	楼房上	≤10
	楼房上	>10，≤30
	楼房上	>30
	铁塔上	≤30
	铁塔上	>30，≤60
	铁塔上	>60，≤80
	铁塔上	>80
>2，≤3.2	地面水泥底座与 2.2m 以下铁架上	
	楼房上	≤10
	楼房上	>10，≤30
	楼房上	>30
	铁塔上	≤30
	铁塔上	>30，≤60
	铁塔上	>60，≤80
	铁塔上	>80
>3.2，≤4	地面水泥底座与 2.2m 以下铁架上	
	楼房上	≤10
	楼房上	>10，≤30
	楼房上	>30
	铁塔上	≤30
	铁塔上	>30，≤60
	铁塔上	>60，≤80
	铁塔上	>80

④ 抛物面天线配套安装：开箱检验、清洁搬运、吊装加固天线、清理现场等。

在进行抛物面天线配套安装计算时，计量单位为套，注意区分天线直径与配套安装类型，分开进行计算。抛物面天线直径≤2m 时，不涉及配套安装；天线直径>2m，根据直径大小和配套安装类型分别考虑，具体情况如表 6-8 所示。

表 6-8　配套安装抛物面天线类型

天线直径	配套安装类型
＞2，≤3.2	天线加边、加罩
＞2，≤3.2	分瓣天线拼装
＞3.2，≤4	天线加边、加罩
＞3.2，≤4	分瓣天线拼装

⑤ 安装射频拉远设备（RRU）：开箱检验、清洁搬运、定位、安装加固设备、清理现场等。

在进行安装射频拉远设备计算时，根据安装塔桅类型与安装高度分开计算，具体如表 6-9 所示。

表 6-9　安装塔桅类型

安装塔桅类型	安装高度/m
楼顶铁塔	≤20
楼顶铁塔	＞20
地面铁塔	≤40
地面铁塔	＞40，≤80
地面铁塔	＞80，≤90
地面铁塔	＞90
拉线塔/桅杆	—
抱杆	—
室外壁挂	—

对表 6-9 的补充说明如下。

表内安装高度指铁塔的安装高度，在进行楼顶铁塔计算时，不计算大楼的高度，只计算铁塔本身的高度。

角钢塔、单管塔、三管塔等都属于铁塔。

未标明安装高度的塔桅类型不需要按照安装高度计算。

⑥ 安装调测 GPS 天线：GPS 天线、馈线系统的安装与调测等。

在进行安装调测 GPS 天线计算时，计量单位为套，根据安装数量进行计算即可。安装 GPS 天线需要配套安装防雷器，需要另外计算，注意不要遗漏。

3. 室内分布设备安装

室内分布设备安装分为防护与配套设备安装、室内分布有源设备安装、室内分布无源设备安装。

（1）防护与配套设备安装

室内分布设备安装

防护与配套设备安装工作量一般包含以下几类。

① 安装室内电缆槽道及走线架：开箱检验、清洁搬运、打孔、固定吊挂或支架、组装电 缆走道、补漆、调整垂直与水平、安装固定等。

在进行安装室内电缆槽道及走线架计算时，计量单位为米，电缆槽道根据其布放长度进行求和计算，走线架需要将水平走线架与垂直走线架分别计算。

如果非成套进行安装，需现场加工制作安装，需要特殊标注出来。在定额换算时将原本工日 ×3。

② 安装室内综合柜/机框：开箱检验、清洁搬运、画线定位、安装固定等。

在进行安装室内综合柜/机框计算时，计量单位为个，注意区分安装方式，分为落地式与壁挂式，还需要区分有源与无源（内部需要接电为有源，不需要接电为无源），根据各种类型分开统计。

③ 开挖墙洞：确定位置、开挖或打穿墙洞、抹水泥等。

在进行开挖墙洞计算时，计量单位为处，统计开挖的总数即可。

④ 打穿楼墙洞：确定位置、开挖或打穿墙洞、抹水泥等。

在进行打穿楼墙洞计算时，计量单位为处，注意区分墙体类型，分为砖墙与混凝土墙，统计时按照类型分开统计。

⑤ 封堵电缆洞：确定位置、开挖或打穿墙洞、抹水泥等。

在进行封堵电缆洞计算时，计量单位为处，统计开挖的总数即可。

（2）室内分布有源设备安装

室内分布有源设备安装工作量一般包含以下几类。

① 安装基站主设备：开箱检验、清洁搬运、定位、（吊装）安装加固机架、安装机盘、清理现场等。

在进行安装基站主设备计算时，注意区分安装方式，不同的安装方式计量单位不一样，具体分为室外落地式（部）、室内落地式（架）、壁挂式（架）、机柜机箱嵌入式（台）。注意根据安装方式进行计算。

② 安装射频拉远设备（RRU）：开箱检验、清洁搬运、定位、安装加固设备、清理现场等。

在进行安装射频拉远设备计算时，安装方式默认为室内壁挂，统计安装射频拉远设备数量即可。

③ 安装无线局域网交换机（RHUB）：开箱检验、清洁搬运、定位安装、互连、接口检查等。

在进行安装无线局域网交换机计算时，不必区分安装方式，统计安装的无线局域网交换机设备数量即可。

④ 安装室内天线（pRRU）：开箱检验、清洁搬运、安装加固天线、调整角度、清理现场等。

在进行安装室内天线计算时，注意区分安装位置与方式，分为电梯井安装、楼层内 6m 以下安装、楼层内 6m 以上安装。计算时根据安装位置与方式分开进行统计。

在安装室内天线 RRU 一体化设备（pRRU）时，需要特殊标注进行定额换算，在换算时将原本工日 × 1.2。

（3）室内分布无源设备安装

室内分布无源设备安装工作量一般包含以下几类。

① 安装调测室内天、馈线附属设备的放大器或中继器：开箱检验、清理搬运、安装、加固、清理现场等。

在进行安装调测放大器或中继器计算时，计量单位为个，统计设备类型与数量即可。

如果安装位置为电梯井，需要特殊标注进行定额换算，在换算时将原本工日 × 2。

② 安装调测天、馈线附属设备的合路器、分路器（功分器、耦合器、电桥、合路器）：开箱检验、清理搬运、安装、加固、清理现场等。

在进行安装调测合路器、分路器计算时，计量单位为个，统计设备类型与数量即可。

如果安装位置为电梯井，需要特殊标注进行定额换算，在换算时将原本工日 × 2。

③ 安装调测室内天、馈线附属设备的光纤分布主控单元：开箱检验、清理搬运、安装、加固、

清理现场等。

在进行安装调测光纤分布主控单元计算时，计量单位为架，统计设备类型与数量即可。

如果安装位置为电梯井，需要特殊标注进行定额换算，在换算时将原本工日 × 2。

④ 安装调测室内天、馈线附属设备的光纤分布扩展单元：开箱检验、清理搬运、安装、加固、清理现场等。

在进行安装调测光纤分布扩展单元计算时，计量单位为单元，统计设备类型与数量即可。

如果安装位置为电梯井，需要特殊标注进行定额换算，在换算时将原本工日 × 2。

⑤ 安装调测室内天、馈线附属设备的光纤分布远端单元：开箱检验、清理搬运、安装、加固、清理现场等。

在进行安装调测光纤分布远端单元计算时，计量单位为单元，统计设备类型与数量即可。

如果安装位置为电梯井，需要特殊标注进行定额换算，在换算时将原本工日 × 2。

⑥ 安装多系统合路器：开箱检验、清洁搬运、安装固定。

在进行安装多系统合路器计算时，计量单位为台，注意区分安装方式，分为落地式、壁挂式、机柜/机框嵌入式，按照安装方式分开统计设备类型与数量。

⑦ 安装落地式基站功率放大器：开箱检验、清理搬运、安装、加固、清理现场等。

在进行安装落地式基站功率放大器计算时，计量单位为架，统计设备类型与数量即可。

⑧ 安装室内天线：开箱检验、清洁搬运、安装加固天线、调整角度、清理现场等。

在进行安装室内天线计算时，计量单位为套，注意区分安装位置与方式，分为电梯井安装、楼层内 6m 以下安装、楼层内 6m 以上安装。计算时根据安装位置与方式分开进行统计。

4. 线缆连接

线缆连接

线缆连接工作量一般分为电力电缆、光纤与光电复合缆、馈线、辅助设备。

（1）电力电缆

① 制作安装电力电缆接头（包含电源线与接地线）：剥线头、压（焊）接线端子、绝缘处理、测试等。

在进行制作电力电缆接头（包含电源线与接地线）计算时，按 10 个一组计量，注意根据电缆线芯横截面积分开进行计算，具体分类如表 6-10 所示。

表 6-10　电缆线芯类型与人工

电缆线芯横截面积/mm^2	≤16	>16，≤35	>35，≤70	>70，≤120	>120，≤185	>185，≤240	>240，≤300
人工/技工工日	0.15	0.25	0.35	0.75	0.95	1.05	1.45

站点工程默认电压低于 1kV，如果电压不低于 1kV，则不能按照此类型进行计算。

② 布放电力电缆（包含电源线与接地线）：检验、搬运、量裁、布放、绑扎、卡固、穿管、穿洞、对线、剥保护层、压接铜或铝接线端子、包缠绝缘带、固定等。

在进行布放电力电缆（包含电源线与接地线）计算时，计量单位为十米条，注意区分电缆线芯横截面积、安装位置与电缆芯数分开进行计算，电缆线芯横截面积分类见上文，安装位置分为室内和室外，电缆芯数为电缆具体芯数。

计算时默认为单芯电力电缆，如果为其他芯数，需要备注清楚并进行定额工日换算，具体为 2

芯，按单芯×1.35 计算；3 芯或 3+1 芯，按单芯×2 计算；5 芯，按单芯×2.75 计算。

（2）光纤与光电复合缆

① 安装光模块：开箱检验、安装固定等。

在进行安装光模块计算时，计量单位为个，统计所有使用的光模块个数即可。

② 制作光缆成端接头：检验器材、尾纤熔接、测试衰减、固定活接头、固定光缆等。

在进行制作光缆成端接头计算时，计量单位为芯，统计所有成端光缆的芯数即可。

③ 放绑软光纤：放绑、固定软光纤连接器、预留保护。

在进行放绑软光纤计算时，计量单位为米条，需要统计本站点工程使用的每条光纤及其布放位置，长度小于或等于 15m 的只需计算条数即可；长度大于 15m 的除了计算条数，还需要计算每条光纤的具体长度，并可向上取整。

如果安装位置为天花板或地板内，需标注清楚并进行定额工日换算，在换算时将原本工日×1.8。

④ 布放光电复合缆：搬运布放、安装加固、连接固定、做标记、清理现场等。

在进行布放光电复合缆计算时，计量单位为米条，统计本站点工程使用的所有光电复合缆求和即可。

（3）馈线

① 布放射频同轴电缆（馈线）：布放馈线（1/2in 及以下）。

在进行布放 1/2in 及以下馈线计算时，注意按线缆长度与安装类型分开进行统计，天线长度不超过 4m，只需要统计条数；天线长度超过 4m，除了需要统计条数，还需要统计每条馈线的具体长度，并向上取整。

如果布放馈线类型小于 1/2in，需标注清楚并进行定额工日换算，在换算时将原本工日×0.4。

如果在套管、竖井或顶棚上方布放馈线，需标注清楚并进行定额工日换算，在换算时将原本工日×1.3。

如果在普通隧道内布放馈线，需标注清楚并进行定额工日换算，在换算时将原本工日×1.3。

如果在高铁隧道内布放馈线，需标注清楚并进行定额工日换算，在换算时将原本工日×1.5。

② 布放射频同轴电缆（馈线）：布放馈线（7/8in 及以下，不包含 1/2in 及以下）。

在进行布放此类馈线计算时，注意按线缆长度与安装类型分开进行统计，天线长度不超过 10m，只需要统计条数，天线长度超过 10m，除了需要统计条数，还需要统计每条馈线的具体长度，并向上取整。

如果在套管、竖井或顶棚上方布放馈线，需标注清楚并进行定额工日换算，在换算时将原本工日×1.3。

如果在普通隧道内布放馈线，需标注清楚并进行定额工日换算，在换算时将原本工日×1.3。

如果在高铁隧道内布放馈线，需标注清楚并进行定额工日换算，在换算时将原本工日×1.5。

③ 布放射频同轴电缆（馈线）：布放馈线（7/8 in 以上）。

在进行布放 7/8 in 以上馈线计算时，注意按线缆长度与安装类型分开进行统计，天线长度不超过 10m，只需要统计条数；天线长度超过 10m，除了需要统计条数，还需要统计每条馈线的具体长度，并向上取整。

如果在套管、竖井或顶棚上方布放馈线，需标注清楚并进行定额工日换算，在换算时将原本工日×1.3。

如果在普通隧道内布放馈线，需标注清楚并进行定额工日换算，在换算时将原本工日 × 1.3。

如果在高铁隧道内布放馈线，需标注清楚并进行定额工日换算，在换算时将原本工日 × 1.5。

如果布放馈线为泄漏式馈线，需标注清楚并进行定额工日换算，在换算时将原本工日 × 1.1。

（4）辅助设备

① 安装走线管：管材检查、配管、敷管、固定、试通、整理等。

在进行安装走线管计算时，走线管类型分为 PVC 管、钢管、波纹软管，根据走线管类型分开进行统计即可。

② 安装馈线支架：开箱检验、清洁搬运、量裁、定位、安装加固、清理现场等。

在进行安装馈线支架计算时，计量单位为个，统计所有个数进行求和即可。

5. 站点调测

站点调测

站点调测工作量一般分为电源与接地调测、传输调测、主设备与天馈调测。

（1）电源与接地调测

① 接地电阻测试：前期准备、测试、数据记录等。

在进行接地电阻测试计算时，计量单位为组，每根接电线为一组，统计所有接地线即可。

② 电源系统绝缘测试：电源系统综合指标测试，高压绝缘测试等。

在进行电源系统绝缘测试计算时，计量单位为系统，一般情况下，一个站点一套电源系统。

③ 开关电源系统调测：电池监测，电压设定，电池充放电电流控制，浮充电压控制，自动升压充电控制，升压充电持续时间的控制，整流器、线路故障检测及各种信号告警特性，电池充放电电流控制，预防电池深放电选择，并机性能测试等。

在进行开关电源系统调测计算时，计量单位为系统，一般情况下，一个站点一套开关电源系统。

④ 配电系统自动性能调测：配电系统自动切换性能测试等。

在进行配电系统自动性能调测计算时，计量单位为系统，一般情况下，一个站点一套配电系统。

⑤ 无人值守站内电源设备系统联测：人工倒换供电，调压器（稳压器）供电，市电直接供电，监测性能，市电、油机电源故障自动保护性能，机组运行自动保护性能，监测、遥控、遥信性能调试等。

在进行无人值守站内电源设备系统联测计算时，计量单位为站，一般情况下，一个站点为一个站。

⑥ 太阳能电池控制屏联测：电流、电压测试，数据记录整理等。

在进行太阳能电池控制屏联测计算时，计量单位为单方阵，统计本站点太阳能电池方阵数。

（2）传输调测

① 调测摄像设备：加电、调测记录、整理等。

在进行调测摄像设备计算时，计量单位为台，统计所有摄像设备数量即可。

② 微波抛物面天线与馈线调测：调测天线接收场强、聚焦及天线驻波比，调测馈线损耗、极化去耦、驻波比，调测系统极化去耦等。

在进行微波抛物面天线与馈线计算时，馈线计量单位为条，统计使用的所有馈线条数即可。

抛物面天线需要根据安装位置与天线直径分开计算，具体分类如表 6-11 所示，注意此处铁塔包括楼顶铁塔。

表 6-11　调测抛物面天线类型

安装位置	天线直径/m
山头、楼房上	≤1
山头、楼房上	>1，≤3.2
山头、楼房上	>3.2，≤4
铁塔上	≤1
铁塔上	>1，≤3.2
铁塔上	>3.2，≤4

（3）主设备及天馈调测

① 宏站馈线调测：调测宏站天、馈线系统的驻波比、损耗及智能天线权值等。

在进行宏站馈线调测计算时，计量单位为条，注意将 1/2in 馈线与 7/8in 馈线分开进行统计。

若多个频段在同一条同轴电缆调测时，每增加一个频段则人工工日及仪表都增加 0.3 的系数。

② 室分馈线调测：调测室分天、馈线系统的驻波比、损耗及智能天线权值等。

在进行室分馈线调测计算时，计量单位为条，统计除漏缆之外的所有馈线条数即可。

若多个频段在同一条同轴电缆调测，每增加一个频段则人工工日及仪表都增加 0.3 的系数。

③ 泄漏式馈线调测：调测泄漏式馈线系统的驻波比、损耗及智能天线权值等。

在进行泄漏式馈线调测计算时，计量单位为百米条，统计漏缆的条数与长度。

若多个频段在同一条同轴电缆调测，每增加一个频段则人工工日及仪表都增加 0.3 的系数。

④ 配合调测天、馈线系统：测试区域的协调、硬件调整等。

在进行配合调测天、馈线系统计算时，计量单位为扇区，统计站点的扇区数即可。

⑤ 基站系统调测：硬件检验、频率调整、告警测试、功率调整、时钟校正、传输测试、 数据下载、呼叫测试、文件整理等。

在进行基站系统调测计算时，计量单位为扇区，统计站点的扇区数即可。

⑥ 配合基站系统调测：测试区域的协调、硬件调整等。

在进行配合基站系统调测计算时，按站点类型计算，定向站点计量单位为扇区，统计站点的扇区数即可；全向站点计量单位为站，一个站点默认为一个站。

全向站点如果为远端与近端相距 1km 以上的宏站拉远站，需要标注并进行定额换算，在换算时将配合工日 ×1.2。

⑦ 站点联网调测：覆盖测试、传输电路验证、切换测试、干扰测试、告警测试、数据整理。

在进行站点联网调测计算时，如果定额中计量单位为扇区，统计站点的扇区数即可；如果定额中计量单位为站，默认为一个站点一个站。

⑧ 配合联网调测，配合基站割接、开通：包括测试区域的协调、硬件调整等工程量。

⑨ 无线局域网交换机（RHUB）调测：单机测试、设备性能测试、系统性调测等。

在进行无线局域网交换机（RHUB）调测计算时，计量单位为台，统计站点内使用的 RHUB 台数即可。

6.3.4 建筑安装工程费解析

建筑安装工程费简称建安费，分为含税价与除税价，含税价由直接费、间接费、利润、销项税额 4 项组成，除掉销项税额为除税价。另外根据实际情况，工程费还包含设备、工器具购置费。

1. 直接费

直接费由直接工程费与措施费组成。

（1）直接工程费

直接工程费是指与站点工程中工程实体直接相关的费用，包含人工费、材料费、机械使用费与仪器仪表使用费。

① 人工费。

人工费是指站点工程中负责工程实施的生产人员的开支费用，分为技工费与普工费，根据国家最新规定，技工单价为每个工日 114 元，普工单价为每个工日 61 元。计算方法如下：

人工费=技工单价 × 技工总工日+普工单价 × 普工总工日

② 材料费。

材料费是指站点工程实施中实际消耗的原材料、材料配件、材料运输等各项费用。一般分为主要材料费与辅助材料费。

a. 主要材料费。

主要材料费计算方法如下：

主要材料费=材料原价+运杂费+运输保险费+采购及保管费+采购代理服务费

材料原价为材料供应商的供货价或供货地点价。

运杂费为材料运输产生的费用。计算方法：

运杂费=材料原价 × 材料运杂费费率

运杂费按实际情况计取，如果某些材料由供应商提供运输则不需要计取。在进行运杂费计算时需要区分材料类型与运输距离。具体情况如表 6-12 所示。

表 6-12 材料运杂费费率

运输距离/km	材料类型					
	光缆	电缆	塑料及塑料制品	木材及木材制品	水泥及水泥制品	钢材及其他
≤100	1.3%	1%	4.3%	8.4%	18%	3.6%
＞100，≤200	1.5%	1.1%	4.8%	9.4%	20%	4%
＞200，≤300	1.7%	1.3%	5.4%	10.5%	23%	4.5%
＞300，≤400	1.8%	1.3%	5.8%	11.5%	24.5%	4.8%
＞400，≤500	2%	1.5%	6.5%	12.5%	27%	5.4%
＞500，≤750	2.1%	1.6%	—	14.7%	—	6.3%
＞750，≤1000	2.2%	1.7%	—	16.8%	—	7.2%
＞1000，≤1250	2.3%	1.8%	—	18.9%	—	8.1%
＞1250，≤1500	2.4%	1.9%	—	21%	—	9%
＞1500，≤1750	2.6%	2%	—	22.4%	—	9.6%
＞1750，≤2000	2.8%	2.3%	—	23.8%	—	10.2%
＞2000 每增加 250 增加	0.3%	0.2%	—	1.5%	—	0.6%

运输保险费的计算方法：

运输保险费=材料原价×运输保险费费率 0.1%

采购及保管费的计算方法：

采购及保管费=材料原价×采购及保管费费率

采购及保管费费率需要区分工程类型，通信线路工程为 1.1%，设备安装工程为 1%，通信管道工程为 3%。采购及代理服务费根据实际情况进行收取。

b. 辅助材料费。

辅助材料费的计算方法：

辅助材料费=主要材料费×辅助材料费费率

辅助材料费费率需要区分工程类型，通信线路工程为 0.3%，通信管道工程为 0.5%，设备安装工程为 3%，通信电源设备安装工程为 5%。其他类型的工程不需要计算本费用。

③ 机械使用费。

机械使用费是指在站点工程施工生产过程中，使用各种机械所支付或耗费的费用。在计算时先分开计算每样机械的机械使用费，再统一相加即为工程总的机械使用费。计算方法：

机械使用费=机械台班单价×机械台班用量

④ 仪器仪表使用费。

仪器仪表使用费是指在站点工程施工生产过程中，使用各种仪器仪表所支付或耗费的费用。在计算时先分开计算每样仪器仪表的使用费，再统一相加即为工程总的仪器仪表使用费。计算方法：

仪器仪表使用费=仪器仪表台班单价×仪器仪表台班用量

（2）措施费

措施费是指站点工程中非工程实施实体产生的相关费用，包含文明施工费、工地器材搬运费、工程干扰费、工程点交与场地清理费、临时设施费、工程车辆使用费、夜间施工增加费、冬雨季施工增加费、生产工具用具使用费、施工用水电蒸汽费、特殊地区施工增加费、已完工程及设备保护费、运土费、施工队伍调遣费、大型施工机械调遣费。各类费用根据站点工程实际情况进行计取。

① 文明施工费。

文明施工费是指站点工程遵守文明施工规范与环保要求所需要的相关费用。计算方法：

文明施工费=人工费×文明施工费费率

文明施工费费率需要区分工程类型，通信线路工程为 1.5%，无线通信设备安装工程为 1.1%，通信管道工程为 1.5%。其他类型的工程不需要计算本费用。

② 工地器材搬运费。

工地器材搬运费是指在站点工程中，将器材由仓库搬运至工地现场而产生的费用。计算方法：

工地器材搬运费=人工费×工地器材搬运费费率

工地器材搬运费费率需要区分工程类型，通信线路工程为 3.4%，设备安装工程为 1.1%，通信管道工程为 1.2%。

③ 工程干扰费。

工程干扰费是指站点工程受到交通管制、市政管理、人员及配套设施等各种原因影响而产生的补偿费用。计算方法：

工程干扰费=人工费×工程干扰费费率

工程干扰费费率需要区分工程类型，通信线路工程为 6%，无线通信设备安装工程为 4%，通信管道工程为 6%。其他类型的工程不需要计算本费用。

④ 工程点交与场地清理费。

工程点交与场地清理费是指站点工程按照规定编制竣工相关资料、工程点交、清理施工现场等工作所产生的相关费用。计算方法：

工程点交与场地清理费=人工费×工程点交与场地清理费费率

工程点交与场地清理费费率需要区分工程类型，通信线路工程为 3.3%，通信管道工程为 1.4%。其他类型的工程不需要计算本费用。

⑤ 临时设施费。

临时设施费是指在站点工程中，涉及临时建筑物及其他临时设施的相关费用。临时设施费根据实际情况进行计取。

⑥ 工程车辆使用费。

工程车辆使用费是指站点工程中使用车辆所产生的费用（包含过路费、过桥费）。计算方法：

工程车辆使用费=人工费×工程车辆使用费费率

工程车辆使用费费率需要区分工程类型，通信线路工程为 5%，通信管道工程为 2.2%，无线通信设备安装工程为 5%，有线通信设备安装工程为 2.2%，通信电源设备安装工程为 2.2%。

⑦ 夜间施工增加费。

夜间施工增加费是指在站点工程中因夜间施工所产生的费用，包含夜间照明设备使用及电费、夜间施工补助等费用，以及工作效率降低所增加的费用。计算方法：

夜间施工增加费=人工费×夜间施工增加费费率

夜间施工增加费费率需要区分工程类型，通信线路工程为 2.5%，通信管道工程为 2.5%，设备安装工程为 2.1%。

⑧ 冬雨季施工增加费。

冬雨季施工增加费是指站点工程中因冬季和雨季施工所产生的费用，包含防冻、防寒、保温、防雨、防滑等措施费用，以及工作效率降低所增加的费用。计算方法：

冬雨季施工增加费=人工费×冬雨季施工增加费费率

冬雨季施工增加费费率需要区分工程类型与地区类型，具体情况如表 6-13 所示。

表 6-13　冬雨季施工增加费费率

地区类型	工程类型			具体地区
	设备安装工程	通信线路工程	通信管道工程	
Ⅰ类	3.6%	3.6%	3.6%	黑龙江、青海、新疆、西藏、辽宁、内蒙古、吉林、甘肃
Ⅱ类	2.5%	2.5%	2.5%	陕西、广东、广西、海南、浙江、福建、四川、宁夏、云南
Ⅲ类	1.8%	1.8%	1.8%	其他地区

⑨ 生产工具用具使用费。

生产工具用具使用费是指站点工程中不属于固定资产的生产工具用具的购买、摊销、维修所产生的费用。计算方法：

生产工具用具使用费=人工费×生产工具用具使用费费率

生产工具用具使用费费率对于通信设备安装工程按 0.8%计取，对于通信线路工程和通信管道工程按 1.5%计取。

⑩ 施工用水电蒸汽费。

施工用水电蒸汽费是指站点工程中使用水、电、蒸汽所产生的费用。根据实际情况进行计取。

⑪ 特殊地区施工增加费

特殊地区施工增加费是指海拔 2000m 以上、沙漠等特殊地区的站点工程所产生的补贴费用。计算方法：

特殊地区施工增加费=总工日×特殊地区补贴金额

特殊地区施工增加费的总工日包含技工与普工的所有工日，特殊地区补贴金额区分地区类型。具体情况如表 6-14 所示。

表 6-14　特殊地区补贴

特殊地区类型	补贴金额/元
2000m＜海拔≤3000m	8
3000m＜海拔≤4000m	8
海拔＞4000m	25
原始森林地区（室外）及沼泽地区	17
非固定沙漠地带（室外）	17

⑫ 已完工程及设备保护费。

已完工程及设备保护费是指在竣工验收之前，站点工程中保护已完工的工程与设备所产生的费用。计算方法：

已完工程及设备保护费=人工费×已完工程及设备保护费费率

已完工程及设备保护费费率需要区分工程类型，通信线路工程为 2%，通信管道工程为 1.8%，无线通信设备安装工程为 1.5%，有线通信设备安装工程为 1.8%。其他类型的工程不需要计算本费用。

⑬ 运土费。

运土费是指在站点工程中从其他地点运土至工程地点或从工程地点运土至其他地点所产生的费用。根据实际情况进行计取。

⑭ 施工队伍调遣费。

施工队伍调遣费是指在站点工程中调遣施工队伍所产生的费用。计算方法：

施工队伍调遣费=单程调遣费定额×调遣人数×2

单程调遣费定额根据实际调遣距离有所不同，实际调遣距离是指单位所在地到施工所在地的最短距离，按照铁路或者公路进行计算，非直线距离。单程调遣费定额具体情况如表 6-15 所示。

表 6-15　施工队伍单程调遣费

调遣距离/km	单程调遣费/元	调遣距离/km	单程调遣费/元
<35	0	>1400，≤1600	598
≥35，≤100	141	>1600，≤1800	634
>100，≤200	174	>1800，≤2000	675
>200，≤400	240	>2000，≤2400	746
>400，≤600	295	>2400，≤2800	918
>600，≤800	356	>2800，≤3200	979
>800，≤1000	372	>3200，≤3600	1040
>1000，≤1200	417	>3600，≤4000	1203
>1200，≤1400	565	>4000，≤4400	1271

当调遣距离大于 4400km 时每增加 200km，单程调遣费增加 48 元，其单程调遣费计算公式为 1271+（调遣距离−4400）× 48 ÷ 200。

调遣人数根据工程类型与总工日数量确定，如果计算时出现小数则向上取整。具体情况如表 6-16 所示。

表 6-16　施工队伍调遣人数

工程类型	总工日	调遣人数	总工日	调遣人数
通信线路工程与通信管道工程	500 工日以下	5	8000 工日以下	50
	1000 工日以下	10	9000 工日以下	55
	2000 工日以下	17	10000 工日以下	60
	3000 工日以下	24	15000 工日以下	80
	4000 工日以下	30	20000 工日以下	95
	5000 工日以下	35	25000 工日以下	105
	6000 工日以下	40	30000 工日以下	120
	7000 工日以下	45		
设备安装工程	500 工日以下	5	3000 工日以下	24
	1000 工日以下	10	4000 工日以下	30
	2000 工日以下	17	5000 工日以下	35

对于通信线路工程与通信管道工程，当中工日大于 30000 时，每增加 5000 工日，调遣人数增加 3，其调遣人数计算公式为 120+（总工日−30000）× 3 ÷ 5000；对于设备安装工程当总工日大于 5000 时，每增加 1000 工日，调遣人数增加 3，其调遣人数计算公式为 35+（总工日−5000）× 3 ÷ 1000。

⑮ 大型施工机械调遣费。

大型施工机械调遣费是指在站点工程中大型施工机械调遣所产生的费用。计算方法：

大型施工机械调遣费=调遣用车运价 × 调遣运距 × 2

调遣运距根据实际情况进行计取，调遣用车运价根据运输车辆吨位与运输距离进行确定，具体情况如表 6-17 所示。

表 6-17　运输距离与运价

运输车吨位/t	运输距离与运价/元	
	小于或等于 100km	大于 100km
5	10.8	7.2
8	13.7	9.1
15	17.8	12.5

2. 间接费

间接费由规费与企业管理费组成。

（1）规费

规费是指在站点工程中，国家有关部门规定必须缴纳的费用。包含工程排污费、社会保障费、住房公积金、危险作业意外伤害保险费。

① 工程排污费。

工程排污费根据国家规定与工程所在地政府部门相关规定进行计取。

② 社会保障费。

社会保障费是指企业为员工缴纳的养老保险费、失业保险费、医疗保险费、生育保险费与工伤保险费。计算方法：

社会保障费=人工费 × 社会保障费费率（一般为 28.5%）

③ 住房公积金。

住房公积金是指企业为员工缴存的长期住房储蓄。计算方法：

住房公积金=人工费 × 住房公积金费率（一般为 4.19%）

④ 危险作业意外伤害保险费。

危险作业意外伤害保险费是指企业为从事危险作业的施工人员支付的意外伤害保险费。计算方法：

危险作业意外伤害保险费=人工费 × 危险作业意外伤害保险费费率（一般为 1%）

（2）企业管理费

企业管理费是指施工单位进行经营管理与施工生产所需的相关费用，包含施工单位管理人员的工资、办公费、差旅费等各项费用。计算方法：

企业管理费=人工费 × 企业管理费费率（一般为 27.4%）

3. 利润

利润是指施工单位完成所承包的工程中获得的盈利。计算方法：

利润=人工费 × 利润率（一般为 20%）

4. 销项税额

销项税额是指增值税纳税人销售货物、加工修理修配劳务、服务、无形资产或者不动产，按照销售额和适用税率计算并向购买方收取的增值税税额。通俗来说就是按照国家相关规定计入工程造价的增值税销项税额。计算方法：

销项税额=(人工费+主要材料费+辅助材料费+机械使用费+仪器仪表使用费+措施费+规费+企业管理费+利润)×税率+甲方提供主材费×相关税率

根据工信部通信〔2016〕451 号《信息通信建设工程预算定额》规定税率为 11%；2018 年，财政部和国家税务总局发布文件《关于调整增值税税率的通知》将税率调整为 10%；2019 年，国家税务总局发布文件《关于深化增值税改革有关事项的公告》将税率调整为 9%，一直使用至今。

甲方提供主材费与相关税率根据实际情况进行计取。

5. 设备、工器具购置费

设备、工器具购置费是指在站点工程中，根据设计方案要求提出的设备、设备配件、仪器仪表、工器具清单，按照设备原价、运杂费、运输保险费、采购及保管费和采购代理服务费来计算的费用。计算方法：

设备、工器具购置费=设备原价+运杂费+运输保险费+采购及保管费+采购代理服务费

① 设备原价。

设备原价指设备供应价，或者设备供货地点的价格。

② 运杂费。

运杂费是指设备运输过程中的运输费与装卸费、手续费等相关费用，运杂费一般包含从设备供应地点到工程项目地市仓库、从工程项目地市仓库到工程现场两部分。有的设备厂家会将设备运送至工程项目地市仓库，则相应设备不需要计算此部分运杂费；如果厂家将设备运送至工程现场，则相应设备不需要计算运杂费。计算方法：

运杂费=设备原价×设备运杂费费率（见表 6-18）

表 6-18　设备运杂费费率

运输里程/km	费率	运输里程/km	费率
＜100	0.8%	＞750，≤1000	1.7%
≥100，≤200	0.9%	＞1000，≤1250	2%
＞200，≤300	1%	＞1250，≤1500	2.2%
＞300，≤400	1.1%	＞1500，≤1750	2.4%
＞400，≤500	1.2%	＞1750，≤2000	2.6%
＞500，≤750	1.5%	—	—

运输里程超过 2000km 时，运杂费费率计算公式：

设备运杂费费率（%）=2.6+(运输里程−2000)×0.1÷250

③ 运输保险费。

运输保险费的计算方法：

运输保险费=设备原价×设备运输保险费费率（一般为 0.4%）

④ 采购及保管费。

采购及保管费的计算方法：

采购及保管费=设备原价×采购及保管费费率

采购及保管费费率需要根据设备类型进行区分，需要安装的设备为 0.82%，不需要安装的设备为 0.41%。

⑤ 采购代理服务费。

采购代理服务费主要是指采购国外进口设备材料所产生的相关费用，根据实际情况进行计取。如果涉及外币，计取时根据外币币种按照国家官方标准汇率折算为人民币。

6.3.5 工程建设其他费用解析

工程建设其他费用是指在站点工程项目投资建设过程中，开支的固定资产其他费用、无形资产费用与其他资产费用，又称为“其他费”。常见的有如下几项。

工程建设其他费用解析

（1）建设用地及综合赔补费

建设用地及综合赔补费是指在站点工程项目中，按照国家相关规定，站点工程项目征用土地或租用土地产生的相关费用。

计算时按照土地面积与类型，根据国家与地方相关规定按照实际情况进行计取。如果土地上原有建筑物需要进行迁建，迁建相关的补偿费用也需要按照规定进行计取，并一起计算在内。

（2）建设单位管理费

建设单位管理费是指站点工程中涉及建设单位管理的相关费用。具体计算方法如表 6-19 所示。

表 6-19　建设单位管理费计算方法

工程总预算/万元	费率	本阶段内算法
＜1000	1.5%	工程费×1.5%
≥1000，≤5000	1.2%	工程费×1.2%
＞5000，≤10000	1%	工程费×1.0%
＞10000，≤50000	0.8%	工程费×0.8%
＞50000，≤100000	0.5%	工程费×0.5%
＞100000，≤200000	0.2%	工程费×0.2%
＞200000	0.1%	工程费×0.1%

建设单位管理费为阶梯式计费（类似于电费），先区分工程总预算各个阶段的费用，最后统一相加可得建设单位管理费。

（3）可行性研究费

可行性研究费是指在站点工程项目前期，按规定应计入交付使用财产成本的可行性研究费用。包括为进行可行性研究工作而购置的固定资产支出、经可行性研究决定建设项目或取消项目所发生的该项费用。

可行性研究费根据项目实际情况进行计取。

（4）研究试验费

研究试验费是指为站点工程建设项目提供或验证设计数据、资料所进行的必要研究试验和按照设计规定在施工过程中必须进行的试验项目所发生的费用，以及支付科研成果、专利、先进技术的专利费或转让费。

研究试验费根据项目实际情况进行计取。

（5）勘察设计费

勘察设计费是指在站点工程中勘察、设计、模拟测试所发生的相关费用。计算方法：

勘察设计费=勘察费＋设计费+模测费

勘察设计费根据项目实际情况与工程当地的具体规定进行计取。一般情况下 5G 站点勘察与设计费用合为每个站点 4250 元，模测费根据情况另外计算。

（6）环境影响评价费

环境影响评价费是指按照《中华人民共和国环境保护法》《中华人民共和国环境影响评价法》等规定，为全面、详细评价建设项目对环境可能产生的污染或造成的重大影响所需的费用。

环境影响评价费根据项目实际情况进行计取。

（7）建设工程监理费

建设工程监理费是指在站点工程中，建设单位委托监理单位对工程进行监理产生的费用。计算方法：

建设工程监理费=建筑安装工程费（除税价）×建设工程监理费费率

建设工程监理费费率由建筑安装工程费（除税价）的额度与工程类型决定，具体情况如表 6-20 所示。

表 6-20　建设工程监理费费率

建筑安装工程费 M（除税价）/万元	通信线路工程	设备安装工程	通信管道工程
$M<50$	4.00%	2.80%	4.40%
$50 \leqslant M<100$	4.00%	2.80%	4.40%
$100 \leqslant M<300$	3.50%	2.45%	3.85%
$300 \leqslant M<500$	3.00%	2.10%	3.30%
$500 \leqslant M<800$	2.50%	1.75%	2.75%
$800 \leqslant M<1000$	2.25%	1.58%	2.48%
$1000 \leqslant M<3000$	2.00%	1.40%	2.20%
$3000 \leqslant M<5000$	1.70%	1.19%	1.87%
$5000 \leqslant M<8000$	1.40%	0.98%	1.54%
$8000 \leqslant M<10000$	1.30%	0.91%	1.43%
$10000 \leqslant M<30000$	1.20%	0.84%	1.32%
$30000 \leqslant M<50000$	1.00%	0.70%	1.10%
$50000 \leqslant M<100000$	0.80%	0.56%	0.88%
$M \geqslant 100000$	0.60%	0.42%	0.66%

（8）安全生产费

安全生产费是指在站点工程中，施工单位按照国家相关规定，购置安全防护设备器具、落实安全生产措施与完善安全生产条件所产生的相关费用。

安全生产费根据项目实际情况进行计取。

（9）引进技术及进口设备其他费

引进技术及进口设备其他费是指在站点工程中，引进资料翻译复制费用、备用品件测绘费用、出国人员费用、来华人员费用、银行担保费与承诺费。

引进技术及进口设备其他费根据项目实际情况进行计取，计取时如果涉及外币，根据外币币种按照国家官方标准汇率折算为人民币。

（10）工程保险费

工程保险费是指站点工程在施工建设期间根据需要实施工程保险所需的费用，包括以站点各种工程及其在施工过程中的物料、机器设备为保险标的的站点工程一切险，以安装工程中的各种设备材料为保险标的的安装工程一切险，以及机器损坏保险等。

工程保险费根据项目实际情况进行计取。

（11）工程招标代理费

工程招标代理费是指在站点工程中，招标人委托代理机构进行招标代理相关的各项业务所产生的费用。

工程招标代理费根据项目实际情况进行计取。

（12）专利及专用技术使用费

专利及专用技术使用费是指在站点工程中，涉及的包括国外设计及技术资料费、引进有效专利、专有技术使用费和技术保密费；国内有效专利、专有技术使用费用；商标使用费、特许经营权费等。专有技术的界定应以省、部级鉴定机构的批准为依据，费用按专利使用许可协议和专有技术使用合同的规定计列。

（13）其他费用

其他费用是指在站点工程中涉及的其他必须费用，根据站点工程实际情况进行计取。

（14）生产准备及开办费

生产准备及开办费是指站点工程为保证正常生产（或营业、使用）而发生的人员培训费、提前进场费以及投产使用初期必备的生产生活用具、工器具等购置费用。计算方法：

$$生产准备及开办费=设计定员\times生产准备费指标$$

生产准备及开办费根据项目实际情况自行测算计取。

（15）预备费

预备费是指在站点工程初步设计和概算中难以预料的工程费用。计算方法：

$$预备费=(建筑安装工程费除税价+其他费)\times预备费费率$$

预备费费率需要区分工程类型，通信线路工程为 4%，通信管道工程为 5%，设备安装工程为 3%。

6.4 定额使用

通信工程建设过程涉及多个职能部门、多种设备与施工内容，不同的施工内容有着不同的施工流程与规范。为了方便对标，国家专门制定了通信工程概预算定额来作为衡量工程中相关工作内容的标准。

6.4.1 定额介绍

在使用定额之前，需要了解定额的具体概念、相关分类等一些相关的理论知识，才能进行实际应用。

定额介绍

1. 定额的概念

通信工程概预算是指在工程设计阶段的工程造价预估，也是工程实施阶段工程造价的基础。工程造价是某项工程建设预估或者实际产生的全部费用。工程造价是一个广义概念，贯穿于工程立项、实施、验收和投产的全过程。

通信工程概预算作为工程造价的一种，其测算是以定额为计价依据的。通信工程建设需要消耗一定的人工、材料、机具设备和资金，这些消耗受技术水平、组织管理水平及其他客观条件的影响，为了统一考核其消耗水平以便于经营管理和经济核算，就需要有一个统一的平均消耗标准，这个标准就是定额。

所谓定额，就是在一定的生产技术和劳动组织条件下，完成单位合格产品在人力、物力、财力的利用和消耗方面应当遵守的标准。

通信工程概预算对通信工程建设所需要的全部费用的概要计算方法：

$$全部费用=\sum(工程量\times单价)+\sum设备材料费用+相关费用$$

其中工程量的统计及单价都要以国家颁布的相关定额为依据。

定额反映了行业在一定时期内的生产技术和管理水平，是企业搞好经营管理的前提，也是企业组织生产、引入竞争机制的手段，是进行经济核算和贯彻按劳分配原则的依据。它是管理科学中的一门重要学科，属于技术经济范畴，是实行科学管理的基础工作之一。

定额成为企业管理的一门独立科学，开始于 19 世纪末至 20 世纪初，特别是美国工程师弗雷德里克·泰勒创造的现代科学管理，即“泰勒制”，其核心观念包括制定科学的工时定额、实行标准的操作方法、强化和协调职能管理及有差别的计件工资。在当时的背景条件下，其观念既推动了企业管理的发展，也使资本家获得了巨额利润。

我国建设工程定额管理，经历了一个从无到有，又从发展到改革完善的曲折道路。特别是 20 世纪 90 年代以后，工程建设定额管理逐步改革完善。2008 年，工信部规〔2008〕75 号文件，发布了《通信建设工程概算、预算编制办法》及相关定额的通知。2016 年，工信部通信〔2016〕451 号文件，修订了《通信建设工程概算、预算编制办法》及相关定额。

2. 定额的特点

定额具有以下一些特点。

（1）科学性

科学性是由现代社会化大生产的客观要求所决定的，其包含两方面含义。

① 建设工程定额必须和生产力发展水平相适应，反映出工程建设中生产消费的客观规律。

② 建设工程定额管理在理论、方法和手段上必须科学化，以适应现代科学技术和信息化社会发展的需要。

（2）系统性

工程建设包括农林水利、轻纺、仪表、煤炭，电力、石油、冶金、交通运输、科学教育文化、通信工程等二十几类实体系统，而工程定额就是为实体系统服务的。工程建设本身的多种类、多层次决定了以它为服务对象的建设工程定额的多种类、多层次。这种多种定额结合而成的有机整体，构成了定额的系统性。

（3）统一性

建设工程定额的统一性由国家经济发展有计划的宏观调控职能决定。为了使国民经济按照既定的目标发展，就需要借助于某些标准、定额、参数等，对工程建设进行规划、组织、调节、控制。这些标准、定额、参数在一定范围内必须具有统一的尺度，这样才能实现上述职能，才能利用它对项目的决策、设计方案、投标报价、成本控制进行比较、选择和评价。

（4）权威性和强制性

建设工程定额的权威性表现在其具有经济法规性质和执行的强制性。强制性是刚性约束，意味着在规定范围内，对定额的使用者和执行者来说，不论主观上愿意不愿意，都必须按定额的规定执行。

（5）稳定性和时效性

建设工程定额的任何一种都是对一定时期技术发展和管理的反映，因而在一段时期内都表现出稳定的状态，根据具体情况不同稳定的时间有长有短。保持建设工程定额的稳定性是维护建设工程定额的权威性所必需的，更是有效贯彻建设工程定额所必需的。

稳定性是相对的，生产力向前发展了，建设工程定额就会与已经发展了的生产力不相适应。其原有作用就会逐步减弱乃至消失，甚至产生负效应。因此，建设工程定额在具有稳定性的同时，也具有时效性。当定额不再起到促进生产力发展的作用时，就需要被重新编制或修订。

3. 定额的分类

定额具有以下两种分类方法。

（1）按建设工程定额反映物质消耗内容分类

① 劳动消耗定额，简称劳动定额，完成单位合格产品规定活劳动消耗的数量标准，仅指活劳动的消耗，不是活劳动和物化劳动的全部消耗。由于劳动定额大多采用工作时间消耗量来计算劳动消耗的数量，所以劳动定额的主要表现形式是时间定额，但同时也表现为产量定额。

② 材料消耗定额，简称材料定额，完成单位合格产品所消耗材料的数量标准。材料是指工程建设中使用的原材料、成品、半成品、构配件等。

③ 仪表消耗定额，简称仪表定额，完成单位合格产品所规定的施工仪表的数量标准。仪表消耗定额的主要表现形式是仪表时间定额，但同时也以产量定额表现。我国仪表消耗定额主要以一台仪表工作一个工作班（8h）为计量单位，所以又称为仪表台班定额。

④ 机械消耗定额，完成单位合格产品所规定的施工机械的数量标准。机械消耗定额主要是以一台机械工作一个工作班（8h）为计量单位，所以又称为机械台班定额。

（2）按主编单位和管理权限分类

① 行业定额，是各行业主管部门根据其行业工程技术特点，以及施工生产和管理水平编制的，在本行业范围内使用的定额，如《信息通信建设工程费用定额》等。

② 地区性定额，包括省、自治区、直辖市定额，是各地区主管部门考虑本地区特点编制的，在本地区范围内使用的定额，如《北京市建设工程计价依据——预算定额》。

③ 企业定额，施工企业考虑本企业的具体情况，参照行业或地区性定额的水平编制的定额，企业定额只在本企业内部使用，是企业素质的一个标志，如《××公司生产工时费用定额》。

④ 临时定额，是指随着设计、施工技术的发展在现行各种定额不能满足需要的情况下，为了补充缺项由设计单位会同建设单位所编制的定额，如《中国电信集团 FTTx 等三类工程项目补充施工定额》。

4. 预算定额与概算定额

（1）预算定额

预算定额是编制预算时使用的定额，是确定一定计量单位的分部分项工程或结构构件的人工（工日）、仪表（台班）和材料的消耗数量标准。

① 预算定额的作用包括以下几个。

a. 是编制施工图预算、确定和控制建筑安装工程造价的计价基础。

b. 是落实和调整年度建设计划，对设计方案进行技术经济分析比较的依据。

c. 是施工企业进行经济活动分析的依据。

d. 是编制标底投标报价的基础。

e. 是编制概算定额和概算指标的基础。

②现行通信建设工程预算定额编制原则包括以下几个。

控制量：指预算定额中的人工、主材、仪表和仪表台班消耗量是法定的，任何单位和个人不得擅自调整。

量价分离：预算定额只反映人工、主材、机械和仪表台班消耗量，而不反映其单价。单价由主管部门或造价管理归口单位另行发布。

技普分开：凡是由技工操作的工序内容均按技工计取工日，凡是由非技工操作的工序内容均按普工计取工日。

（2）概算定额

概算定额是编制概算时使用的定额。概算定额是在初步设计阶段确定建筑（构筑物）概略价值、编制概算、进行设计方案经济比较的依据。

与预算定额相比，概算定额的项目划分比较粗略，例如挖土方的概算只综合成一个项目，不再划分一、二、三、四类土，预算却要按分类计算，因此，根据概算定额计算出的概算费用要比预算定额计算出的费用有所扩大。

概算定额是编制初步设计概算时，计算和确定扩大分项工程的人工、材料、仪表台班耗用量（或货币量）的数量标准。它是预算定额的综合扩大，因此，概算定额又称扩大结构定额。

概算定额的作用包括以下几个。

① 是初步设计阶段编制建设项目概算和技术设计阶段编制修正概算的依据。

② 是设计方案比较的依据。

③ 是编制主要材料需要量的计算基础。

④ 是工程招标和投资估算指标的依据。

⑤ 是工程招标承包制中，对已完工工程进行价款结算的主要依据。

6.4.2 定额目录

使用定额时，首先要详细了解定额的分册与其具体对应的工程，根据实际情况进行套用，避免出现错误。

1. 定额分册简介

现行通信建设工程预算定额按通信专业工程分册，包括 5 册：第一册为通信电源设备安装工程（册名代号 TSD），第二册为有线通信设备安装工程（册名代号 TSY），第三册为无线通信设备安装工程（册名代号 TSW），第四册为通信线路工程（册名代号 TXL），第五册为通信管道工程（册名代号 TCD）。通信建设工程预算定额由总说明、册说明、章节说明和定额项目表等构成，定额项目表列出了分部分项工程所需的人工、主材、仪表台班的消耗量，通常所说查询定额即指查询此内容。

预算定额子目编号由 3 个部分组成：第一部分为册名代号，表示通信行业的各个专业，由汉语拼音（字母）缩写组成；第二部分为定额子目所在的章号，由 1 位阿拉伯数字表示；第三部分为定额子目所在章内的序号，由 3 位阿拉伯数字表示。其具体编号方法如图 6-28 所示。

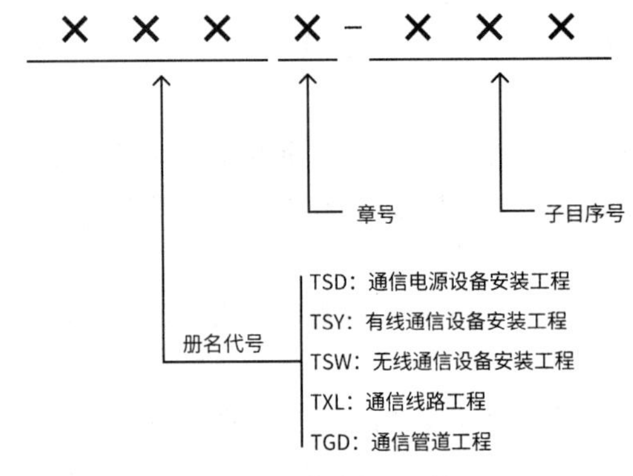

图 6-28　预算定额子目编号

例如，TSW1-012 含义为无线通信设备安装工程第 1 章第 012 项子目。

2. 通信电源设备安装工程

（1）本册简介

概预算定额第一册为通信电源设备安装工程，本册共分为 7 章，涵盖通信设备安装工程中全部所需的供电系统配置的安装项目，内容包括 10kV 以下的变、配电设备，机房空调和动力环境监控，电力缆线布放，接地装置，供电系统配套附属设施的安装与调试。本册不包括 10kV 以上电气设备安装，不包括电气设备的联合试运转工作。

（2）安装与调试高、低压供电设备

通信电源设备安装工程第 1 章为安装与调试高、低压供电设备，本章主要内容包括市电 10kV 进通信局站供电系统的高、低压供电设备，变压设备以及控制设备的安装与调试。本章不包括供电设备安装调试过程中所涉及的油罐使用及线缆安装。

（3）安装与调试发电机设备

通信电源设备安装工程第 2 章为安装与调试发电机设备，本章主要内容包括发电机设备及其各种附件的安装与调试，适用于往复式柴油发电机组和燃气轮机发电机组设备。本章不包括发电机设备安装调试过程中涉及的线缆安装，不包括安装风力发电机涉及的基础施工与杆塔加工。

（4）安装交直流电源设备、不间断电源设备

通信电源设备安装工程第 3 章为安装交直流电源设备、不间断电源设备，本章主要内容包括安

装蓄电池组及附属设备、安装太阳能电池、安装与调试交流不间断电源设备、安装开关电源设备、安装发配电换流设备、无人值守供电系统联测。本章不包括发配电换流设备的安装过程中涉及的柜（屏）安装用支架的制作安装。

（5）机房空调及动力环境监控

通信电源设备安装工程第 4 章为机房空调及动力环境监控，本章主要内容包括安装与调试机房空调与动力环境监控系统，其中机房空调分为机房专用空调和通用空调两种，工作内容均包含空调室内机、室外机和附件等的安装与调试。本章不包括布放监控信号线。

（6）敷设电源母线、电力和控制缆线

通信电源设备安装工程第 5 章为敷设电源母线、电力和控制缆线，本章主要内容包括电源母线的制作与安装、母线槽的安装、电缆的布放以及电缆端头的制作等，其中封闭式插接母线槽按制造厂家提供的成品考虑，定额仅含安装工作内容。本章不包括用室外直埋方式布放电力电缆过程中涉及的地上与地下障碍物的处理。

（7）接地装置

通信电源设备安装工程第 6 章为接地装置，本章主要内容为制作安装接地极、板与敷设接地母线及测试接地网电阻，并且包括施工过程中的挖填土与夯实工作。本章不包括高土壤电阻率地区，此类地区的接地装置与接地测定另行处理。

（8）安装附属设施

通信电源设备安装工程第 7 章为安装附属设施，本章主要内容包括安装电缆桥架、电源支撑架、吊挂；制作与安装穿墙洞板、铁构件与箱盒；铺地漆布、制作安装机座及加固等。本章不包括开挖路面及挖填电缆沟施工过程中涉及的地下、地上障碍物的处理。

3. 有线通信设备安装工程

（1）本册简介

概预算定额第二册为有线通信设备安装工程，本册共分为 5 章，涵盖安装机架、缆线及辅助设备，安装、调测光纤数字传输设备，安装、调测数据通信设备，安装、调测交换设备，安装、调测视频监控设备。

（2）安装机架、缆线及辅助设备

有线通信设备安装工程第 1 章为安装机架、缆线及辅助设备，本章主要内容包括安装机架、机柜、机箱，安装配线架，安装保安配线箱，安装列架照明、机台照明、机房信号灯盘，布放设备缆线及软光纤，安装防护加固设施。

（3）安装、调测光纤数字传输设备

有线通信设备安装工程第 2 章为安装、调测光纤数字传输设备，本章主要内容包括安装测试传输设备、安装测试波分复用设备与光传送网设备、安装调测再生中继及远供电源设备、安装调测网络管理系统设备、调测系统通道、安装调测同步网设备、安装调测无源光网络设备。

（4）安装、调测数据通信设备

有线通信设备安装工程第 3 章为安装、调测数据通信设备，本章主要内容包括数据通信设备所需的机柜、机盘、插板等硬件的安装和调测。

（5）安装、调测交换设备

有线通信设备安装工程第 4 章为安装、调测交换设备，本章主要内容包括电路交换方式和分组交换方式的交换网络设备、智能网设备、信令网设备的安装与调测，其中交换网络设备安装工程包括固定交换网络和移动交换网络的设备。

（6）安装、调测视频监控设备

有线通信设备安装工程第 5 章为安装、调测视频监控设备，本章主要内容包括视频监控通信设备所需的支撑物、线缆、设备等硬件的安装和调测。

4. 无线通信设备安装工程

（1）本册简介

概预算定额第三册为无线通信设备安装工程，本册共分为 5 章，涵盖安装机架、缆线及辅助设备，安装移动通信设备，安装微波通信设备，安装卫星地球站设备，铁塔安装工程。

（2）安装机架、缆线及辅助设备

无线通信设备安装工程第 1 章为安装机架、缆线及辅助设备，本章主要内容包括安装无线通信设备各专业工程所涉及的机架、缆线及辅助设备，安装电缆槽道及走线架。

（3）安装移动通信设备

无线通信设备安装工程第 2 章为安装移动通信设备，本章主要内容包括安装调测移动通信天线馈线、安装调测基站设备、联网调测、安装调测无线局域网（Wireless Local Area Network，WLAN）设备。本章不包括安装移动天线时涉及的基础支撑物安装。

（4）安装微波通信设备

无线通信设备安装工程第 3 章为安装微波通信设备，本章主要内容包括安装调测微波天馈线、安装调测数字微波设备、微波系统调测、安装调测一点多址数字微波通信设备、安装调测视频传输设备。本章不包括安装微波天线时涉及的基础支撑物安装。

（5）安装卫星地球站设备

无线通信设备安装工程第 4 章为安装卫星地球站设备，本章主要内容包括安装调测国内卫星通信地球站工程和甚小口径地球站（Very Small Aperture Terminal，VSAT）工程的设备。

（6）铁塔安装工程

无线通信设备安装工程第 5 章为铁塔安装工程，本章主要内容包括铁塔组装起立和基础工程。本章不包括航空标志（航空警示灯、涂刷标志漆等）安装。

5. 通信线路工程

（1）本册简介

概预算定额第四册为通信线路工程，本册共分为 7 章，涵盖通信光（电）缆的直埋、架空、管道、海底等线路的新建工程。

（2）施工测量、单盘检验与开挖路面

通信线路工程第 1 章为施工测量、单盘检验与开挖路面，本章主要内容包括施工测量、单盘检验、开挖路面。本章不包括开挖路面涉及的地下、地上障碍物处理的用工、用料。

（3）敷设埋式光（电）缆

通信线路工程第 2 章为敷设埋式光（电）缆，本章主要内容包括挖/填光（电）缆沟及接头坑、敷设埋式光（电）缆、埋式光（电）缆保护与防护、敷设水底光缆。本章不包括挖、填光（电）缆沟及接头坑工程中涉及的地下、地上障碍物处理的用工、用料，不包括安装水线光缆标志牌、信号灯工程中的引入外部供电线路工作。

（4）敷设架空光（电）缆

通信线路工程第 3 章为敷设架空光（电）缆，本章主要内容包括立杆、安装拉线、架设吊线、架设光（电）缆。本章不包括安装拉线地锚工程时使用的地锚铁柄和水泥拉线盘两种材料。

（5）敷设光（电）缆

通信线路工程第 4 章为敷设光（电）缆，本章主要内容包括敷设管道光（电）缆、敷设引上光（电）缆、敷设墙壁光（电）缆。

（6）敷设其他光（电）缆

通信线路工程第 5 章为敷设其他光（电）缆，本章主要内容包括气流法敷设光缆、敷设室内通道光缆、槽道（地槽）及顶棚内布放光（电）缆、敷设建筑物内光（电）缆。本章不包括建筑群子系统架空、管道、直埋、引上及墙壁敷设光（电）缆工程。

（7）光（电）缆接续与测试

通信线路工程第 6 章为光（电）缆接续与测试，本章主要内容包括光缆接续与测试、电缆接续与测试。

（8）安装线路设备

通信线路工程第 7 章为安装线路设备，本章主要内容包括安装光（电）缆进线室设备、安装室内线路设备、安装室外线路设备、安装分线设备、安装充气设备。

6. 通信管道工程

（1）本册简介

概预算定额第五册为通信管道工程，本册共分为 4 章，涵盖通信管道工程所涉及的各项内容。

（2）施工测量与挖、填管道沟及人孔坑

通信管道工程第 1 章为施工测量与挖、填管道沟及人孔坑，本章主要内容包括施工测量与开挖路面、开挖与回填管道沟及人（手）孔坑、碎石底基、挡土板及抽水。

（3）铺设通信管道

通信管道工程第 2 章为铺设通信管道，本章主要内容包括混凝土管道基础、塑料管道基础、铺设水泥管道、铺设塑料管道、铺设镀锌钢管管道、地下定向钻敷管、管道填充水泥砂浆、混凝土包封及安装引上管、砌筑通信光（电）缆通道。

（4）砌筑人（手）孔

通信管道工程第 3 章为砌筑人（手）孔，本章主要内容包括砖砌人（手）孔（现场浇筑上覆）、砖砌人（手）孔（现场吊装上覆）、砌筑混凝土预制砖人孔（现场吊装上覆）、砖砌配线手孔。

（5）管道防护工程及其他

通信管道工程第 4 章为管道防护工程及其他，本章主要内容包括防水、拆除及其他。

6.4.3 定额查询与套用

1. 定额查询方法

根据工程的材料及工作量统计结果，确定每条子目所属的工程类型，根据对应的定额分册查询统计结果对应的定额子目，即可确定工程项目所需的人工与材料消耗量。

人工与材料查询统计完成之后，根据人工与材料查询结果，查询所需的仪表与仪表的消耗量。

2. 定额套用方法

在编制预算时，根据设计图纸统计出的工作数量，乘以根据上述方法查询的定额值，即可计算工作量所需的人工、主要材料、仪表的总消耗量。

3. 注意事项

在定额查询、套用时要注意以下几点。

① 定额项目名称的确定。设计概、预算的项目名称应与定额规定的项目内容相对应，才能直接套用。一些定额子目相似度较高并且位置相连，如无线通信设备安装工程的安装抛物面天线，就有楼房上、铁塔上两种方式，并且还有 10m 以下、30m 以下、60m 以下、80m 以下等子目。所以一定要确认清楚再进行套用，避免误套。

② 定额的计量单位。预算定额在编制时，为了保证预算价值的精确性，对许多定额项目，采用了扩大计量单位的办法。在使用定额时必须注意计量单位的规定，避免出现小数点定位的错误。如有线通信设备安装工程的布放线缆是以十米条为单位，不要错用米为单位。

③ 定额中的项目划分是根据分项工程对象和工种的不同、材料品种不同、仪表的类型不同划分的，套用时要注意工艺、规格的一致性。如无线通信设备安装工程的安装射频拉远设备，就有楼顶铁塔上、地面铁塔上、抱杆上、楼外墙壁、室内壁挂等子目，一定要区分清楚之后再进行套用。

④ 注意定额项目表下的注释。因为注释说明了人工、主材、仪表台班消耗量的使用条件和增减的规定。

6.4.4 定额换算

1. 定额换算简介

当施工图的分项工程项目设计要求与定额的内容和使用条件不完全一致时，直接使用定额不太合适。为了能计算出符合设计要求的费用消耗，必须根据定额的有关规定进行换算。这种使定额的内容适应设计要求的差异调整是产生定额换算的原因。

通信工程概预算定额换算一般分为工日换算、机械换算、仪表换算、材料换算。

2. 工日换算

工日换算是指对人工工日进行定额换算，是通信工程概预算中使用最多的定额换算。很多时候，施工过程中涉及对一些原有设备进行拆除或者其他一些工作时，就需要用到工日换算。

例如，有线通信设备安装工程中拆除机架、缆线及辅助设备时，人工工日按安装时的工日乘以系数 0.4。无线通信设备安装工程中安装室外天线 RRU 一体化设备时，人工工日按 RRU 安装工日乘以系数 0.5 后，再与天线安装工日相加进行计算。安装室内天线 RRU 一体化天线的安装工日，按室内天线安装工日乘以系数 1.2。

3. 机械换算

机械换算是指对机械进行定额换算，一般分为机械台班数量换算与机械台班类型换算。机械台班数量换算只使用机械台班数量进行换算，机械类型换算关联的机械台班单价与工日也随之变更。

例如，无线通信设备安装工程中铁塔安装工程现浇基础时，工程实际若无筋基础，机械台班数量按原本台班数量乘以系数 0.95。通信线路工程中地下定向钻孔敷管时，原本使用机械类型为 TXJ043（微控钻孔敷管设备 25t 以下），如果施工路由长度超过 300m，需换算使用为 TXJ044（微控钻孔敷管设备 25t 以上），台班单价与数量也随之变更。

4. 仪表换算

仪表换算是指对仪表台班数量进行定额换算。

例如，有线通信设备安装工程中安装测试传输设备时，如果安装测试的传输设备接口盘为 100Gbit/s 及以上，仪表台班数量按原本台班数量乘以系数 2.0。

5. 材料换算

材料换算是指对材料用量进行定额换算。

例如，通信电源设备安装工程中安装熔断器时，如果安装方式为带电安装，材料用量按原本材料用量乘以系数 2.0。

6.4.5 定额规范

概预算定额是全国统一的工程计费标准，使用时一定要注意相关规范。

1. 关于概预算定额

① 预算定额里的预算价值，是以某地区的人工、材料和机械台班预算单价为标准计算的，称为预算基价，基价可供设计、预算比较参考。编制预算时，如不能直接套用基价，则应根据各地的预算单价和定额的工料消耗标准，编制地区估价表。

② 概算定额是编制概算时使用的定额，是确定一定计量单位扩大分部、分项工程的人工、材料、机械台班和仪表台班消耗量的标准，是设计单位在初步设计阶段确定建筑（构筑物）概略价值、编制概算、进行设计方案经济比较的依据。它也可以用来概略地计算人工、材料、机械台班、仪表台班的需要数量，作为编制基建工程主要材料申请计划的依据。它的内容和作用与预算定额相似，但项目划分较粗，没有预算定额的准确性高。

③ 投资估算指标是在项目建议书可行性研究阶段编制投资估算、计算投资需要量时使用的一种定额，主要作用是为项目决策和投资控制提供依据。投资估算指标根据历史的预、决算资料和价格变动等资料编制，编制基础仍然是预算定额和概算定额。

2. 关于费用定额

① 费用定额是指工程建设过程中各项费用的计取标准。信息通信建设工程费用定额依据信息通信建设工程的特点，对其费用构成、定额及计算规则进行了相应的规定。

② 信息通信建设工程项目总费用由各单项工程总费用构成，单项工程费用由工程费、工程建设其他费、预备费和建设期利息构成。工程费包括建筑安装工程费和设备购置费。建筑安装工程费由直接费、间接费、利润和税金组成，其中直接费又由直接工程费和措施费构成，各项费用均为不包括增值税可抵扣进项税额的税前造价。间接费由规费、企业管理费构成，各项费用均为不包括增值税可抵扣进项税额的税前造价。

3. 关于定额的管理

目前，建设工程定额管理的主要任务包括以下几个。

① 在市场经济条件下，对建筑安装工程费用项目划分进行调整，对建筑安装工程成本费用项目进行规范。

② 按照量价分离和工程实体性消耗与施工措施性消耗相分离的原则，对计价定额进行改革。定额消耗量由国家主管部门宏观控制，相关费用则区别不同情况，实行调整与放开相结合的办法，改变国家对定额管理的方式。

③ 组织各地区、各部门工程造价管理部门定期发布反映市场价格水平的价格信息和调整指数，实行动态管理。

④ 通过工程实体性消耗与施工措施性消耗相分离的方法，鼓励企业按工程成本差异化报价，提高企业的竞争能力。

建设工程定额管理的内容主要是科学制订和及时修订各种定额，组织和检查定额的执行情况，分析定额执行情况和存在问题，及时反馈信息。

6.5 概预算表格编制

概预算表格编制是工程概预算中非常重要的工作主体，想要按时、保质保量完成概预算表格编制工作，必须熟练掌握概预算表格编制的相关基础知识。

6.5.1 概预算编制介绍

概预算编制简单来说，就是把统计的工程量和设备材料，对标概预算定额，按照流程和规范填写到概预算表格上。

（1）编制依据

概预算的编制必须根据工信部通信〔2016〕451 号发布的《信息通信建设工程概预算编制规程》《信息通信建设工程费用定额》和《信息通信建设工程预算定额》（共 5 册）的要求进行，少量费率后期有调整的按照调整后的费率。

（2）编制内容

① 工程概况，概预算总价值。

② 编制依据及取费标准、计算方法的说明。

③ 工程技术、经济指标分析。

④ 需要说明的相关问题。

（3）编制程序

① 熟悉设计图纸、收集资料。

② 套用定额、计算工程量。

③ 选用设备、器材及价格。

④ 计算各种费用。

⑤ 复核。

⑥ 写编制说明。

⑦ 审核出版。

（4）编制要求及表格内容组成

① 对通信建设工程应采用实物工程量法，按单项（或单位）工程和工程量计算规则进行编制。

② 概预算表组成。

a.（表一）:《工程概预算总表》，供编制建设项目总费用使用。

b.（表二）:《建筑安装工程费概预算表》，供编制建安费使用。

c.（表三）甲:《建筑安装工程量概预算表》，供编制建安工程量使用。

d.（表三）乙:《建筑安装工程机械使用费概预算表》，供编制建安机械台班费使用。

e.（表三）丙:《建筑安装工程仪器仪表使用费概预算表》，供编制建安仪器仪表台班费使用。

f.（表四）甲:《国内器材、设备概预算表》，供编制国内器材费使用。

g.（表四）乙:《引进器材、设备概预算表》，供编制引进器材费使用。

h.（表五）甲:《工程建设其他费概预算表》，供编制工程建设其他费使用。

i.（表五）乙:《引进设备工程建设其他费概预算表》，供编制引进设备工程建设其他费使用。

6.5.2 通信工程概预算编制注意事项

概预算表格编制时，需要特别注意一些重点关注的事项。

概预算编制介绍和注意事项

1. 定额手册注意事项

（1）总说明部分

① 通信建设工程预算定额是在国家标准的基础上制定出来的，是通信行业的标准。

② 通信建设工程实行“控制量”“量价分离”“技普分开”的原则。

③ 主要材料中已包括使用量和规定的损耗量，但不包括预留量，特别是光缆、电缆。

④ 辅材按主材的系数取定，便于编制。成套引进设备的工程，不计取此项。

⑤ 工日的内容包括工种间交叉配合、临时移动水电、设备调测、超高搬运、施工现场范围的器材运输及配合质量检验等。

⑥ 生产准备费计入企业运营费（维护费），不得计入工程费。

⑦ 土建、机房改造及装修的费用，一般不计入通信工程费。

（2）手册说明

① 拆除系数的取定：通常，设备工程按保护性取定；线路工程根据实际情况，或按保护性，或按破坏性取定。

② 对不能构成台班的“其他机械费”都包含在费用定额中的“生产工具使用费”内。

（3）章节说明

① 每章节的要求。

② 有关定额所包含的工作内容及工程量计算规则。

③ 每节的注释，要特别留意。

2. 合同规定注意事项

在实际工程建设过程中，工程预算的很多内容是根据工程建设方和工程相关方的合同约定来确定的，主要体现在以下几个方面。

① 工程量由建设方和工程施工方双方认定。

② 设备及器材价格由建设方和供货方双方商定。

③ 工程费用标准由建设方和工程施工方双方商定。

④ 其他费用由工程建设方和相关另一方商定，如与设计院协商工程勘察设计费、与监理公司协商工程监理费等。

⑤ 若有关费用未在定额规定范围内，要做出相应说明。

6.5.3 概预算编制方法

掌握概预算编制的方法，可以更好地完成概预算编制。

1. 注意事项

在编制通信工程预算前，一要识懂工程设计图纸；二要清楚工程预算书中表与表之间的关系。

下面按照工信部通信〔2016〕451 号发布的《信息通信建设工程概预算编制规程》《信息通信建设工程费用定额》和《信息通信建设工程预算定额》（共 5 册）的要求，来说明通信工程概预算编制的方法。

2. 预算说明的编制

（1）概述

按照不同的专业分别进行预算说明。其主要内容包括工程名称、工程地点、用户需求及工程规模、采用的安装方式、预算总值、投资分析等。

（2）编制依据

编制依据主要包括委托书、采用的定额和取费标准、设备及器材价格、政府及相关部门的规定、文件及合同、建设单位的规定等。

（3）需要说明的问题

需要说明的问题主要包括与工程相关的一些特殊问题。

3. 概预算表格的填写

通信工程预算文件共有 5 种表格、10 张表，（表三）甲是建筑安装工程量表，只要确定了工程量，（表三）乙的机械台班量、（表三）丙的仪器仪表使用费、（表四）的设备和器材量也就明确了。在确定了工程量、器材价格和台班价格后，（表二）的工程安装费也就能计算出来，加上（表四）中实际安装的设备费用，就构成了工程费，再加上计算出来的工程建设其他费、预备费和建设期利息，就算出这项工程的总预算费用了。因此，通常概预算表格的填写顺序为（表三）甲→（表三）乙→（表三）丙→（表四）甲→（表四）乙→（表五）甲→（表五）乙→（表二）→（表一），下面按此顺序说明表格填写方法。

表格标题、表首填写说明：各类表格标题中的空格应根据编制阶段填写“概”或“预”；表格的表首填写具体工程的相关内容。

（1）（表三）甲（建筑安装工程量）

具体如表 6-21 所示。

表 6-21　建筑安装工程量 ___ 算表（表三）甲

工程名称：　　　　　　　　　　建设单位名称：　　　　　　　　表格编号：　　　　第　　页

序号	定额编号	项目名称	单位	数量	单位定额值/工日		合计值/工日	
					技工	普工	技工	普工
Ⅰ	Ⅱ	Ⅲ	Ⅳ	Ⅴ	Ⅵ	Ⅶ	Ⅷ	Ⅸ

设计负责人：　　　　　　审核：　　　　　　编制：　　　　　　编制日期：　　　　年　　月

①（表三）甲填表说明。

a. 本表供编制工程量、计算技工和普工总工日数量使用。

b. 第Ⅱ栏根据《信息通信建设工程预算定额》，填写所套用预算定额子目的编号。若没有相关的子目，则需临时估列工作内容子目，在本栏中标注“估列”两字；两项以上“估列”条目，应编估列序号。

c. 第Ⅲ、Ⅳ栏根据《信息通信建设工程预算定额》分别填写所套定额子目的名称、单位。

d. 第Ⅴ栏根据定额子目的工作内容并依据图纸所计算出的工程量数值填写。

e. 第Ⅵ、Ⅶ栏填写所套定额子目的工日单位定额值。

f. 第Ⅷ栏为第Ⅴ栏与第Ⅵ栏的乘积。

g. 第Ⅸ栏为第Ⅴ栏与第Ⅶ栏的乘积。

②（表三）甲的填写要求。

填写（表三）甲的核心问题是工程量的统计和预算定额的查找，工程量统计要认真、准确，查找定额要坚持三要素，即找对子目、看好单位、有无额外说明。具体要求如下。

a. 预算定额是确定工程中人工、材料、机械台班和仪器仪表使用合理消耗量的标准，是确定工程造价的依据。它是国家或行业标准，具有法令性，不得随意调整。根据项目名称，套准定额。高套、错套、重套都是不对的。

对没有预算定额的项目，可套用近似的定额标准或相关行业的定额标准。如无参照标准，可让工程管理部门或工程设计部门提供补充或临时定额暂供执行。待相关管理部门制定的定额标准下达后，再按上级定额标准执行。这类问题主要出现在设备安装工程中，是因为设备更新快，定额制定跟不上需要造成的。

b. 计量单位是确定工程量计量的标准，在计取工程量时要准确使用计量单位。

c. 工程量是工程预算中安装费组成的基础。工程量不实，就无法计算出准确的工程造价。工程量是根据勘察结果和依据工程施工图纸计算出来的，多计或少计都是错误的。应按每章、每节说明和工程量计算规则要求完成。

③ 表中应注意的问题。

a. 工程量的计算应按工程量计算规则进行。要特别注意在通信线路工程中，施工测量长度<光电缆敷设长度<光电缆材料长度。

b. 手工填表时，注意计量单位、定额标准是否写错，注意小数点的位置。

c. 扩建系数的取定应在原设备上扩大通信能力，并需要带电作业，采取保安措施的预算工日时才能计取。

d. 各种调整系数只能相加，不能连乘。

e. 在设备采购合同中如果包括了设备安装工程中的安装、调测等项费用，在工程设计中不得重复计列。成套设备安装工程中有许多类似的情况，应特别注意。

（2）（表三）乙（机械使用费）

（表三）乙（机械使用费）如表 6-22 所示。

表 6-22　建筑安装工程机械使用费 __算表（表三）乙

工程名称：　　　　建设单位名称：　　　　表格编号：　　　　第　页

序号	定额编号	项目名称	单位	数量	机械名称	单位定额值/工日		合计值/工日	
						数量/台班	单价/元	数量/台班	合价/元
Ⅰ	Ⅱ	Ⅲ	Ⅳ	Ⅴ	Ⅵ	Ⅶ	Ⅷ	Ⅸ	Ⅹ

设计负责人：　　　　审核：　　　　编制：　　　　编制日期：　　　　年　月

①（表三）乙填表说明。

a. 本表供编制工程所列的机械费用汇总使用。

b. 第Ⅱ、Ⅲ、Ⅳ和Ⅴ栏分别填写所套用定额子目的编号、名称、单位，以及该子目工程量数值。

c. 第Ⅵ、Ⅶ栏分别填写定额子目所涉及的机械名称及此机械台班的单位定额值。

d. 第Ⅷ栏填写根据《信息通信建设工程费用定额》的附录《信息通信建设工程施工机械、仪表台班单价》查找到的相应机械台班单价值。

e. 第Ⅸ栏填写第Ⅶ栏与第Ⅴ栏的乘积。

f. 第Ⅹ栏填写第Ⅷ栏与第Ⅸ栏的乘积。

②（表三）乙的填写要求。

a. 根据国家关于机械台班费编制办法规定，机械台班费由两类费用组成：一类费用（折旧费、大修理费、经常修理费、安拆费）是不变费用，全国统一。而二类费用（人工费、燃料动力费、养路费及车船税）是可变费用，可由各省或各行业确定。

b. 本地网工程的台班单价，由建设单位确定。

③ 表中应注意的问题。

a. 定额标准是否写错。

b. 机械台班单价是否有错。

（3）（表三）丙（仪器仪表使用费）

（表三）丙（仪器仪表使用费）如表 6-23 所示。

表 6-23　建筑安装工程仪器仪表使用费 __算表（表三）丙

工程名称：　　　　　建设单位名称：　　　　　　　　表格编号：　　　　　第　页

序号	定额编号	项目名称	单位	数量	仪表名称	单位定额值/工日		合计值/工日	
						数量/台班	单价/元	数量/台班	合价/元
Ⅰ	Ⅱ	Ⅲ	Ⅳ	Ⅴ	Ⅵ	Ⅶ	Ⅷ	Ⅸ	Ⅹ

设计负责人：　　　审核：　　　　　编制：　　　　　编制日期：　　　　　年　月

①（表三）丙的填表说明。

a. 本表供编制工程所列的仪器仪表费用汇总使用。

b. 第Ⅱ、Ⅲ、Ⅳ和Ⅴ栏分别填写所套用定额子目的编号、名称、单位，以及该子目工程量数值。

c. 第Ⅵ、Ⅶ栏分别填写定额子目所涉及的仪器仪表名称及台班的单位定额值。

d. 第Ⅷ栏填写根据《信息通信建设工程费用定额》的附录《信息通信建设工程施工机械、仪表台班单价》查找到的相应机械台班单价值。

e. 第Ⅸ栏填写第Ⅶ栏与第Ⅴ栏的乘积。

f. 第Ⅹ栏填写第Ⅷ栏与第Ⅸ栏的乘积。

② 表中应注意的问题。

a. 定额标准是否写错。

b. 仪器仪表台班单价是否有错。

（4）（表四）（器材、设备表）

（表四）甲用于国内器材、设备，如表 6-24 所示。

表 6-24　国内器材、设备 __算表（表四）甲

（主要材料表）

单项工程名称：　　　建设单位名称：　　　　表格编号　　　　　　第　页

序号	名称	规格程式	单位	数量	单价/元	合计/元			备注
					除税价	除税价	增值税	含税价	
Ⅰ	Ⅱ	Ⅲ	Ⅳ	Ⅴ	Ⅵ	Ⅶ	Ⅷ	Ⅸ	Ⅹ
1									
2									
3									
4									

设计负责人：　　　　审核：　　　　编制：　　　　编制日期：　年　月

①（表四）甲填表说明。

a. 本表供编制工程的主要材料、设备和工器具的数量和费用使用。

b. 根据国家规定的税率，按照比例计算增值税。

c. 表格标题下面括号内根据需要填写主要材料、需要安装的设备或不需要安装的设备、工器具、仪表。

d. 第Ⅱ、Ⅲ、Ⅳ、Ⅴ、Ⅵ栏分别填写主要材料、需要安装的设备或不需要安装的设备、工器具、仪表的名称、规格程式、单位、数量、单价。

e. 第Ⅶ栏填写第Ⅵ栏与第Ⅴ栏的乘积。

f. 第Ⅷ栏填写需要说明的有关问题。

g. 依次填写需要安装的设备或不需要安装的设备、工器具、仪表之后，还需计取的费用包括：小计、运杂费、运输保险费、采购及保管费、采购代理服务费、合计。

h.用于主要材料表时，应将主要材料分类后按小计、运杂费、运输保险费、采购及保管费、采购代理服务费、合计计取相关费用，然后进行总计。

（表四）乙用于引进器材、设备，如表6-25所示。

表6-25　引进器材、设备 __算表（表四）乙

（设备安装费）

单项工程名称：　　建设单位名称：　　表格编号　　第　页

序号	名称	规格程式	单位	数量	单价/元	合计/元			备注
					除税价	除税价	增值税	含税价	
Ⅰ	Ⅱ	Ⅲ	Ⅳ	Ⅴ	Ⅵ	Ⅶ	Ⅷ	Ⅸ	Ⅹ
1									
2									
3									
4									

设计负责人：　　审核：　　编制：　　编制日期：　年　月

②（表四）乙填表说明。

a. 本表供编制引进工程的主要材料、设备和工器具的数量和费用使用。

b. 根据国家规定的税率，按照比例计算增值税。

c. 表格标题下面括号内根据需要填写引进主要材料、引进需要安装的设备或引进不需要安装的设备、工器具、仪表。

d. 第Ⅵ、Ⅶ、Ⅷ和Ⅸ栏分别填写外币金额及折算人民币的金额，并按引进工程的有关规定填写相应费用。其他填写方法与（表四）甲基本相同。

③（表四）的填写要求。

a. 通信工程中器材、设备价格是按实际价，而不是按预算价确定的，一般采用的办法是：国内的以国家有关部委规定的出厂价（调拨价）或指定的交货地点的价格为原价。地方材料按当地主管部门规定的出厂价或指定的交货地点的价格为原价。市场物资，按当地商业部门规定的批发价为原价。引进的无论从何国引进，一律以外币到岸价（Cost Insurance and Freight，CIF）折成人民币价为原价。

b. 目前，通信建设工程中的器材、设备一般都由建设单位的相关部门统一采购和管理，而且设备、器材中的绝大多数都可以直接送达指定的施工集配地点，所以在预算表中，在通信设备安装工程中，可以以中标厂家或代理商在供货合同中所签订的价格为准。如以出厂价或指定的交货地点（非施工集配地点）的价格为原价，可另加相关费用。在通信线路工程中，一般对工程采用的是施工单位包清工、建设单位提供器材的方式进行的。这样可以以建设单位供应部门提供的器料清单及合同采购价格为准，可另加相关费用。在通信管道工程中，由于地方材料价格各地区不同的原因，对工程可采用施工单位包工包料的方式进行，所以对水泥、钢材、木材、沙石、砖、石灰等地方材料的价格，原则上可按当地工程造价部门公布的《工程造价信息》和建设单位招标的价格为准，另加采保费，包干使用，不再计取运杂费与运输管理费。

c. 通过招标方式来采购器材、设备的，应以与中标厂（商）家签订的合同价为准。

④ 表中应注意的问题。

a. 对于利旧的设备及器材，不但要列出数量，还要列出重估价值。

b. 表中的设备、器材数量应与（表三）甲的工程量相对应，多供或少供都不合理。对于光（电）缆，工程实际用料=图纸净值+自然伸缩量+接头损耗量+引上用量+盘留量。

c. 计量单位、定额标准、单价是否写错，注意小数点的位置。

d. 引进设备：无论从何国引进，一律以外币 CIF 折成人民币价为原价。引进设备的税费，应按国家或有关部门的规定计取。

e. 对不需要安装的设备、工器具要到现场进行落实，列出清单。

（5）（表二）（建筑安装工程费）

（表二）（建筑安装工程费）用来计算建筑安装工程费，检测建安费。

（表二）如表 6-26 所示。

①（表二）填写说明。

a. 本表供编制建筑安装工程费使用。

b. 第Ⅲ栏根据《信息通信建设工程费用定额》相关规定，填写第Ⅱ栏各项费用的计算依据和方法。

c. 第Ⅳ栏填写第Ⅱ栏各项费用的计算结果。

②（表二）的填写要求。

a. 本地网工程在预算时，可按人工标准计费单价方式进行取费，也可以根据工程量单价法，按技工、普工的工日综合价（建设方与施工方合同约定）分别来计取。

b. 根据《信息通信建设工程概预算编制规程》规定：本办法所规定的计费标准均为上限。

c. 措施费、企业管理费、利润属于指导性费用，实施时可下浮。

d. 销项税额计算按国家发布的税率计算。

③ 表中应注意的问题。

取费时要明确是按人工标准计费单价方式取费还是按人工综合价方式取费，若按人工标准计费单价方式取费时，要明确取费的项目。

表 6-26 建筑安装工程费 __ 算表（表二）

工程名称： 建设单位名称： 表格编号： 第 页

序号	费用名称	依据和计算方法	合计/元	序号	费用名称	依据和计算方法	合计/元
Ⅰ	Ⅱ	Ⅲ	Ⅳ	Ⅰ	Ⅱ	Ⅲ	Ⅳ
	建安工程费（含税价）			7	夜间施工增加费		
	建安工程费（除税价）			8	冬雨季施工增加费		
一	直接费			9	生产工具用具使用费		
（一）	直接工程费			10	施工用水电蒸汽费		
1	人工费			11	特殊地区施工增加费		
（1）	技工费			12	已完工程及设备保护费		
（2）	普工费			13	运土费		
2	材料费			14	施工队伍调遣费		
（1）	主要材料费			15	大型施工机械调遣费		
（2）	辅助材料费			二	间接费		
3	机械使用费			（一）	规费		
4	仪表使用费			1	工程排污费		
（二）	措施项目费			2	社会保障费		
1	文明施工费			3	住房公积金		
2	工地器材搬运费			4	危险作业意外伤害保险费		
3	工程干扰费			（二）	企业管理费		
4	工程点交、场地清理费			三	利润		
5	临时设施费			四	销项税额		
6	工程车辆使用费						

设计负责人： 审核： 编制： 编制日期： 年 月

（6）（表五）（工程建设其他费）

（表五）甲用于计算工程的工程建设其他费，工程建设其他费的内容及计算方法参见 6.3.5 节。（表五）甲如表 6-27 所示。

（表五）乙用于引进设备工程，如表 6-28 所示。

表 6-27　工程建设其他费 __算表（表五）甲

工程名称：　　建设单位名称：　　表格编号：　　第　页

序号	费用名称	计算依据及方法	金额/元	备注
Ⅰ	Ⅱ	Ⅲ	Ⅳ	Ⅴ
1	建筑用地及综合补偿费			
2	建设单位管理费			
3	可行性研究费			
4	研究试验费			
5	勘察设计费			
6	环境影响评价费			
7	劳动安全卫生评价费			
8	建设工程监理费			
9	安全生产费			
10	工程质量监督费			
11	工程定额测定费			
12	引进技术及引进设备其他费			
13	工程保险费			
14	工程招标代理费			
15	专利及专利技术使用费			
16	生产准备及开办费（运营费）			
	总计			

设计负责人：　　审核：　　编制：　　编制日期：　　年　月

表 6-28　引进设备工程建设其他费 __算表（表五）乙

工程名称：　　建设单位名称：　　表格编号：　　第　页

序号	费用名称	计算依据及方法	金额		备注
			外币（　）	折合人民币/元	
Ⅰ	Ⅱ	Ⅲ	Ⅳ	Ⅴ	Ⅵ

设计负责人：　　审核：　　编制：　　编制日期：　　年　月

①（表五）甲填写说明。

a. 本表供编制国内工程计列的工程建设其他费使用。

b. 第Ⅲ栏根据《信息通信建设工程费用定额》相关费用的计算规则填写。

c. 第Ⅴ栏根据需要填写补充说明的内容事项。

②（表五）乙填写说明。

a. 本表供编制引进设备工程计列的工程建设其他费。

b. 第Ⅲ栏根据国家及主管部门的相关规定填写。

c. 第Ⅳ、Ⅴ栏分别填写各项费用所需计列的外币与人民币数值。

d. 第Ⅵ栏根据需要填写补充说明的内容事项。

③（表五）的填写要求。

a. 表中有多项指标与政府政策规定有关，参见通信工程概预算配套文件。

b. 其他费应根据实际情况由费用发生双方商定，但必须要有依据，并列出清单。

（7）（表一）（工程概预算总表）

（表一）（工程概预算总表）如表 6-29 所示。

表 6-29　工程__算总表（表一）

建设项目名称：　　　项目名称：　　　建设单位名称：　　　表格编号：　　　第　　页

序号	表格编号	费用名称	小型建筑工程费	需要安装的设备费	不需安装的设备、工器具费	建筑安装工程费	其他费用	预备费	总价值			
			/元						除税价	增值税	含税价	其中外币（ ）
Ⅰ	Ⅱ	Ⅲ	Ⅳ	Ⅴ	Ⅵ	Ⅶ	Ⅷ	Ⅸ	Ⅹ	Ⅺ	Ⅻ	ⅩⅢ
1												
2												
3												
4												

设计负责人：　　　审核：　　　编制：　　　编制日期：　　　年　月

①（表一）填写说明。

a. 本表供编制单项（单位）工程概算（预算）使用。

b. 根据国家规定税率计算增值税费。

c. 表首“建设项目名称”填写立项工程项目全称。

d. 第Ⅱ栏根据本工程各类费用概算（预算）表格编号填写。

e. 第Ⅲ栏根据本工程概算（预算）各类费用名称填写。

f. 第Ⅳ到Ⅷ栏根据相应各类费用合计填写。

g. 第Ⅹ栏为第Ⅳ到Ⅸ栏之和。

h. 第ⅩⅢ栏填写工程引进技术和设备所支付的外币总额。

i. 当工程有回收金额时，应在费用名称下列出“其他回收费用”，其金额填入第Ⅷ栏。此费用不冲减总费用。

②（表一）的填写要求。

根据工程价款结算办法规定：非承包的通信工程项目的总费用，在结算时应该据实，也就是说它只包括工程费和工程建设其他费两项，不再包括预备费。

完成以上内容，通信工程预算表格的编制完成。

【项目实施】

5G 站点工程概预算，熟悉相关理论知识只是基础要求，要想更进一步地掌握，必须要结合工程项目概预算的具体实际情况，才能了然于胸。

6.6 5G 站点工程概预算

某城市已完成 5G 网络整体架构规划，现计划开始 5G 室内分布站点建设试点，目前已完成站点勘察与方案设计。请根据站点勘察记录表与方案设计结果，完成概预算表格编制，主要任务有以下几个：

① 完成各类设备、材料与工程量统计；

② 选择正确的概预算子目；

③ 编制所有概预算表格。

6.6.1 任务准备

实训采用仿真软件进行，所需实训环境参考表 6-30 所示。

表 6-30 5G 站点工程概预算实训所需软硬件环境

序号	软硬件名称	规格型号	单位	数量	备注
1	IUV-5G 站点工程建设	V1.0	套	20	仿真软件
2	计算机	—	台	20	已安装仿真软件，须联网

6.6.2 任务实施

1.（表三）甲填写

单击工程预算，首先填写（表三）甲，根据统计的工程量结果，选择对应的概预算子目（见图 6-29），选择完成之后，在（表三）甲内填写对应的数量，如图 6-30 所示。

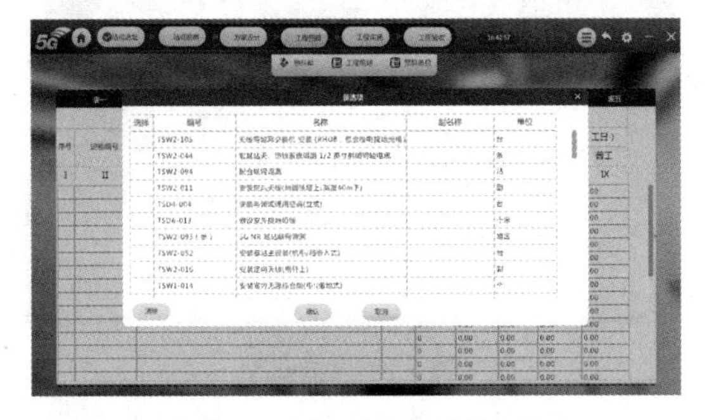

图 6-29 （表三）甲概预算子目

图 6-30 （表三）甲

2.（表三）乙填写

（表三）甲填写完成之后，填写（表三）乙，根据统计的工程量结果，选择对应的概预算子目（见

图 6-31），选择完成之后，在（表三）乙内填写对应的数量，如图 6-32 所示。

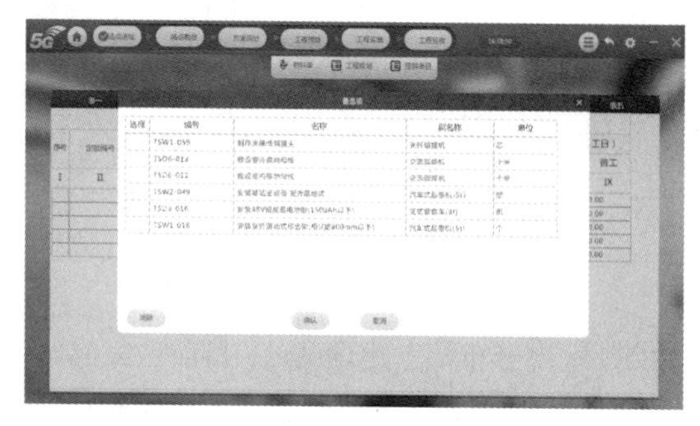

图 6-31 （表三）乙概预算子目

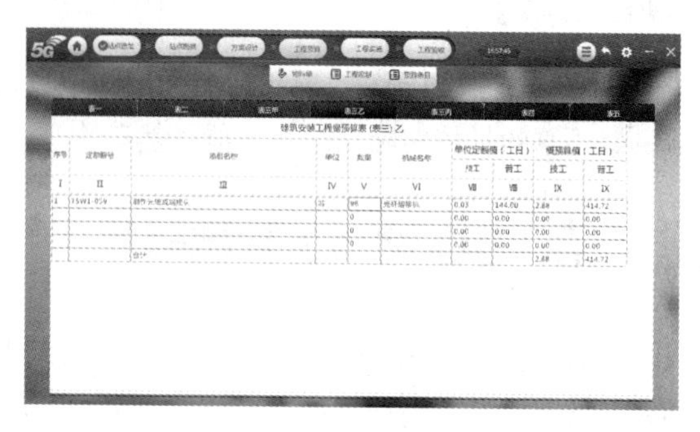

图 6-32 （表三）乙

3.（表三）丙填写

（表三）乙填写完成之后，填写（表三）丙，根据统计的工程量结果，选择对应的概预算子目（见图 6-33），选择完成之后，在（表三）丙内填写对应的数量，如图 6-34 所示。

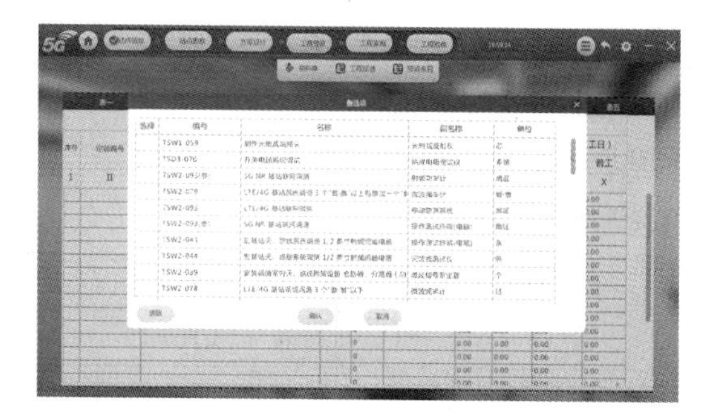

图 6-33 （表三）丙概预算子目

图 6-34 （表三）丙

4.（表四）填写

（表三）丙填写完成之后，填写（表四），根据统计的设备材料结果，选择对应的概预算子目（见图 6-35），选择完成之后，在（表四）内填写对应的数量，如图 6-36 所示。

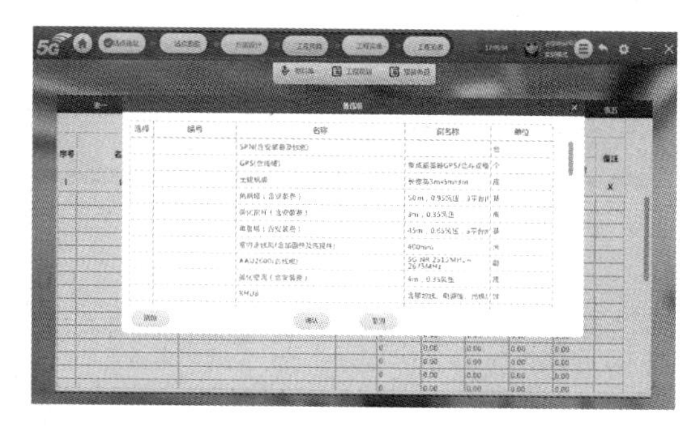

图 6-35 （表四）概预算子目

图 6-36 （表四）

5.（表二）填写

（表四）填写完成之后，填写（表二），根据统计的各项费用结果，在（表二）内填写对应的数值，如图 6-37 所示。

6.（表五）填写

（表二）填写完成之后，填写（表五），根据统计的各项费用结果，在（表五）内填写对应的数值，如图 6-38 所示。

图 6-37 （表二）

图 6-38 （表五）

7.（表一）填写

（表五）填写完成之后，需要填写（表一），根据之前其他所有表格的统计结果，将数值填写在（表一）的对应位置，如图 6-39 所示。

图 6-39 （表一）

【模块小结】

本模块首先介绍了概预算的基础知识，然后介绍了概预算流程与类型，接着重点介绍了工程图纸识读与设备、材料及工程量统计，最后介绍了定额使用与概预算表格编制。在所有工程项目中，概预算都是重中之重，它的作用是对项目中所包含的人力资源和建材设备进行统计计算，确保项目成本在可控范围内。本模块可使读者了解各类费用的计算方法与概预算表格编制。

【课后习题】

（1）工程施工结束之后，进行的是（　　）。

A. 设计概算　　B. 工程预算　　C. 工程结算　　D. 工程决算

（2）下面的概预算表格涉及外币的是（　　）。

A.（表三）甲　　B.（表三）乙　　C.（表四）甲　　D.（表四）乙

（3）目前销项税额的纳税比例为（　　）。

A. 9%　　B. 10%　　C. 11%　　D. 13%

（4）通信概预算定额按照工程类型一共分为（　　）册。

A. 6　　B. 7　　C. 4　　D. 5

（5）概预算表格编制时，最后编制的表为（　　）。

A.（表一）　　B.（表二）　　C.（表四）　　D.（表五）

【拓展训练】

请各位同学找一套完整的站点工程设计图纸，根据图纸内容，完成整套概预算表格编制。